建筑信息模型（BIM）技术应用系列新形态教材

装饰BIM模型创建技术与应用

宋　强　张福栋　叶曙光　主　　编
董克齐　崔宪丽　周海燕　副主编

清华大学出版社
北　京

内 容 简 介

本书讲解 BIM 核心建模软件 Autodesk Revit 在装饰中的模型创建与应用。绪论包括 BIM 的定义与优势、装饰 BIM 软件、装饰 BIM 标准、装饰 BIM 职级与证书等内容。正文包括 Revit 建筑建模初步、Revit 装饰深化、定制化装饰 BIM 族、装饰 BIM 模型应用 4 个项目。本书提供了任务章节所涉及的完整模型文件和配套视频，同时还提供了全国 BIM 技能各等级证书考试真题及其讲解视频。

本书可以作为高等职业院校建筑设计类、土建施工类和工程管理类专业的教学用书和“1+X” BIM 考试培训用书。

图书在版编目（CIP）数据

装饰 BIM 模型创建技术与应用 / 宋强，张福栋，叶曙光主编 . —北京：清华大学出版社，2022.8
建筑信息模型（BIM）技术应用系列新形态教材
ISBN 978-7-302-61132-5

Ⅰ. ①装…　Ⅱ. ①宋…　②张…　③叶…　Ⅲ. ①建筑装饰－建筑设计－计算机辅助设计－应用软件－高等学校－教材　Ⅳ. ①TU238-39

中国版本图书馆 CIP 数据核字（2022）第 110465 号

责任编辑： 郭丽娜
封面设计： 曹　来
责任校对： 李　梅
责任印制： 杨　艳

出版发行： 清华大学出版社
网　址：http://www.tup.com.cn，http://www.wqbook.com
地　址：北京清华大学学研大厦A座　　邮　编：100084
社 总 机：010-83470000　　邮　购：010-62786544
投稿与读者服务：010-62776969，c-service@tup.tsinghua.edu.cn
质量反馈：010-62772015，zhiliang@tup.tsinghua.edu.cn
课件下载：http://www.tup.com.cn，010-83470410
印 刷 者： 北京富博印刷有限公司
装 订 者： 北京市密云县京文制本装订厂
经　销： 全国新华书店
开　本： 185mm×260mm　　**印　张：** 13.75　　**字　数：** 325千字
版　次： 2022年8月第1版　　**印　次：** 2022年8月第1次印刷
定　价： 59.00元

产品编号：094991-01

前　言

随着建筑技术的不断发展，传统的二维制图已经无法满足现阶段建设工程的发展要求，建筑信息模型（Building Information Modeling，BIM）的出现，引发了建筑行业的一场新革命，BIM 技术已成为建筑领域各行各业发展的必然选择。

本书讲解 BIM 核心建模软件 Autodesk Revit 在装饰中的模型创建与应用，包含绪论和正文两部分。

（1）绪论包括：BIM 的定义与优势、装饰 BIM 软件、装饰 BIM 标准、装饰 BIM 职级与证书等内容。

（2）正文包括：Revit 建筑建模初步、Revit 装饰深化、定制化装饰 BIM 族、装饰 BIM 模型应用 4 个项目。Revit 建筑建模初步讲解标高轴网、墙体、门窗、楼板、楼梯等常规建筑建模方法；Revit 装饰深化讲解复合墙、木格栅天花装饰、自定义材质、零件、组件等 BIM 装饰细化方法；定制化装饰 BIM 族讲解装饰族及族的参数化；装饰 BIM 模型应用讲解房间图例、工程量统计、施工图出图处理、日光研究、渲染与漫游、设计选项、协同设计等 BIM 模型应用技术。

本书有以下特点。

1. 采用“工作任务式”与“传统学科讲解式”相结合的编写方法

在讲解某一技术时，先以“工作任务式”的编写方法讲解该项任务的技术知识。鉴于该项工作任务并不能完全涵盖所有知识点，再使用“传统学科讲解式”的编写方法，详细讲解与该任务相关的系统知识。

2.“思路”培养和“技能”培养并重

在讲解每一个任务案例时，首先提出“工作思路”，再讲解“工作步骤”。其中，“工作思路”是解决该项任务的总体思路，“工作步骤”是完成该项工作的详细操作步骤。

Revit 的很多命令都有其固定的操作流程，必须按照相应的操作流程才能得到预期的结果。因此，在工作开始之前，正确的“工作思路”是非常重要的。

3. 形成一个较为完整的精品课资源库

本书提供了较为丰富的“互联网 +”资源，具体包括：①所有章节的模型完成文件；② 43 个章节后习题资源，其中包含 14 个覆盖“1+X”BIM 初级、“1+X”BIM 中级、全国 BIM 技能等级考试的真题，并且含别墅、办公楼、污水处理站等 BIM 建模与应用综合实例；③ 59 个正文讲解视频，以及针对所有习题的 51 个讲解视频。

4. 与 BIM 国家标准规范相吻合

本书的编写参照了《建筑工程设计信息模型制图标准》(JGJ/T 448—2018)、《建筑信息模型设计交付标准》(GB/T 51301—2018)等 BIM 技术类标准，以及“1+X”BIM 职业技能标准、“建筑信息模型技术员”国家职业技能标准。习题包含“1+X”BIM 初级、“1+X”BIM 中级和全国 BIM 技能等级考试真题讲解。

5. 任务案例源于工程实际，校企合作共同开发

本书部分工程案例的获得以及编写工作得到青岛建邦工程咨询有限公司、中建八局发展建设有限公司、中建八局第四建设有限公司的支持，由校企合作共同开发完成。

本书由山东省职业教育技艺技能传承创新平台（酒店建筑信息模型（BIM）应用技能创新平台）资助。

本书在编写过程中力求满足内容丰富充实、编排层次清晰、表述符合教学的要求，但受限于经验和能力，书中难免有疏漏之处，恳请广大读者批评指正。

编　者

2022 年 3 月

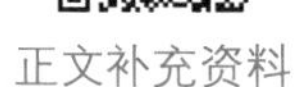

真题资料

目　录

绪 论

0.1 BIM 的定义与优势

0.1.1 BIM 的定义

1. 国内 BIM 定义

（1）《建筑信息模型应用统一标准》（GB/T 51212—2016）和《建筑信息模型施工应用标准》（GB/T 51235—2017）中的相关术语如下。

- 建筑信息模型（Building Information Modeling，Building Information Model，BIM）

在建设工程及设施全生命周期内，对其物理和功能特性进行数字化表达，并依次设计、施工、运营的过程和结果的总称。

（2）《建筑装饰装修工程 BIM 实施标准》（T/CBDA 3—2016）中的相关术语如下。

- 建筑信息模型（Building Information Modeling，BIM）

运用数字信息仿真技术模拟建筑物所具有的真实信息，是建设工程全寿命期或其组成阶段的物理特性、功能特性及管理要素的共享数字化表达。

- 装饰装修工程 BIM（Decoration Engineering BIM）

装饰装修工程 BIM 指建筑装饰装修工程信息模型，属于建筑信息模型的子信息模型。

- BIM 技术（BIM Technology）

按照建筑信息模型工作方式或完成特定任务所采用的技术手段，是建筑信息模型在工程项目中的各种应用及其在项目业务流程中信息管理的统称。

2. 国外 BIM 定义

国外较为典型的 BIM 定义是美国国家 BIM 标准委员会（National Building Information Modeling Standard，NBIMS）给出的："BIM 是设施物理和功能特性的数字表达；BIM 是可供共享的知识资源，是对这个设施信息的分享，是为该设施从概念到拆除的全寿命周期中的所有决策提供可靠依据的过程；在项目不同阶段，不同利益相关方通过在 BIM 中插入、提取、更新和修改信息，以支持和反映各自职责的协同工作。"

0.1.2 BIM 技术较 CAD 技术的优势

CAD 技术推动建筑师、工程师们从手工绘图向计算机辅助制图的技术革新，实现了工程设计领域的第一次信息革命。但是此信息技术对产业链的支撑作用是有断点的，各个领域和环节之间没有关联，从整个产业来看，信息化的综合应用明显不足。BIM 是一种技术、一种方法、一个过程，它既包括建筑物全生命周期的信息模型，又包括建筑工程管理行为的模型，它将两者完美地结合起来，实现了集成管理。

BIM 技术较 CAD 技术的优势见表 0.1。

表 0.1 BIM 技术较 CAD 技术的优势

面向对象	BIM 技 术	CAD 技术
基本元素	基本元素如墙、窗、门等，不但具有几何特性，还具有建筑物理特征和功能特征	基本元素为点、线、面，无专业意义
修改图元位置或大小	所有图元均为参数化建筑构件，附有建筑属性；在“族”的概念下，只需要更改属性，就可以调节构件的尺寸、样式、材质、颜色等	需要再次画图，或者通过拉伸命令调整大小
各建筑元素间的关联性	各个构件是相互关联的，例如，删除一面墙，墙上的窗和门跟着自动删除；删除一扇窗，墙上原来窗的位置会自动恢复为完整的墙	各个建筑元素之间没有相关性
建筑物整体修改	只需进行一次修改，则与之相关的平面、立面、三维视图、明细表等都自动修改	需要依次对建筑物各投影面进行人工修改
建筑信息的表达	包含建筑的全部信息，不仅提供形象可视的二维和三维图纸，而且提供工程量清单、施工管理、虚拟建造、造价估算等更加丰富的信息	提供的建筑信息非常有限，只能将纸质图纸电子化

0.2 装饰 BIM 软件

BIM 技术的优势需要依靠软件来实现，常用的 BIM 核心建模软件有 Autodesk Revit、Bentley AECOsim Building Designer（简称 ABD）、Graphsoft ArchiCAD、Nemetschek Vectorworks、Dassault Catia/Gehry Technologies Digital Project 等。

其中，Autodesk Revit（简称 Revit）是 Autodesk 公司一套系列软件的总称，含 Revit Architecture（建筑）、Revit Structure（结构）、Revit MEP（机电）三个专业化工具，是数字化与参数化设计的平台类软件。Revit 软件是目前国内民用建筑普及率最高的一款 BIM 核心建模软件。应用 Revit 软件，设计师可以在三维设计模式下便捷推敲设计方案、快速表达设计意图、创建 BIM 模型，并以 BIM 模型为基础，得到所需的设计图档、渲染和漫游，工程量统计和物料清单等整个设计的交付成果。

装饰 BIM 人员可以凭借 Revit 软件，根据自身业务特性开展业务范围内的管理，制订企业内部专业技能管理和标准化作业，提高企业设计和施工产品输出的均值化，为企业提升核心竞争力提供基础。

本书使用 Revit 2020 版软件进行讲解。

0.3 装饰 BIM 标准

0.3.1 《建筑信息模型施工应用标准》中对装饰 BIM 的要求

《建筑信息模型施工应用标准》(GB/T 51235—2017）将 BIM 模型分为 LOD300、LOD350、

LOD400 和 LOD500 四个等级，施工模型及上游的施工图设计模型细度等级代号见表 0.2。

表 0.2 施工模型及上游的施工图设计模型细度等级代号

名 称	等级代号	形成阶段
施工图设计模型	LOD300	施工图设计阶段
深化设计模型	LOD350	深化设计阶段
施工过程模型	LOD400	施工实施阶段
竣工验收模型	LOD500	竣工验收阶段

在深化设计模型（LOD350）和施工过程模型（LOD400）中对装饰 BIM 模型细度提出了要求，见表 0.3。

表 0.3 模型细度

类别	深化设计模型（LOD350）		施工过程模型（LOD400）	
	模型元素	元素信息	模型元素	元素信息
建筑装饰	室内构造 地板 吊顶 墙饰面 梁柱饰面 天花饰面 楼梯饰面 指示标志 家具 设备	几何信息： • 尺寸及定位信息 非几何信息： • 生产商提供的成品信息模型，但不应指定生产商	室内构造 地板 吊顶 墙饰面 梁柱饰面 天花饰面 楼梯饰面 指示标志 家具 设备	几何信息： • 尺寸及定位信息 非几何信息： • 生产商提供的成品信息模型，但不应指定生产商 • 装修施工工序、施工时间、负责人等施工信息 • 根据项目需求，包括装修施工细节、方式及信息
空间或房间	空间或房间	几何信息： • 尺寸及定位信息 • 空间或房间的面积，为模型信息提取值，不得人工更改 非几何信息： • 空间或房间宜标注为建筑面积，当确有需要标注为使用面积时，应在“类型”属性中注明“使用面积”	空间或房间	几何信息： • 尺寸及定位信息 • 空间或房间的面积，为模型信息提取值，不得人工更改 非几何信息： • 空间或房间宜标注为建筑面积，当确有需要标注为使用面积时，应在“类型”属性中注明“使用面积”

0.3.2 《建筑装饰装修工程 BIM 实施标准》中对装饰 BIM 的要求

《建筑装饰装修工程 BIM 实施标准》（T/CBDA 3—2016）对装饰装修工程 BIM 有如下基本规定。

（1）装饰装修工程 BIM 应用宜覆盖工程项目的方案设计、施工图设计、深化设计、施工过程、竣工交付和运营维护六个阶段，也可根据工程项目的具体情况按照实际发生的阶段应用于某些环境或任务。

（2）装饰装修工程 BIM 运用数字化处理方法对建筑工程数据信息进行集成和应用，应用中宜针对可视化、协调性、模拟性、优化性和可出图性进行单项应用或综合应用。

（3）装饰装修工程 BIM 实施过程中，宜根据建筑信息模型所包含的各种信息资源进行协同工作，实现工程项目各专业、各阶段的数据信息有效传递，并保持协调一致。

（4）项目应对装饰装修工程 BIM 进行有效的管理，建筑信息模型所包含的各种数据信息应具有完善的数据存储与维护机制，满足数据安全的要求。

（5）项目应对装饰装修工程 BIM 所采用的软件和硬件系统进行分析与验证，并结合工程项目的具体情况建立信息模型协同管理机制。

（6）实施装饰装修工程 BIM 应具有建筑装饰装修工程设计专项资质和建筑装饰装修工程专业施工承包资质，宜由专业技术人员操作 BIM 软件。

（7）根据工程项目管理要求和工作流程，BIM 协同管理可与企业信息管理系统进行集成应用，最大化发挥建筑信息模型的作用。

装饰装修工程信息模型细度可划分为 LOD200、LOD300、LOD350、LOD400、LOD500 五个等级。信息模型细度分级表见表 0.4。

表 0.4 信息模型细度分级表

序号	级别	信息模型细度分级说明
1	LOD200	表达装饰构造的近似几何尺寸和非几何信息，能够反映物体本身大致的几何特性。主要外观尺寸数据不得变更，如需要进一步明确细部尺寸，可在以后实施阶段补充
2	LOD300	表达装饰构造的几何信息和非几何信息，能够真实地反映物体的实际几何形状、位置和方向
3	LOD350	表达装饰构造的几何信息和非几何信息，能够真实地反映物体的实际几何形状、方向，以及给其他专业预留的接口。主要装饰构造的几何数据信息不得有错误，避免因信息错误导致方案模拟、施工模拟或冲突检查的应用中产生误判
4	LOD400	表达装饰构造的几何信息和非几何信息，能够准确输出装饰构造各组成部分的名称、规格、型号及相关性能指标。能够准确输出产品加工图，指导现场采购、生产、安装
5	LOD500	表达工程项目竣工交付真实状况的信息模型，应包含全面、完整的装饰构造参数及其相关属性信息

关于信息模型细度的规定见表 0.5。

表 0.5 信息模型细度的规定

序号	模型构件名称	方案设计模型	施工图设计模型	深化设计模型	施工过程模型	竣工交付模型	运营维护模型
1	建筑地面	LOD200	LOD300	LOD350	LOD400	LOD500	LOD300-500
2	抹灰	LOD200	LOD300	LOD350	LOD400	LOD500	LOD300-500

续表

序号	模型构件名称	方案设计模型	施工图设计模型	深化设计模型	施工过程模型	竣工交付模型	运营维护模型
3	外墙防水	LOD200	LOD300	LOD350	LOD400	LOD500	LOD300-500
4	门窗	LOD200	LOD300	LOD350	LOD400	LOD500	LOD300-500
5	吊顶	LOD200	LOD300	LOD350	LOD400	LOD500	LOD300-500
6	轻质隔墙	LOD200	LOD300	LOD350	LOD400	LOD500	LOD300-500
7	饰面板	LOD200	LOD300	LOD350	LOD400	LOD500	LOD300-500
8	饰面砖	LOD200	LOD300	LOD350	LOD400	LOD500	LOD300-500
9	幕墙	LOD200	LOD300	LOD350	LOD400	LOD500	LOD300-500
10	涂饰	LOD200	LOD300	LOD350	LOD400	LOD500	LOD300-500
11	裱糊与软包	LOD200	LOD300	LOD350	LOD400	LOD500	LOD300-500
12	细部	LOD200	LOD300	LOD350	LOD400	LOD500	LOD300-500

0.4 装饰 BIM 职级与证书

建筑信息模型技术员（职业编码：4-04-05-04）国家职业技能标准于 2021 年 12 月 2 日开始施行，该标准将“建筑信息模型技术员”职业设为五个等级，分别为五级 / 初级工、四级 / 中级工、三级 / 高级工、二级 / 技师、一级 / 高级技师。

职业五级 / 初级工、四级 / 中级工、一级 / 高级技师不分方向；三级 / 高级工、二级 / 技师分为建筑工程、机电工程、装饰装修工程、市政工程、公路工程、铁路工程六个方向。其中，三级 / 高级工在装饰装修工程方向的创建模型构件的技术要求如下。

（1）能使用建筑信息模型建模软件创建楼地面和门窗模型构件，如整体面层、块料面层、木地板、楼梯踏步、踢脚板、成品门窗套、成品门窗等，并完成楼地面饰面层排版，精度满足施工图设计及深化设计要求。

（2）能使用建筑信息模型建模软件创建吊顶模型构件，如纸面石膏板、金属板、木质吊顶、吊顶伸缩缝、阴角凹槽构造节点、检修口、空调风口、喷淋、烟感等，并完成吊顶饰面板排版、内部支撑结构定位排布，精度满足施工图设计及深化设计要求。

（3）能使用建筑信息模型建模软件创建饰面模型构件，如轻质隔墙饰面板、纸面石膏板、木龙骨木饰面板、玻璃隔墙、活动隔墙、各类饰面砖设备设施安装收口、壁纸、壁布等，并完成饰面板排版、支撑结构定位排布，精度满足施工图设计及深化设计要求。

（4）能使用建筑信息模型建模软件创建幕墙模型构件，如玻璃幕墙、石材幕墙、金属幕墙、玻璃雨檐、天窗、幕墙设备设施安装收口等，精度满足施工图设计及深化设计要求。

（5）能使用建筑信息模型建模软件创建家具及各类装饰模型构件，如固定家具、活动家具、淋浴房、洗脸盆、地漏、橱柜、抽油烟机、装饰线条等，精度满足施工图设计及深化设计要求。

具备以下条件之一者，可申报三级 / 高级工。

（1）取得本职业四级 / 中级工职业资格证书（技能等级证书）后，累计从事本职业工作 1 年（含）以上。

（2）取得本职业四级 / 中级工职业资格证书（技能等级证书），并具有高级技工学校、技师学院毕业证书（含尚未取得毕业证书的在校应届毕业生）；或取得本职业四级 / 中级工职业资格证书（技能等级证书），并具有经评估论证、以高级技能为培养目标的高等职业学校本专业或相关专业毕业证书（含尚未取得毕业证书的在校应届毕业生）。

（3）取得本职业四级 / 中级工职业资格证书（技能等级证书），并具有大专及以上本专业或相关专业毕业证书（含尚未取得毕业证书的在校应届毕业生）。

项目 1　Revit 建筑建模初步

任务 1.1　新建项目及工作界面

（1）掌握使用软件自带建筑样板文件新建项目文件的方法；
（2）掌握文件保存的方法；
（3）掌握项目文件和样板文件的区别；
（4）掌握设置样板文件默认位置的方法；
（5）掌握打开或关闭“属性面板”的方法；
（6）了解 Revit 工作界面所包含的内容。

任务内容

序号	任务分解	任务驱动
1	使用软件自带建筑样板文件新建一个 Revit 项目文件并保存	（1）选择“建筑样板”新建一个项目文件； （2）使用“Ctrl+S”快捷方式进行保存，设置“最大备份数”为“1”
2	正确区分项目文件和样板文件	（1）项目文件和样板文件的含义； （2）项目文件和样板文件的后缀名； （3）软件自带样板文件的储存位置
3	设置样板文件默认位置	（1）进入“文件”中的“选项”； （2）将“DefaultCHSCHS.rte”与建筑样板相挂接
4	打开或关闭“属性面板”	（1）展开“用户界面”； （2）对“属性”进行勾选或取消勾选
5	明晰 Revit 工作界面所含工具	（1）了解 Revit 工作界面包含应用程序按钮、属性选项板、项目浏览器等内容； （2）掌握属性面板和项目浏览器的打开、关闭方式

任务实施

案例 新建 Revit 项目文件并保存

任务描述：用软件自带的“建筑样板”新建一个Revit项目文件，对该文件进行保存。

工作思路：打开 Revit 软件进行“新建”，选择 Revit 自带的“建筑样板”，单击“确定”，可基于该样板文件新建一个项目文件。使用“Ctrl+S”快捷方式进行保存，第一次保存时设置“最大备份数”为 1。

工作步骤

1. 新建 Revit 项目文件

双击桌面上的 Revit 快捷图标，打开软件之后，软件界面的左上角含“模型”的“打开”和“新建”，以及“族”的“打开”和“新建”，如图 1.1 所示。

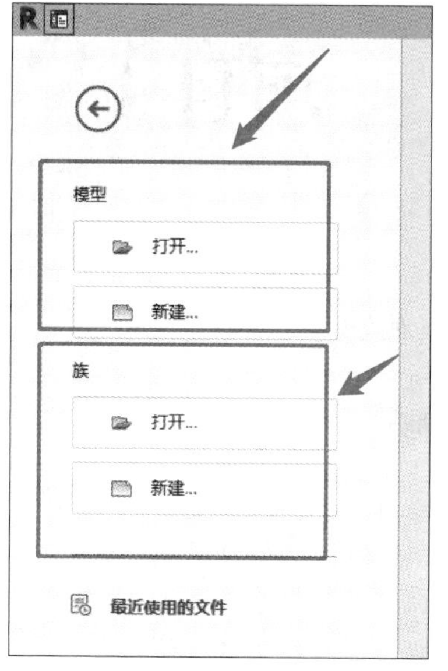

图 1.1 启动 Revit 的主界面

新建 Revit 项目并保存

单击“模型”中的“新建”按钮，在弹出的“新建项目”对话框中，选择“建筑样板”，单击“确定”按钮，如图 1.2 所示。

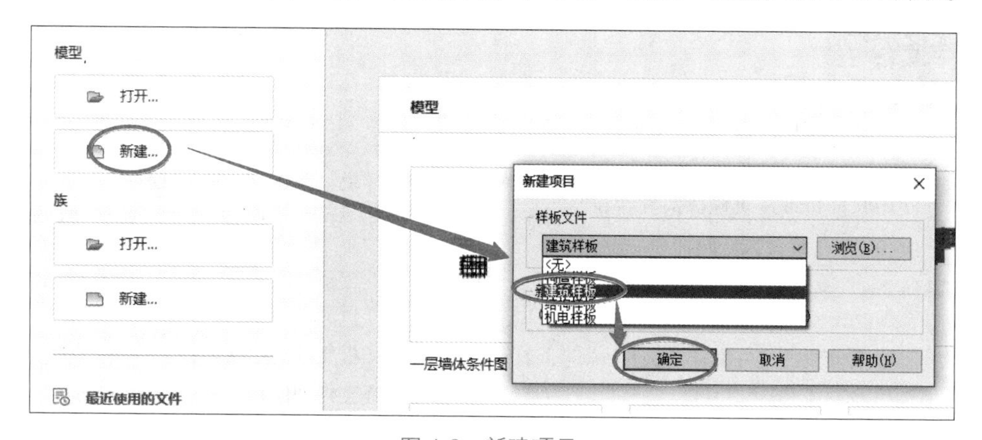

图 1.2 新建项目

注意

若计算机中无“建筑样板”，则单击图 1.2 中的“浏览”按钮，选择随书文件“任务 1.1/ 软件自带样板文件”文件夹中的“DefaultCHSCHS”文件，单击“确定”按钮打开。

2. 保存

单击程序界面左上角“保存”按钮，或使用“Ctrl+S”快捷方式进行保存，设置文件名为“新建项目文件完成”，单击“选项”，设置“最大备份数”为“1”（图 1.3），单击

“确定”按钮退出。

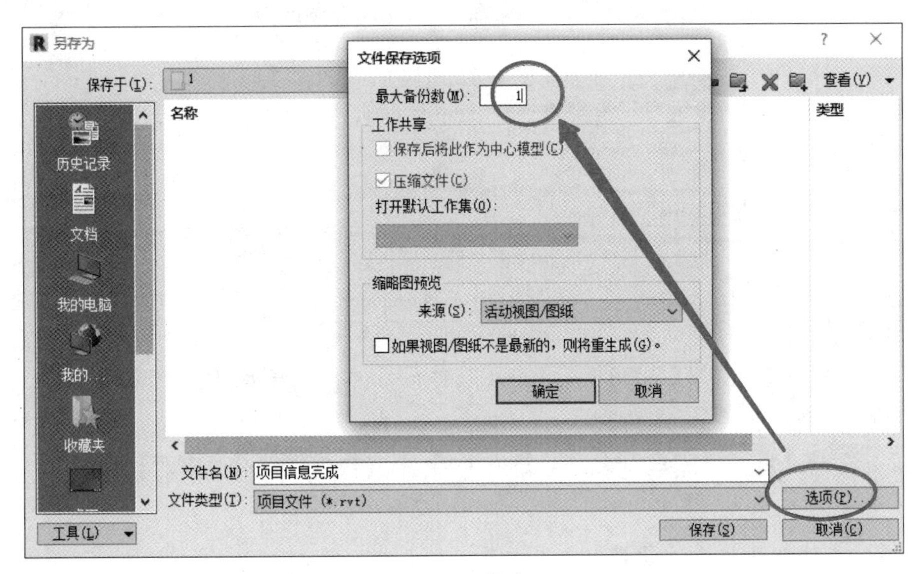

图 1.3　保存

完成的项目文件见“任务 1.1/ 新建项目文件完成 .rvt”。

相关技术与知识拓展　设置样板文件

1. Revit“项目文件”与“样板文件”的区别

1）项目文件

在 Revit 中，所有的设计信息都被存储在一个后缀名为“.rvt”的项目文件中。项目就是单个设计信息数据库——建筑信息模型，包含了建筑的所有设计信息（从几何图形到项目数据），包括建筑的三维模型、平立剖面及节点视图、各种明细表、施工图图纸以及其他相关信息。这些信息包括用于设计模型的构件、项目视图和设计图纸。

设置样板文件

对模型的一处进行修改，该修改可以自动关联所有相关区域（如所有的平面视图、立面视图、剖面视图、明细表等）。

2）样板文件

Revit 需要以一个后缀名为“.rte”的文件作为项目样板，才能新建一个项目文件，这个“.rte”格式的文件称为样板文件。

Revit 的样板文件功能同 AutoCAD 的“.dwt”文件，样板文件中定义了新建的项目中默认的初始参数，如项目默认的度量单位、默认的楼层数量的设置、层高信息、线型设置、显示设置等。可以自定义自己的样板文件，并保存为新的“.rte”文件。

例如，图 1.2 中选择的“建筑样板”为样板文件。

在正常安装的情况下，软件默认样板文件的储存路径为“C:/ProgramData/Autodesk/RVT 2020/Templates/China”。软件自带的“建筑样板文件”为该路径下的“DefaultCHSCHS”文件，“结构样板文件”为该路径下的“Structural Analysis-DefaultCHNCHS”文件，“构造样板文件或施工样板文件”为该路径下的“Construction-DefaultCHSCHS”文件，如图 1.4 所示。

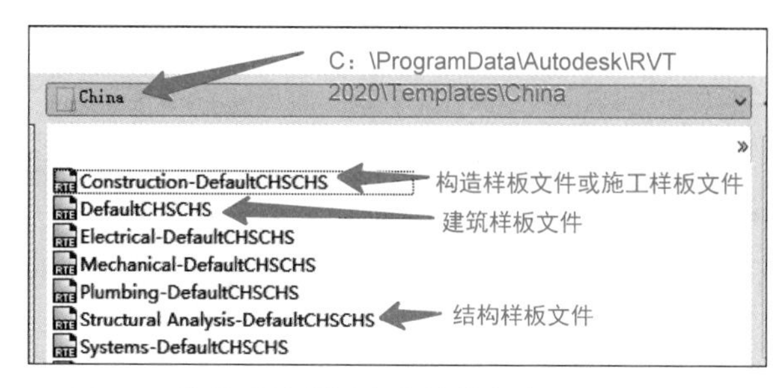

图 1.4　软件默认样板文件的储存路径和文件说明

注意

（1）路径中的“RVT 2020”是 Revit 软件的版本号，若为 Revit 2021 版本，则为“RVT 2021”。

（2）随书附带的数字资源文件“任务 1.1”中有软件默认样板文件。

2. 样板文件默认位置的设置

单击左上角“文件”，单击右下角“选项”，如图 1.5 所示。

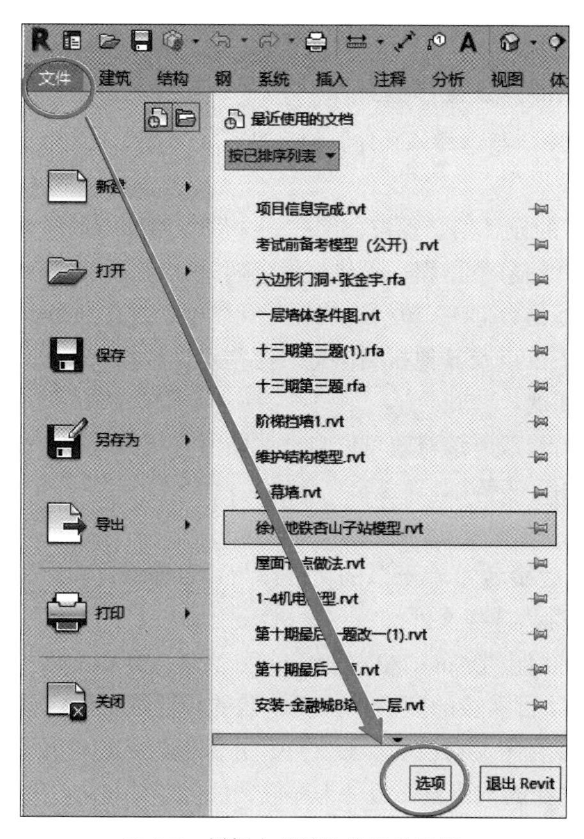

图 1.5　样板文件默认位置的设置

在弹出的“选项”面板中单击“文件位置”，在右侧“名称”栏输入自定义的样板文件名称，在“路径”栏找到相应样板文件，单击“确定”退出，如图 1.6 所示。

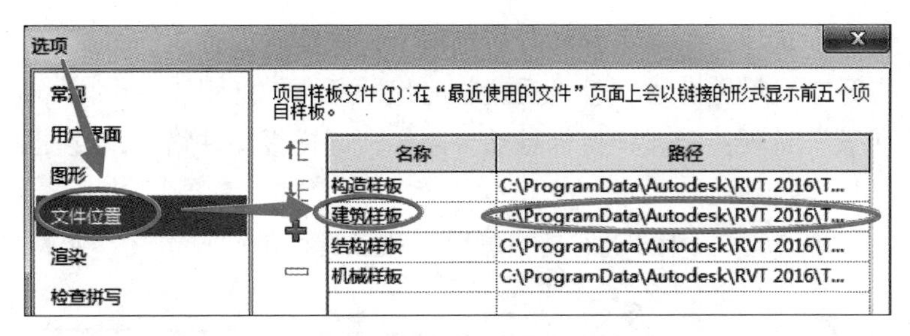

图 1.6　设置完成的样板文件位置

Revit 工作界面

📖 相关技术与知识拓展　Revit 工作界面

新建一个项目文件后，进入 Revit 的工作界面，见图 1.7。

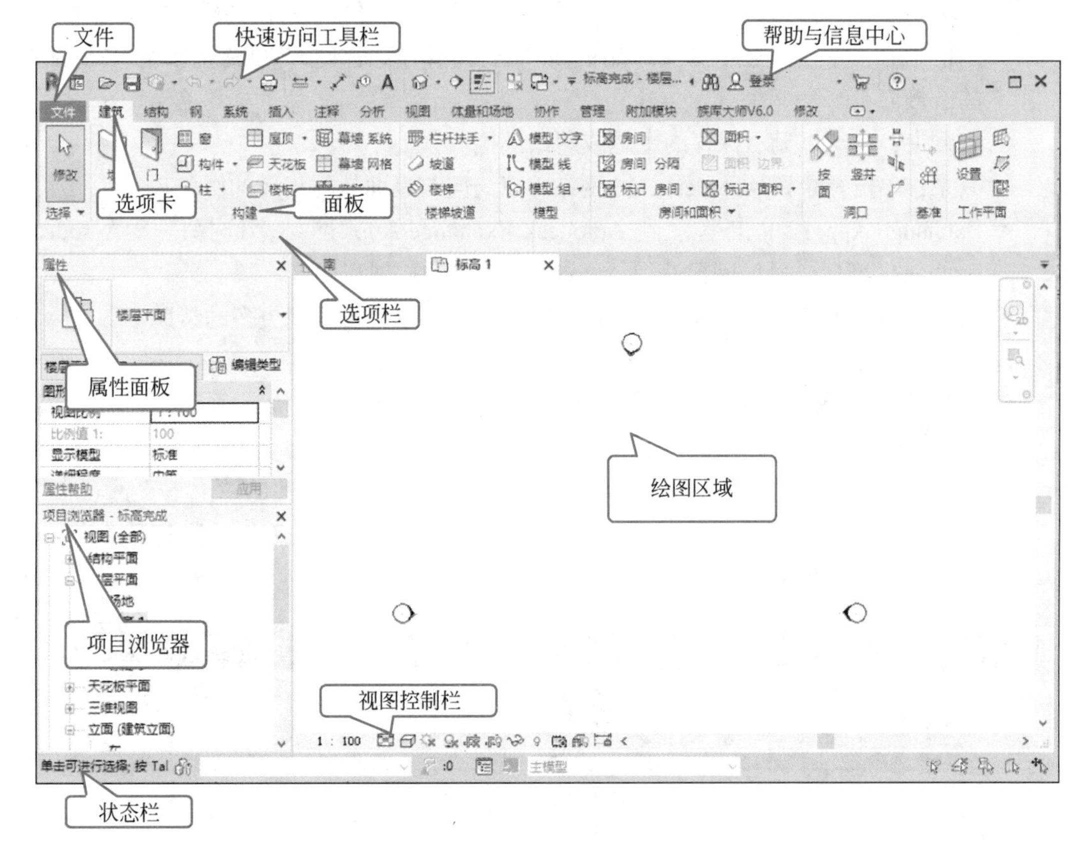

图 1.7　Revit 的工作界面

1. 文件菜单

工作界面有“新建”“保存”“另存为”“导出”等选项。

单击“另存为”，可将项目文件另存为新的项目文件（“.rvt”格式）或新的样板文件（“.rte”格式）。

打开“文件”，单击左下角的“选项”按钮，进入程序的“选项”设置，可进行以下操作。

- “常规”选项：设置保存自动提醒时间间隔，设置用户名，设置日志文件数量等。

- “用户界面”选项：配置工具和分析选项卡，快捷键设置。
- “图形”选项：设置背景颜色，设置临时尺寸标注的外观。
- “文件位置”选项：设置项目样板文件路径，族样板文件路径，设置族库路径。

2. 快速访问工具栏

快速访问工具栏包含一组默认工具。可以对该工具栏进行自定义，使其显示最常用的工具。

3. 帮助与信息中心

- 主页面右上角为“帮助与信息中心”。
- 搜索：在前面的框中输入关键字，单击“搜索”即可得到需要的信息。
- Subscription Center：针对捐赠用户，单击即可链接到 Autodesk 公司 Subscription Center 网站，用户可自行下载相关软件的工具插件、可管理自己的软件授权信息等。
- 通信中心：单击可显示有关产品更新和通告的信息的链接，可能包括至 RSS 提要的链接。
- 收藏夹：单击可显示保存的主题或网站链接。
- 登录：单击登录到 Autodesk 360 网站，以访问与桌面软件集成的服务。
- Exchange Apps：单击登录到 Autodesk Exchange Apps 网站，选择一个 Autodesk Exchange 商店，可访问已获得 Autodesk® 批准的扩展程序。
- 帮助：单击可打开帮助文件。单击后面的下拉菜单，可找到更多的帮助资源。

4. 选项卡及其面板

选项卡提供创建项目或族所需的全部工具，有“建筑”“结构”“系统”“插入”“注释”“分析”“体量和场地”“协作”“视图”“管理”“修改”等选项卡。

在选择某一个图元或单击某一个命令时，会出现与该操作相关的“上下文选项卡”，上下文选项卡的名称与该操作相关。如图 1.8 所示，是执行“墙”命令后的上下文选项卡的显示，此时上下文选项卡的名称为“修改 | 放置 墙”。

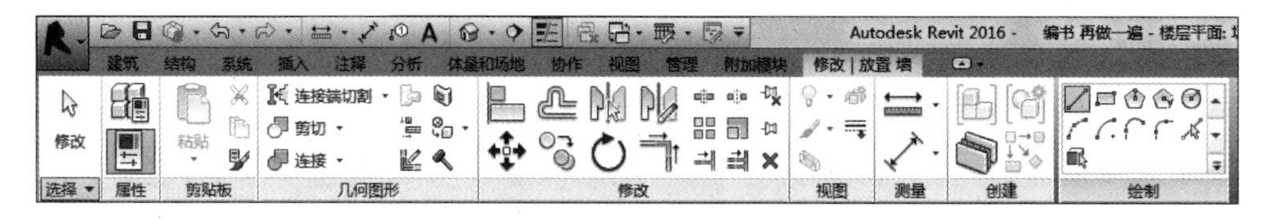

图 1.8 上下文选项卡

5. 选项栏

“选项栏”位于“面板”的下方、“绘图区域”的上方。其内容根据当前命令或选定图元的变化而变化，从中可以选择子命令或设置相关参数。

如执行“墙”命令时，会出现图 1.9 所示的选项栏。

图 1.9 选项栏

6. 属性面板

通过属性面板，可以查看和修改用来定义 Revit 中图元属性的参数。

启动 Revit 时，“属性”选项板处于打开状态，并固定在绘图区域左侧项目浏览器的上方。图 1.10 是执行“墙”命令后显示的“属性”面板。

有以下两种方式打开或关闭属性面板。

第一种方式：单击“视图”选项卡下“窗口”面板中的“用户界面”下拉菜单，勾选或不勾选“属性”可打开或关闭属性面板，如图 1.11 所示。

图 1.10　“属性”面板

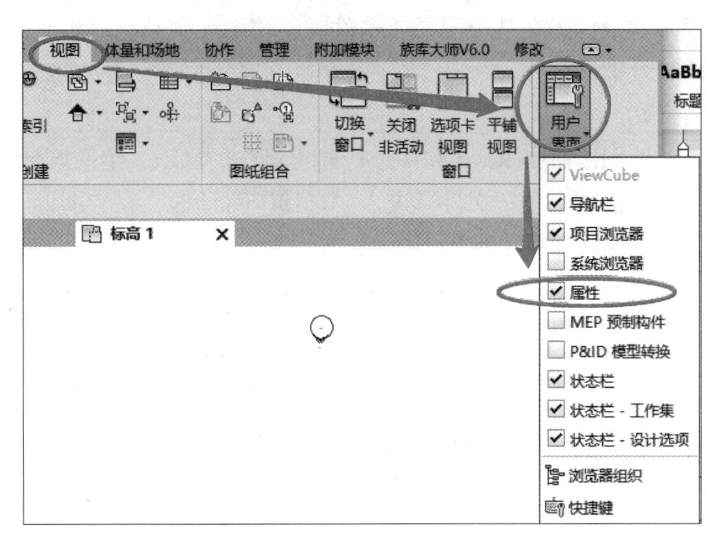

图 1.11　在“用户界面”中打开“属性”面板

第二种方式：单击“修改”选项卡“属性”面板中的“属性”，可打开或关闭“属性”面板，如图 1.12 所示。

7. 项目浏览器

Revit 把所有的视图（含平面图、立面图、三维视图等）、图例、明细表、图纸，以及明细表、族等分类放在“项目浏览器”中统一管理，如图 1.13 所示。双击某个视图名称即可打开相应视图，选择视图名称进行右击，有“复制视图”“重命名”“删除”等命令。

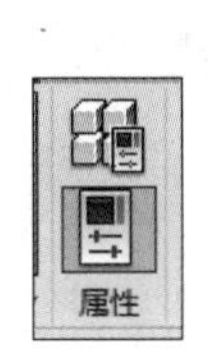

图 1.12　“属性”面板

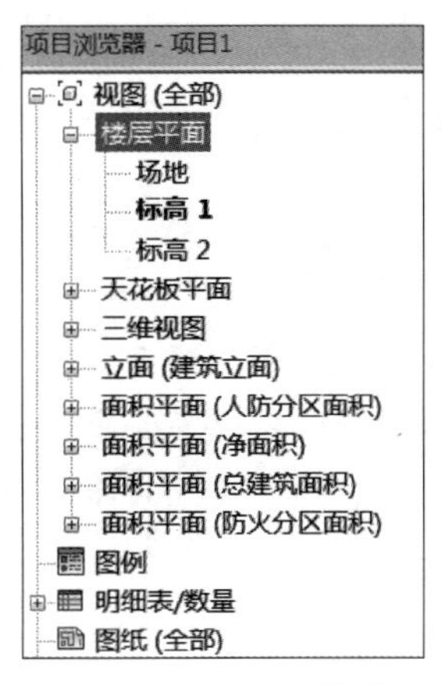

图 1.13　项目浏览器

“视图”选项卡下“窗口”面板中的“用户界面”中也有“项目浏览器”，按照图 1.11 所示的方法，可打开或关闭项目浏览器。

8. 视图控制栏

视图控制栏位于绘图区域下方。单击“视图控制栏”中的相应按钮，即可设置视图的比例、详细程度、模型图形样式、阴影、渲染、裁剪区域、隐藏 / 隔离等。

9. 状态栏

状态栏位于 Revit 工作界面的左下方。使用某一命令时，状态栏会提供相关的操作的提示。鼠标停在某个图元或构件时，该图元会高亮显示，同时状态栏会显示该图元或构件的族及类型名称。

10. 绘图区域

绘图区域是 Revit 软件进行建模操作的区域，绘图区域背景的默认颜色是白色。

单击左上角“文件”进入“选项”对话框，在“图形”选项卡中的“背景”选项中更改背景颜色（图 1.14）。

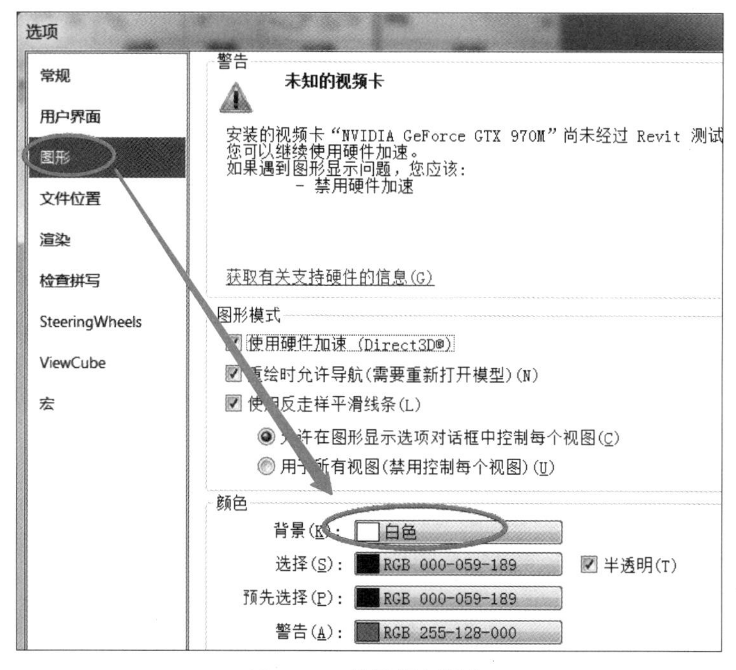

图 1.14　背景颜色调整

习题与能力提升

1. 使用“习题与能力提升资源库”文件夹中的“样板文件.rte”新建一个项目文件。

2. 在计算机中找到软件自带样板文件的位置，并在“选项”中对样板文件进行挂接。

3. 关掉 Revit 工作界面中的“属性”面板和“浏览器”面板，再调出“属性”面板和“浏览器”面板。

任务 1.1 习题 1 讲解

任务 1.1 习题 2 讲解

任务 1.1 习题 3 讲解

任务 1.2　创建标高轴网

任务目标

（1）掌握创建标高的方法；

（2）掌握创建轴网的方法。

任务内容

序号	任务分解	任务驱动
1	创建标高	（1）使用“标高”命令创建标高； （2）使用“编辑”命令（如复制、阵列等）创建标高； （3）选择标高，对标高的名称、位置进行修改，掌握 2D/3D 转换、拖曳、弯折等功能
2	创建轴网	（1）使用“轴网”命令创建轴网； （2）使用“复制”命令形成新的轴网； （3）掌握轴线的编辑方法，包括轴线的属性选项板、位置的调整、编号的修改、编号的显示和隐藏等； （4）掌握弧形轴线和多段轴线的创建方法

任务实施

案例　创建标高

任务描述：创建图 1.15 所示的标高。

创建标高

工作思路：进入立面视图，在绘图区域双击标高数值可以修改标高值，用“标高”命令的“拾取线”方式可快速创建标高，可在绘图区域选择标高后在“属性”面板中修改标高类型。也可以使用“编辑”命令（如复制、阵列等）创建标高，但还需要再次创建楼层平面。

工作步骤

打开“任务 1.1/ 项目信息设置完成 .rvt”。确保“属性”面板、“项目浏览器”面板是打开的状态。

双击项目浏览器面板中“立面”视图中的任意一个立面，如“南立面”(图 1.16)，打开“南立面”视图。

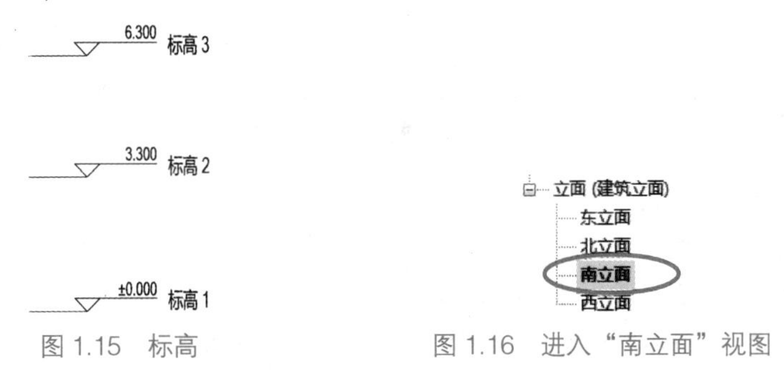

图 1.15　标高　　　图 1.16　进入“南立面”视图

向前滚动滚轮可以实现绘图区域的扩大，向后滚动滚轮可实现绘图区域的缩小，按下鼠标滚轮不动的同时移动鼠标可实现绘图区域的平移。使用该操作将绘图区域缩放至标高 2 标头处，双击标高数值，将其改为“3.300”，如图 1.17 所示。此时标高 2 标高改为 3.300m。

有以下两种方法创建标高 3。

方法一：使用标高命令直接创建标高

单击“建筑”选项卡“基准”面板中的“标高”命令（图 1.18），或执行“LL”标高创建快捷命令。

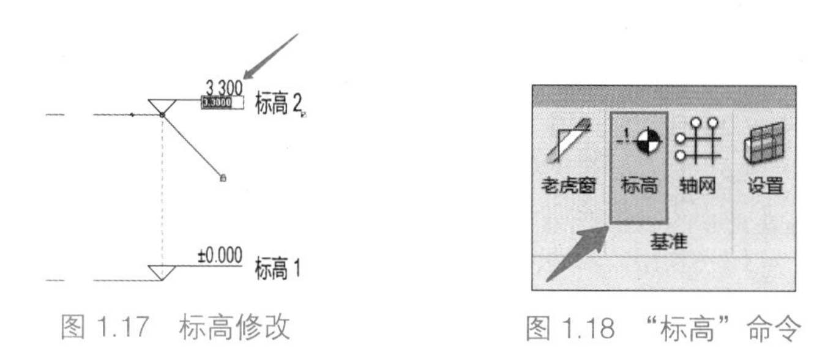

图 1.17　标高修改　　图 1.18　“标高”命令

按照图 1.19，单击上下文选项卡的“拾取线”方式，偏移量改为“3000”，光标停在“标高 2”偏上一点，当出现上部预览时，单击“标高 2”，即可生成位于“标高 2”上方 3000mm 处的标高 3。若该标高名称不为“标高 3”，则单击该标高名称，将名称修改为“标高 3”。

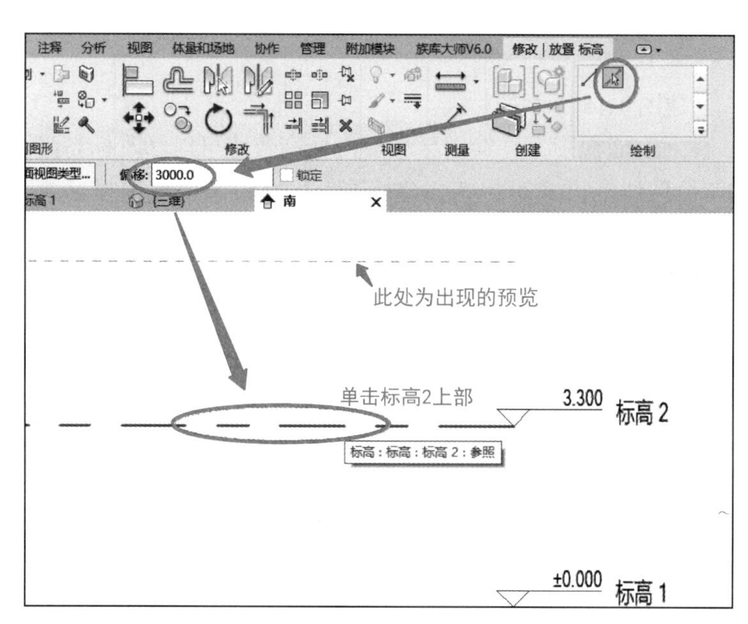

图 1.19　“拾取线”生成标高

完成的项目文件见“任务 1.2/ 标高完成 .rvt”。

方法二：使用编辑命令创建标高，需再生成楼层平面

在绘图区域选择“标高 2”，执行“CO”（即 COPY 复制）命令，或者单击上下文选项卡中的“复制”命令，对标高 2 向上复制 3000mm 形成标高 3。也可执行“AR”

（即 ARRAY 阵列）命令，或者单击上下文选项卡中的“阵列”命令，对标高 2 进行阵列形成其他楼层标高。阵列完成后，需选择阵列形成的标高进行“解组”。复制、阵列命令见图 1.20。

以上方法能够创建标高，但无法创建“楼层平面”，即在项目浏览器的“楼层平面”中看不到创建的标高平面视图。创建“楼层平面”的方法如下：单击“视图”选项卡“创建”面板“平面视图”下的“楼层平面”命令（图 1.21），在弹出的“新建楼层平面图”面板中选择相应的标高名称，单击“确定”。此时，在项目浏览器的“楼层平面”中会生成相应标高的楼层平面。

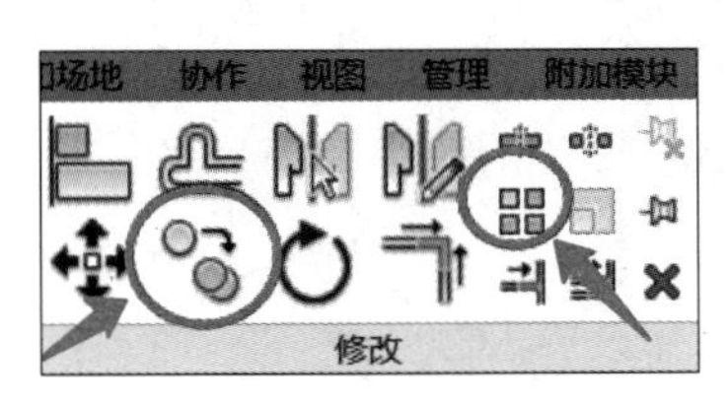

图 1.20　执行复制或阵列命令

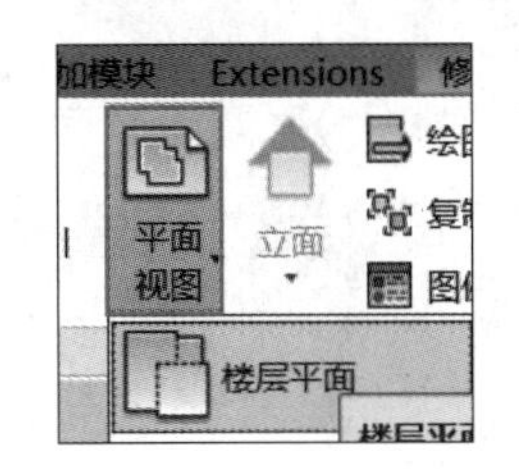

图 1.21　执行“楼层平面”命令

✍ 案例　创建轴网

任务描述：创建图 1.22 所示的轴网。

创建轴网

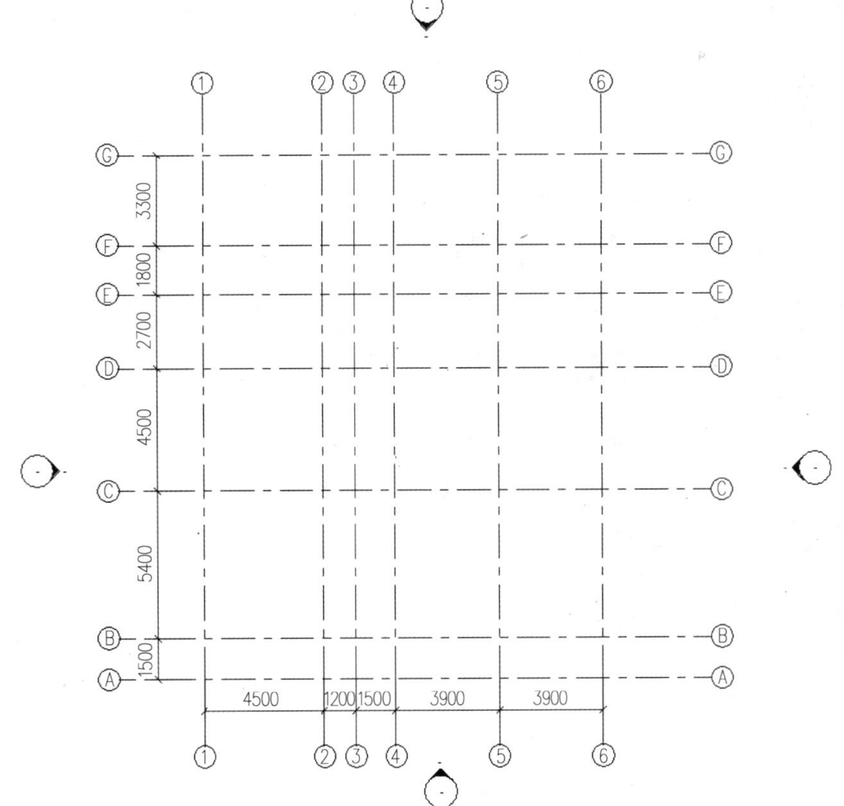

图 1.22　轴网

工作思路：在楼层平面视图中，用“轴网”命令先创建第一根轴线，再用“复制”命令复制出其余轴线。选择轴线，可在“属性”面板中修改该轴线的类型、名称等。

工作步骤

1. 创建第一根轴线

打开“任务 1.2/ 标高完成 .rvt”。

双击项目浏览器“楼层平面”下的“标高 1”(图 1.23)，进入标高 1 楼层平面视图。

单击“建筑”选项卡“基准”面板中的“轴网”命令，或执行“GR”快捷命令；在“属性”面板选择“6.5mm 编号”，单击“编辑类型”(图 1.24)；在弹出的“类型属性”对话框中，将“轴线末端颜色”调为红色，勾选“平面视图轴号端点 1（默认）”，将“非平面视图符号（默认）”调为“底”(图 1.25)，然后单击“确定”。

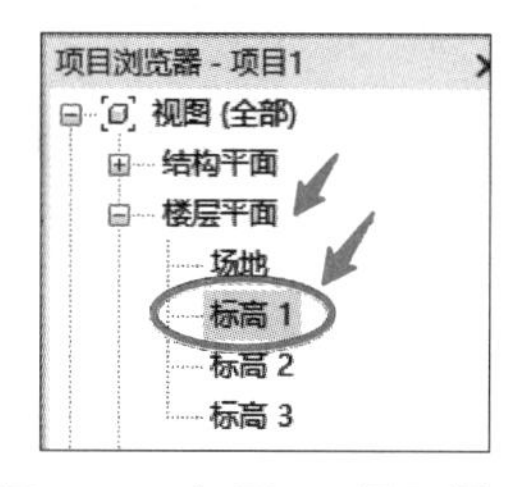

图 1.23　打开 F1 平面视图

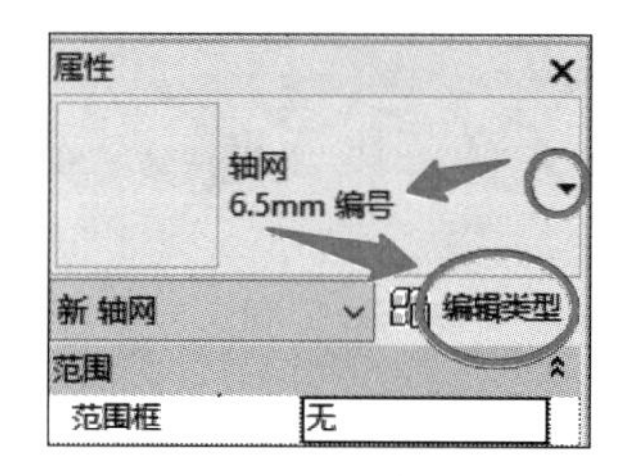

图 1.24　属性修改

单击绘图区域左下方，该点为轴线起点；然后向上移动光标一段距离后再次进行单击，确定轴线终点，按两次 Esc 键退出轴网创建命令，创建后的轴网如图 1.26 所示。

若轴号名称不为“1”，则双击轴号的名称，改名称为“1”，如图 1.27 所示，按 Enter 键确认。

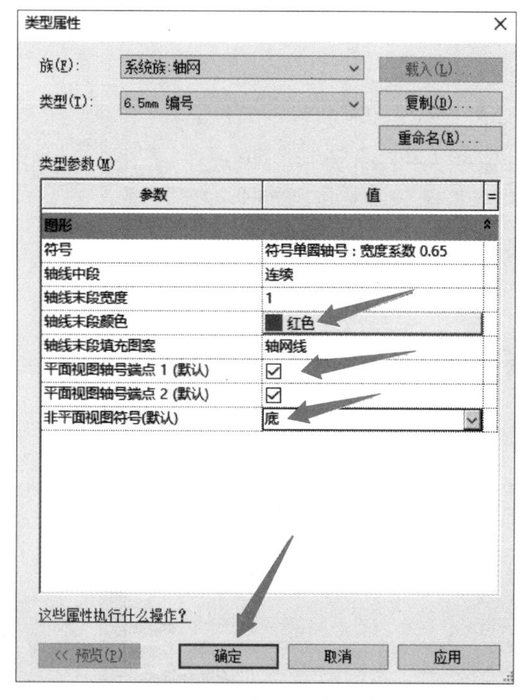

图 1.25　类型属性修改

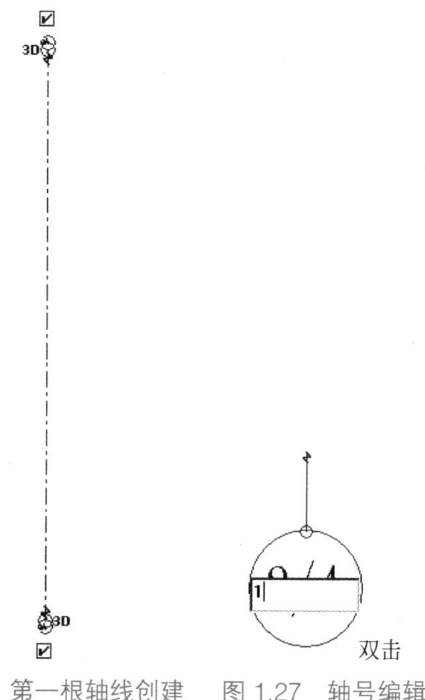

图 1.26　第一根轴线创建　　图 1.27　轴号编辑

2. 创建其他轴线

在绘图区域单击选择轴线 1，单击“修改”选项卡“修改”面板中的“复制”命令（或执行“CO”快捷命令），上部选项栏勾选“约束”和“多个”(图 1.28)，水平向右复制 4500、1200、1500、3900、3900，分别创建轴线 2、3、4、5、6，按两次 Esc 键退出轴网创建命令。如图 1.29 所示。

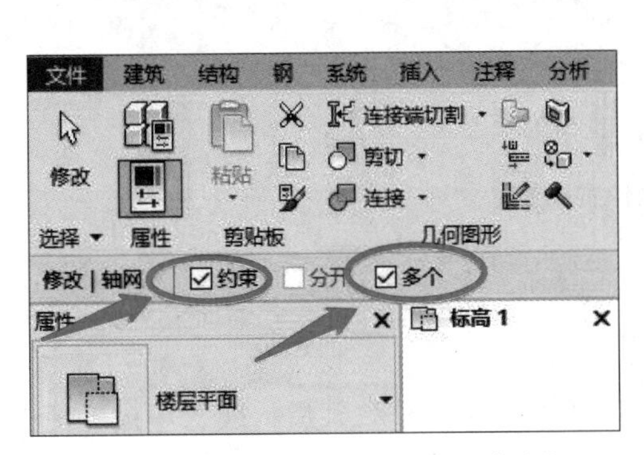

图 1.28 选项栏中的“约束”“多个”

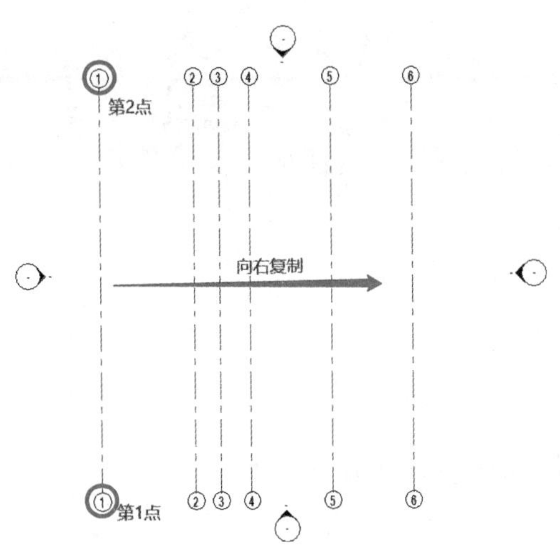

图 1.29 复制以创建其他轴线

同理，创建横向定位轴线：先在下方创建第一根横向定位轴线，将其名称改为轴线“A”，再利用“复制”命令，向上复制 1500、5400、4500、2700、1800、3300，分别创建轴线 B、C、D、E、F、G。创建完成的轴网如图 1.30 所示。

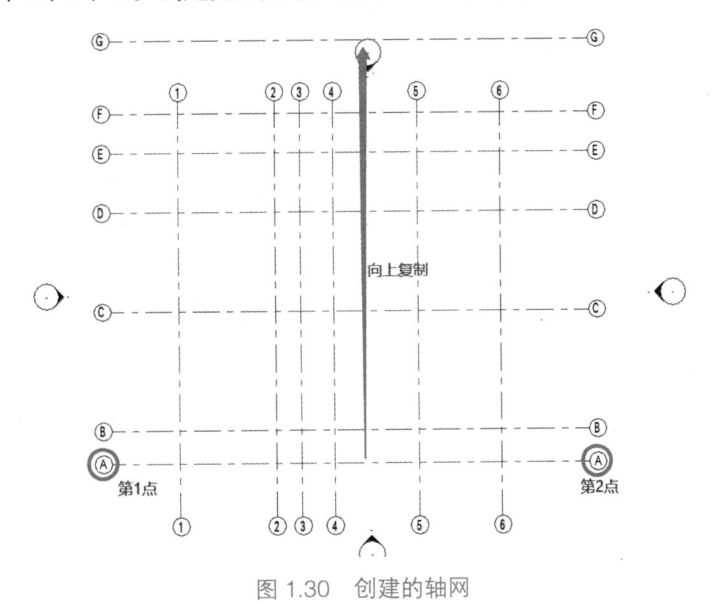

图 1.30 创建的轴网

3. 轴网位置调整

从图 1.30 中可看到，轴线 G 与轴线 1 等纵向定位轴线不相交，调整方法如下：单击选择轴线 1，单击轴线 1 轴号下方的空心圆点（图 1.31 中的轴线拖动点），向上拖动至轴线 G

的上方再松开鼠标。此时，轴线 2 至轴线 6 等轴线也会随轴线 1 一同拖动至轴线 G 上方。

从图 1.30 中可看到，北立面标识在轴线 G 下方，从左至右框选北立面标识，将其拖动至轴线 G 上方，再松开鼠标。

完成后的轴线和北立面标识见图 1.31。

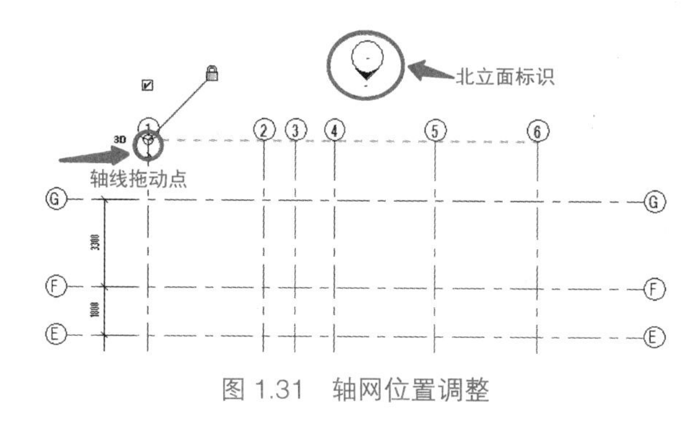

图 1.31　轴网位置调整

完成的文件见“任务 1.2/ 轴网完成 .rvt”。

📖 相关技术与知识拓展　标高

标高图元的组成包括标高值、标高名称、对其锁定开关、对其指示线、弯折、拖曳点、2D/3D 转换按钮、标高符号显示 / 隐藏、标高线。

在立面视图单击选择绘图区域中某一标高，从“属性”面板的“类型选择器”下拉列表中选择“下标高”类型，标头自动向下翻转。

选择任意一根标高线，界面会显示临时尺寸、一些控制符号和复选框，如图 1.32 所示，可以进行编辑其尺寸值，通过单击并拖曳控制符号来整体或单独调整标高标头位置、控制标头隐藏或显示、标头偏移等操作。

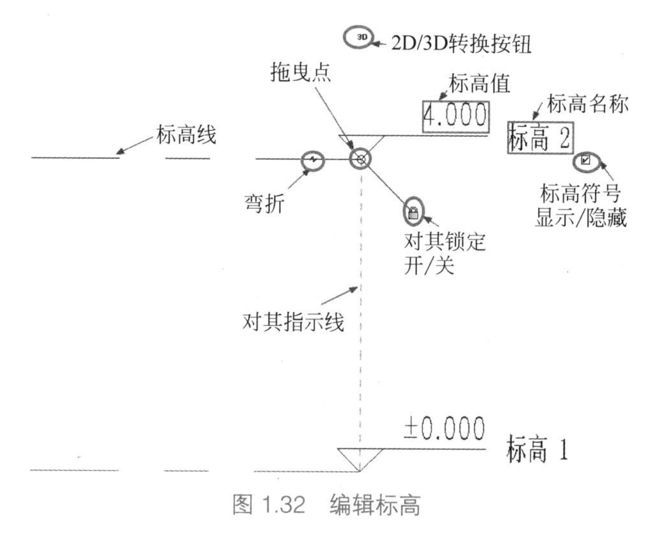

图 1.32　编辑标高

📖 相关技术与知识拓展　轴网

1. 属性面板

在放置轴网时，或在绘图区域选择轴线时，可通过“属性”面板的“类型选择器”选择或修改轴线类型（图 1.33）。

同样，可对轴线的实例属性和类型属性进行修改。

- 实例属性：对实例属性进行修改，仅会对当前所选择的轴线有影响。可设置轴线的“名称”和“范围框”（图 1.34）。

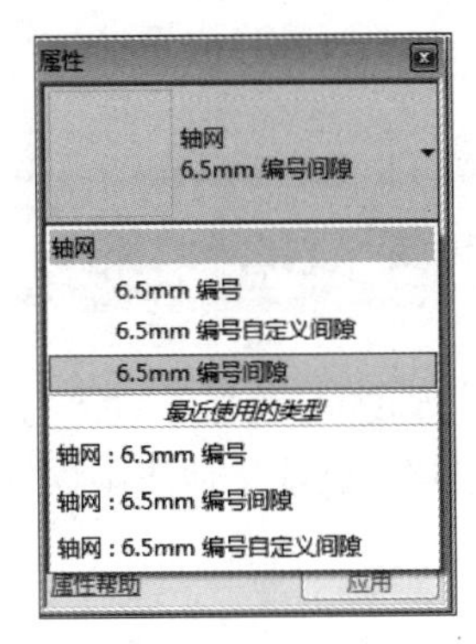

图 1.33　类型选择器

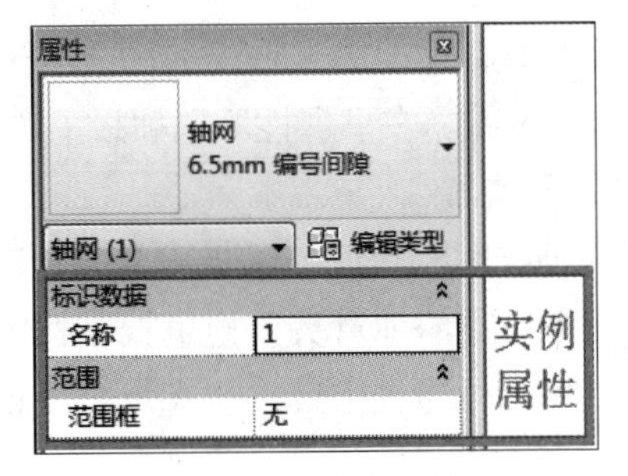

图 1.34　实例属性

- 类型属性：单击“编辑类型”按钮，弹出“类型属性”对话框（图 1.35），对类型属性的修改会对和当前所选轴线同类型的所有轴线有影响。相关参数如下。

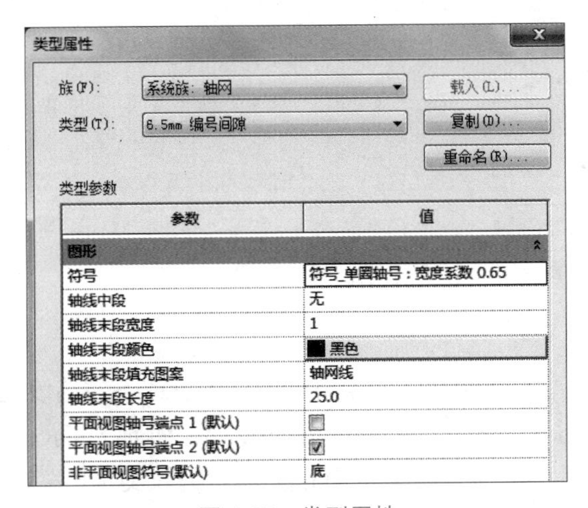

图 1.35　类型属性

（1）符号：从下拉列表中可选择不同的轴网标头族。

（2）轴线中段：若选择“连续”，轴线按常规样式显示；若选择“无”，则将仅显示两段的标头和一段轴线，轴线中间不显示；若选择“自定义”，则将显示更多的参数，可以自定义自己的轴线线型、颜色等。

（3）轴线末端宽度：可设置轴线宽度为 1~16 号线宽；“轴线末端颜色”参数可设置轴线颜色。

（4）轴线末端填充图案：可设置轴线线型。

（5）平面视图轴号端点 1（默认）、平面视图轴号端点 2（默认）：勾选或取消勾选这两个选项，即可显示或隐藏轴线起点和终点标头。

（6）非平面视图轴号（默认）：该参数可控制在立面、剖面视图上轴线标头的上、下位置。可选择“顶”（顶部显示轴号）、“底”（底部显示轴号）、“两者”（顶、底都显示轴号）或“无”（不显示轴号）。

2. 调整轴线位置

单击选择轴线，会出现这根轴线与相邻两根轴线的间距（蓝色临时尺寸标注），单击间距值，可修改所选轴线的位置（图 1.36）。

3. 修改轴线编号

单击选择轴线，然后单击轴线名称，可输入新值（可以是数字或字母），以修改轴线编号。也可以选择轴线，在“属性”选项板上的“名称”栏中输入新名称，来修改轴线编号。

4. 调整轴号位置

有时相邻轴线间隔较近，轴号重合，这时需要将某条轴线的编号位置进行调整。选择现有的轴线，单击“添加弯头”拖曳控制柄（图 1.37），可将编号从轴线中移开。

选择轴线后，可通过拖曳模型端点修改轴网（图 1.38）。

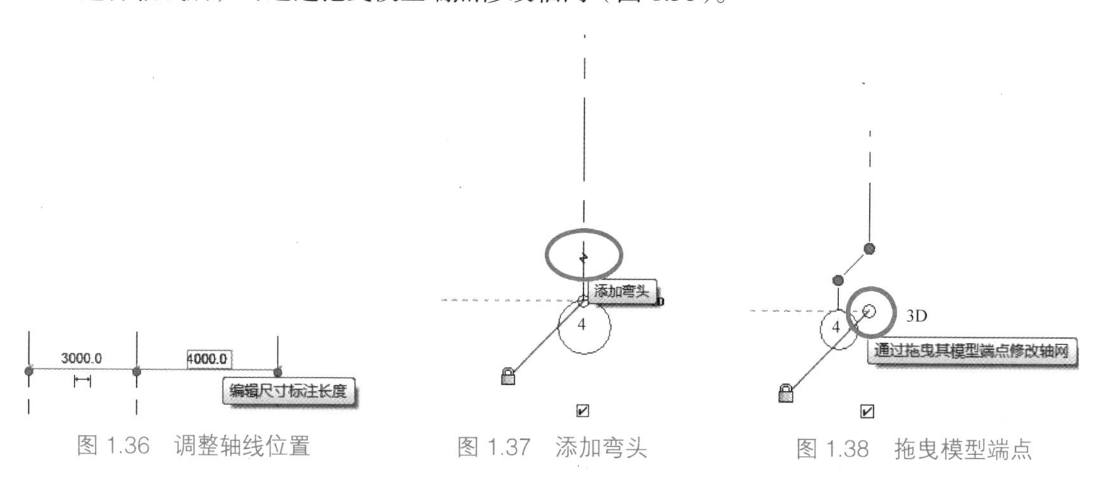

图 1.36　调整轴线位置　　图 1.37　添加弯头　　图 1.38　拖曳模型端点

5. 显示和隐藏轴网编号

选择一条轴线，编号端部会显示一个复选框。勾选或不勾选该复选框，可显示或隐藏轴网标号（图 1.39）。这种方法可以单独修改一条轴线的轴号显示。

也可在选择轴线后，单击“属性”面板上的“编辑类型”，对轴号可见性进行修改（图 1.40）。这种方法将全部修改该类型下所有轴线的轴号显示。

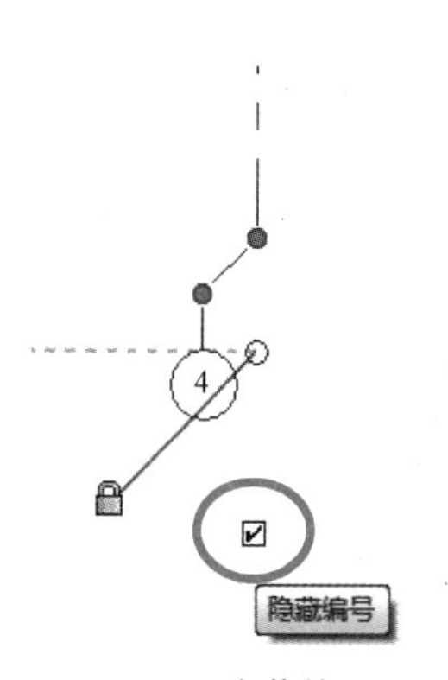

图 1.39　隐藏编号

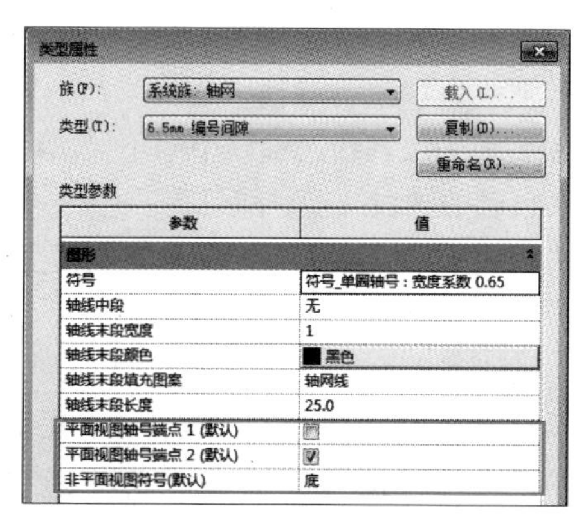

图 1.40　轴号可见性修改

习题与能力提升

1. 打开任务 1.1 习题 1 中创建完成的项目文件，按照图 1.41 创建标高。

2. 在习题 1 的基础上，继续按照图 1.42 创建轴网。

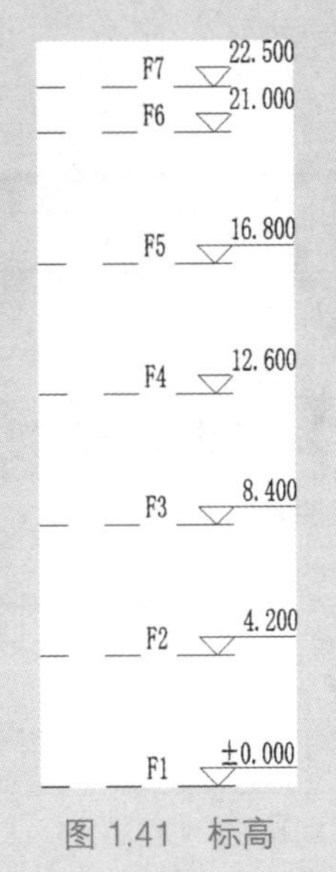

图 1.41　标高

任务 1.2 习题 1 讲解

任务 1.2 习题 2 讲解

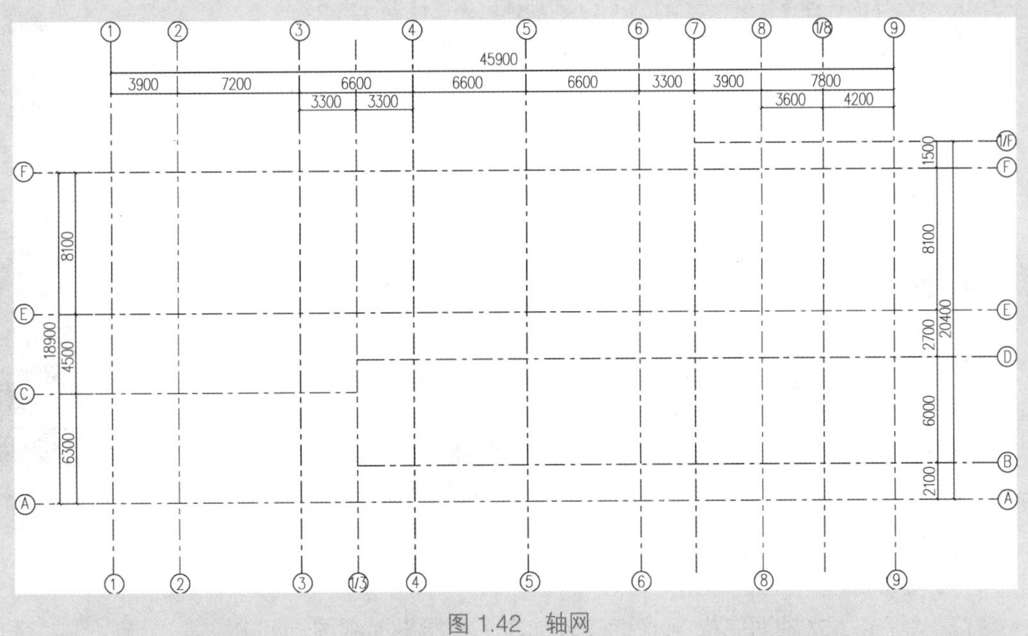

图 1.42　轴网

3. 打开“习题与能力提升资源库”文件夹中“第 10 期全国 BIM 技能等级考试一级试题”，完成第 1 题轴网模型。

4. 打开“习题与能力提升资源库”文件夹中“第 8 期全国 BIM 技能等级考试一级试题”，完成第 1 题环形轴网模型。

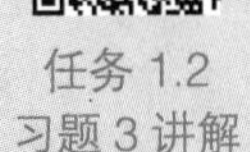

任务 1.2
习题 3 讲解

任务 1.2
习题 4 讲解

任务 1.3　创建墙体

任务目标

（1）掌握普通墙体的创建方法；
（2）掌握墙体构造层的设置方法；
（3）掌握墙体的属性设置方法；
（4）掌握弧形墙体等其他形状墙体的创建方法。

任务内容

序号	任务分解	任务驱动
1	创建工作任务中的墙体	（1）创建工作任务中的外墙； （2）创建工作任务中的内墙
2	设置墙体的构造层次	（1）复制新的墙体类型； （2）插入新的构造层； （3）修改构造层
3	对墙体的各种属性进行设置	（1）进行墙体定位线设置； （2）对墙体实例属性进行修改； （3）包络层的设置
4	绘制弧形墙体、多边形墙体等其他形状的墙体	（1）选择“绘制”面板中的“矩形”“多边形”“圆形”“弧形”等命令； （2）绘图区域创建弧形墙体等其他形状的墙体

任务实施

案例　创建一楼墙体

创建一楼墙体

任务描述：创建图 1.43 所示的一楼墙体。

工作思路：利用“建筑”选项卡中的“墙”命令，先在“属性”面板设置墙体的类型、底标高、顶标高等信息，再在绘图区域内绘制创建墙体。

工作步骤

1. 外墙创建

打开“任务 1.2/ 轴网完成 .rvt”，进入标高 1 楼层平面视图。

单击“建筑”选项卡“构建”面板“墙”中的“墙：建筑”命令（图 1.44），或执行“WA”快捷命令。

按照图 1.45 所示，“属性”面板中选择墙体类型为“外部—带砖与金属立筋龙骨复合墙”，单击“属性”面板中的“编辑类型”，在弹出的“类型属性”对话框中单击“结构”右侧的“编辑”按钮。

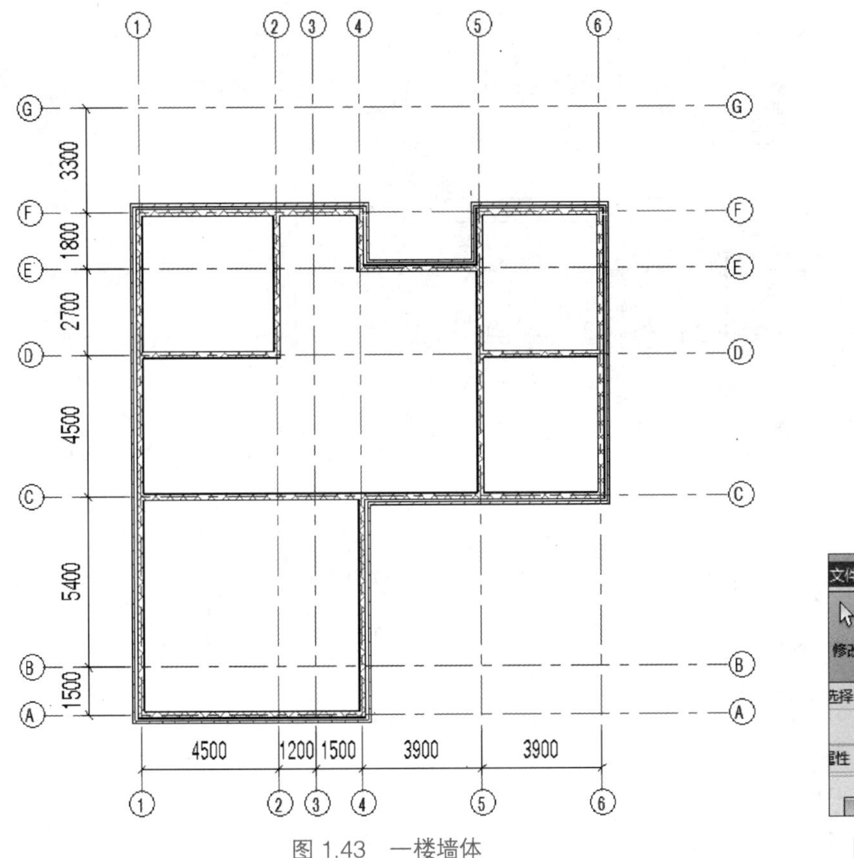

图 1.43　一楼墙体

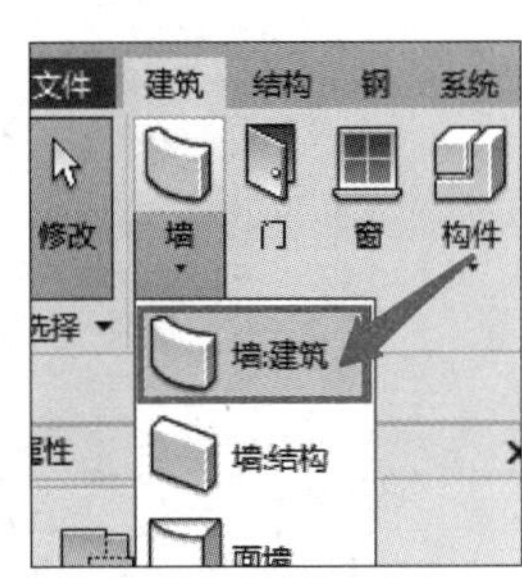

图 1.44　“墙”命令

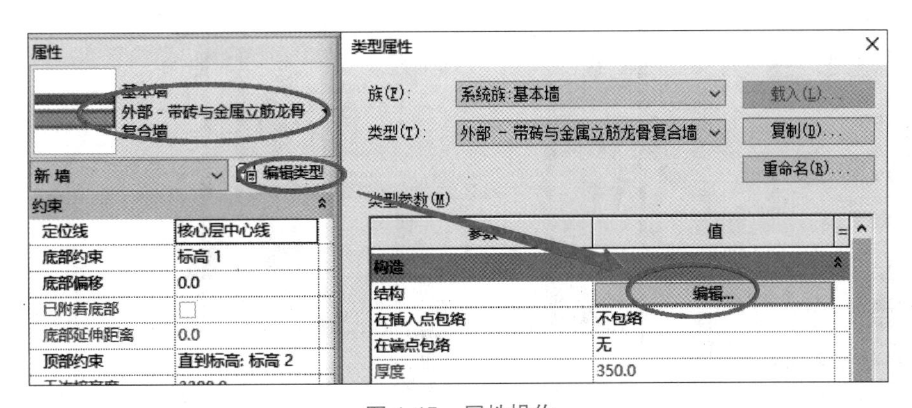

图 1.45　属性操作

在弹出的“编辑部件”对话框中，按照图 1.46 所示，将第 6 层的厚度改为“190.0”，将第 9 层厚度改为“12.0”，同时单击第 6 层的“材质”，将其改为“混凝土砌块”，单击两次“确定”按钮退回到墙体创建。

按照图 1.47 所示，在“属性”面板的“定位线”选择“核心层中心线”，顶部约束选择“直到标高：标高 2”；此时注意到上下文选项卡中“绘制”面板是“直线”方式，且屏幕左下角的“状态栏”提示为“单击可输入墙起始点”；在绘图区域顺时针单击轴网交点，创建外墙墙体。

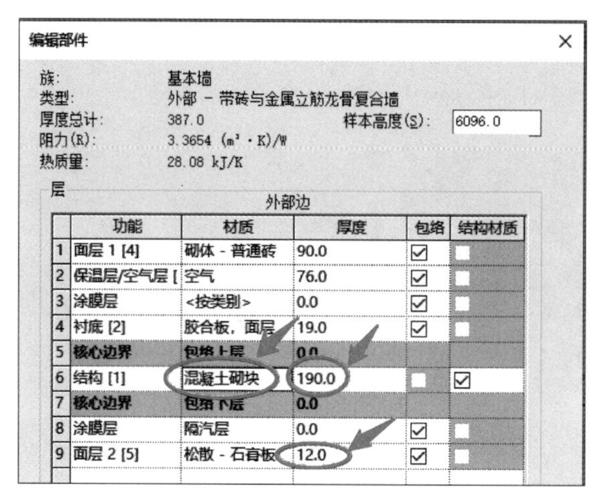

编辑部件

族： 基本墙
类型： 外部 － 带砖与金属立筋龙骨复合墙
厚度总计： 387.0　　样本高度(S)： 6096.0
阻力(R)： 3.3654 (m²·K)/W
热质量： 28.08 kJ/K

层

外部边

	功能	材质	厚度	包络	结构材质
1	面层 1 [4]	砌体 - 普通砖	90.0	☑	☐
2	保温层/空气层 [	空气	76.0	☑	☐
3	涂膜层	<按类别>	0.0	☑	☐
4	衬底 [2]	胶合板，面层	19.0	☑	☐
5	核心边界	包络上层	0.0		
6	结构 [1]	混凝土砌块	190.0	☐	☑
7	核心边界	包络下层	0.0		
8	涂膜层	隔汽层	0.0	☑	☐
9	面层 2 [5]	松散 - 石膏板	12.0	☑	☐

图 1.46　编辑墙体构造层次

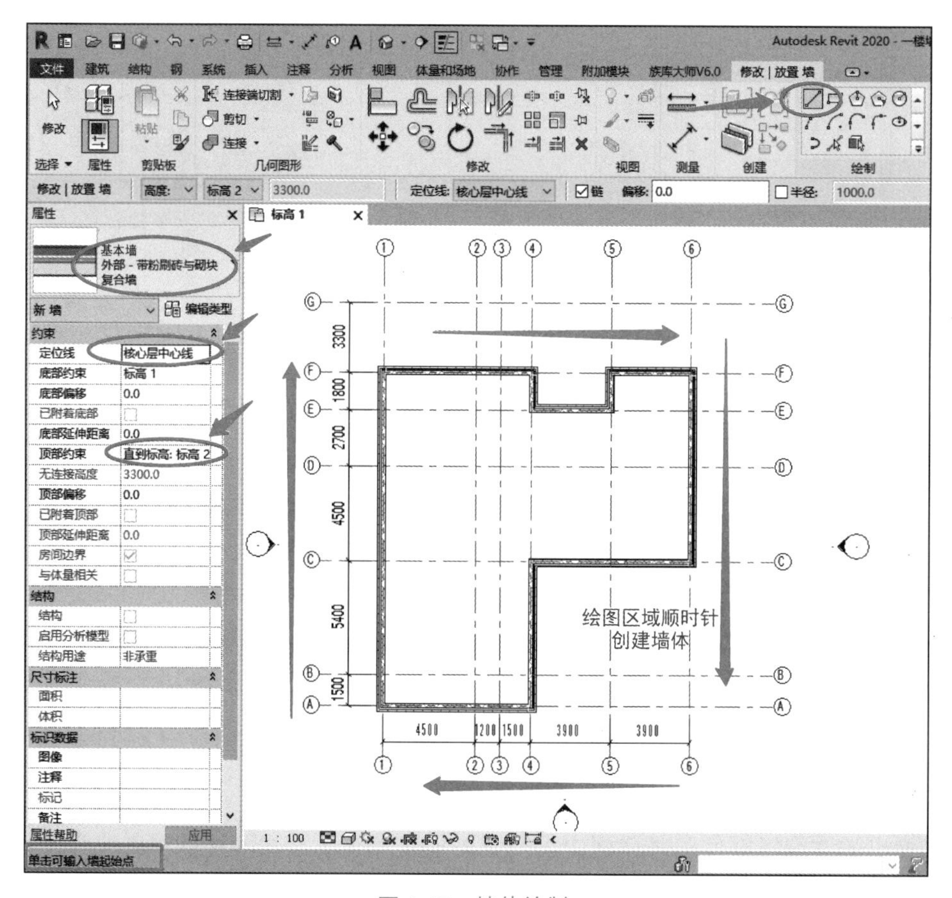

图 1.47　墙体绘制

注意

绘制墙体时，“外部边”的构造层材质会位于绘制方向的左侧。从图 1.46 中可以看出，位于“外部边”的构造层材质为“砌块—普通砖”；因此，当顺时针绘制墙体时，该构造层材质位于墙体外侧。

2. 内墙创建

同理，执行“墙”命令，在“属性”面板中选择墙体类型为“内部—砌块墙 190”，按照图 1.43 创建内墙。

完成项目文件见“任务 1.3/ 一楼墙体完成 .rvt”。

📖 相关技术与知识拓展　墙体设置

1. 墙体定位线设置

墙体设置、其他形状墙体的创建

定位线指的是在绘制墙体过程中，绘制路径与墙体的哪个面进行重合。

如图 1.48 所示，绘制墙体时的“定位线”有 6 个选项：墙中心线（默认值）、核心层中心线、面层面外部、面层面内部、核心面外部、核心面内部。各种定位方式的含义如下。

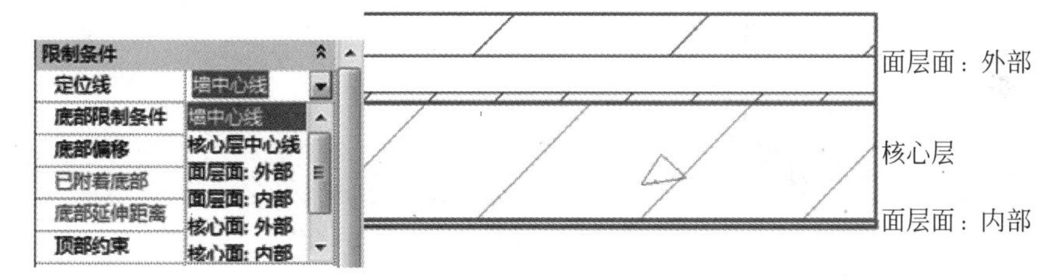

图 1.48　墙体定位线

- 墙中心线：墙体总厚度中心线。
- 核心层中心线：墙体结构层厚度中心线。
- 面层面外部：墙体外面层外表面。
- 面层面内部：墙体内面层内表面。
- 核心面外部：墙体结构层外表面。
- 核心面内部：墙体结构层内表面。

选择单个墙，蓝色圆点指示其定位线。图 1.49 是“定位线”为“面层面：外部”，且墙是从左到右绘制的结果。

图 1.49　墙体定位线

注意

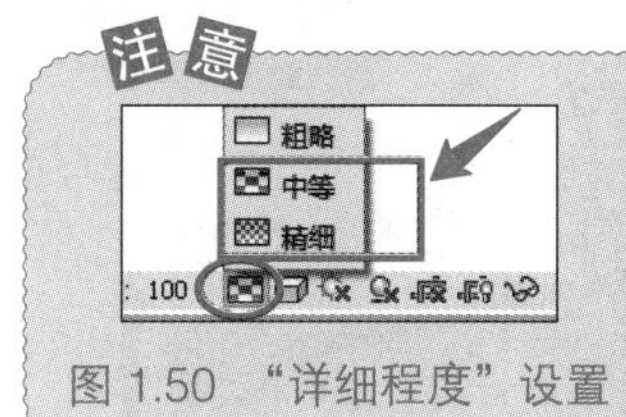

图 1.50　“详细程度”设置

当视图的“详细程度”设置为“中等”或“精细”时（图 1.50），才会显示墙体的构造层次。

2. 墙体实例属性：墙体底部和顶部位置

墙体底部位置由“底部约束”和“底部偏移”参数确定，墙体顶部位置由“顶部约束”“无连接高度”或“顶部偏移”参数确定。图 1.51 显示了“底部约束”为“L-1”，使用不同“底部偏移”和“顶部约束”参数所创建的四面墙的剖视图，表 1.1 为每面墙的属性参数。

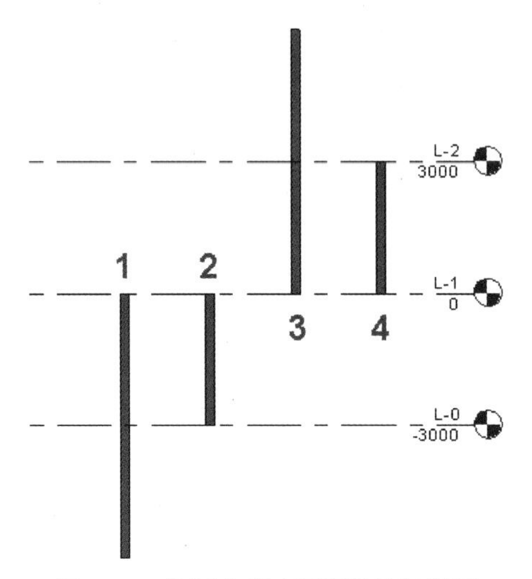

图 1.51　不同高度 / 深度下的剖视图

表 1.1　墙的属性参数

属　性	墙 1	墙 2	墙 3	墙 4
底部约束	L-1	L-1	L-1	L-1
底部偏移	−6000	−3000	0	0
顶部约束	直到标高：L-1	直到标高：L-1	无连接	直到标高：L-2
无连接高度			6000	

3. 墙体类型属性：墙体包络

打开“任务 1.3/ 墙体构造层设置 .rvt”，单击快速访问工具栏中的“粗线细线转换”按钮（图 1.52）。

图 1.52　粗线细线转换

绘图区域内选择墙体，单击“属性”面板中的“编辑类型”，修改“在端点包络”为“外部”或“内部”，可修改墙体端点的包络形式（图 1.53）。

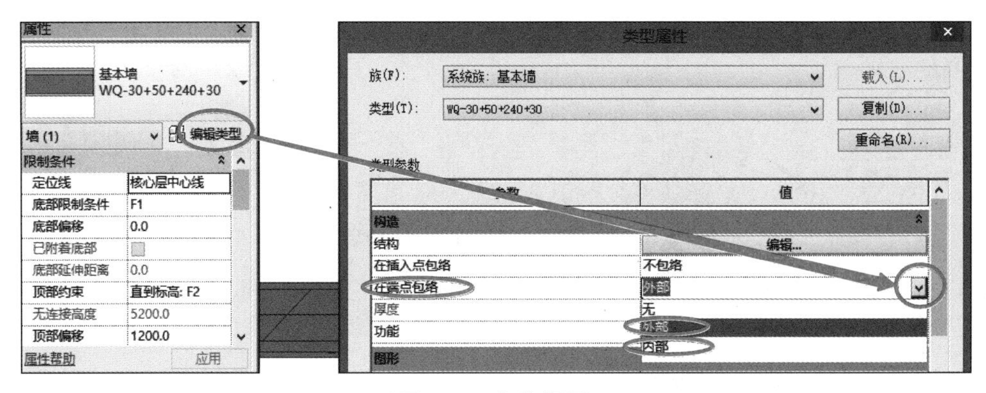

图 1.53　包络设置

图 1.54 为在“外部包络”和“内部包络”下的不同显示。

创建完成的项目文件见“任务 1.3/ 墙体外部包络完成 .rvt”“任务 1.3/ 墙体内部包络完成 .rvt”。

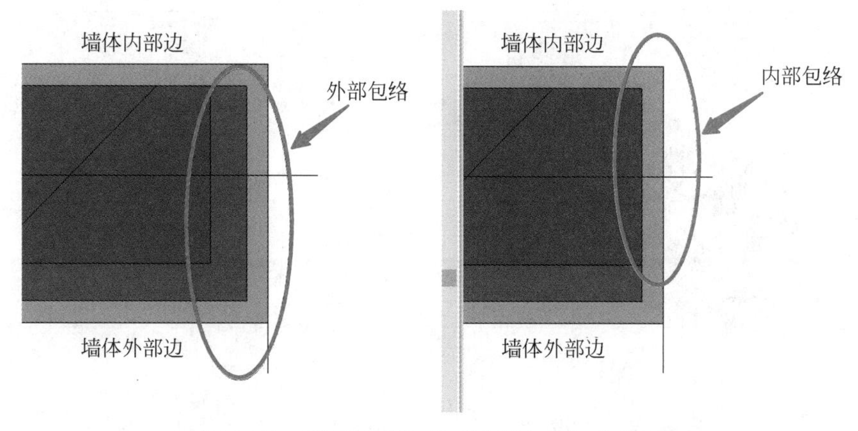

图 1.54 “外部包络”和“内部包络”的效果

相关技术与知识扩展 弧形墙体等其他形状墙体的创建

单击“墙”命令时，默认的绘制方法是“修改 | 放置墙”选项卡下“绘制”面板中的“直线”方式，“绘制”面板中还有“矩形”“多边形”“圆形”“弧形”等绘制命令，可以直接绘制矩形墙体、多边形墙体、圆形墙体、弧形墙体。

使用“绘制”面板中“拾取线”命令，可以通过拾取图形中的线来创建墙。线可以是模型线、参照平面或某个图元（如屋顶、幕墙嵌板和其他墙）的边缘线。

习题与能力提升

1. 打开任务 1.2 习题 2 创建完成的项目文件，按照图 1.55、图 1.56 创建墙体。其中，外墙类型为“外墙—真石漆”，内墙类型为“内墙—白色涂料”。

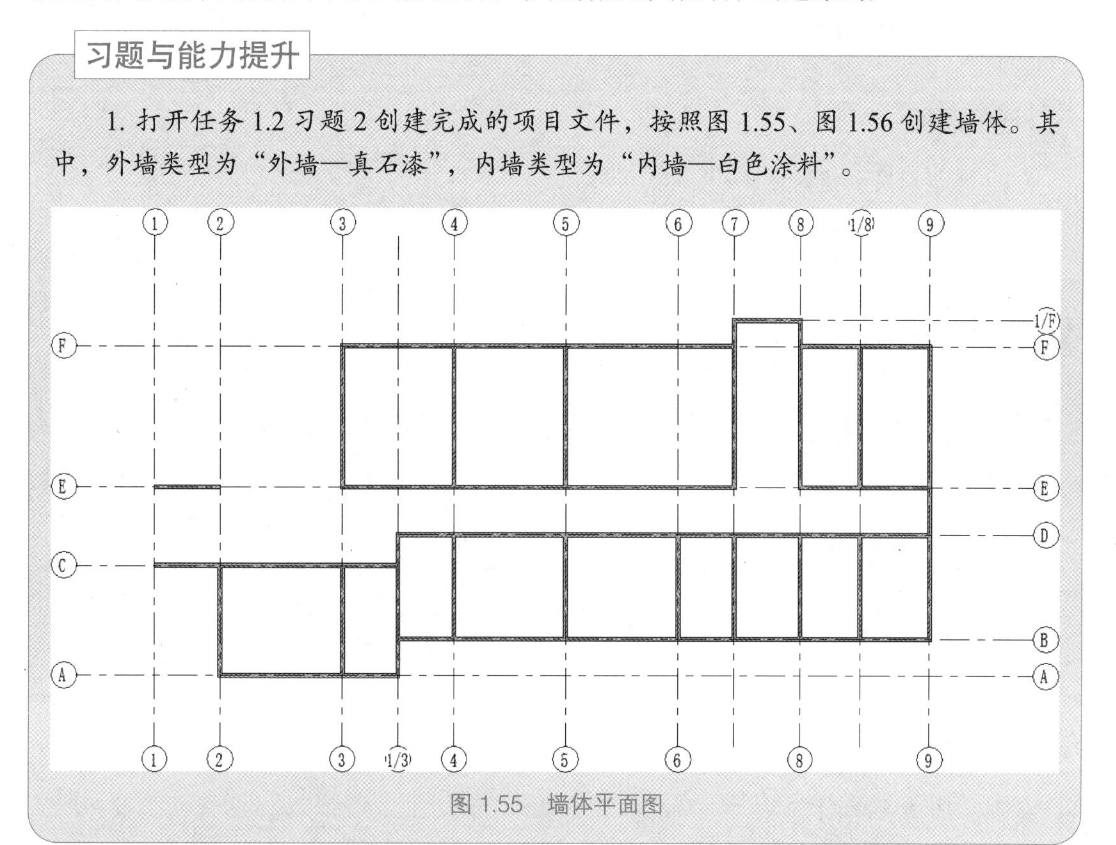

图 1.55 墙体平面图

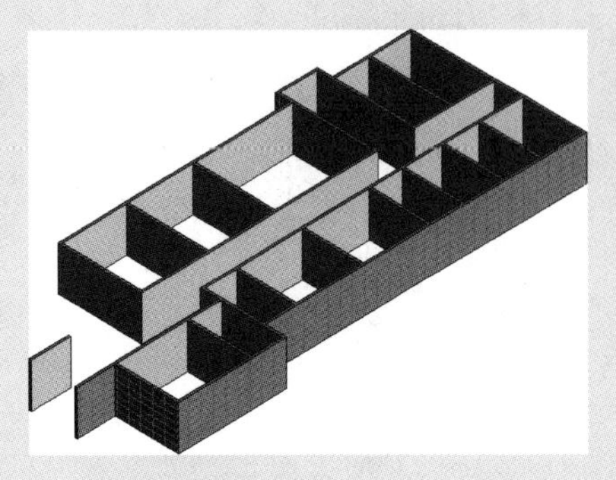

图 1.56 墙体三维视图

任务 1.3 习题 1 讲解

2. 创建一面构造层为“5mm 黄色涂料 +30mm 水泥砂浆 +50mm 保温层 +240mm 普通砖 +20mm 水泥砂浆 +5mm 白色涂料”的墙，该墙高 3m、长 5m。

3. 创建一面高 3m、弧半径为 4m、弧度为 90° 的弧形墙体，该墙体构造层同习题 2。

任务 1.3 习题 2 讲解

任务 1.3 习题 3 讲解

任务 1.4 创建门窗

任务目标

（1）掌握门窗创建的方法；

（2）掌握门窗编辑的方法；

（3）掌握门窗载入的方法。

任务内容

序号	任务分解	任务驱动
1	创建门窗	（1）执行门窗命令创建门窗； （2）复制门窗新类型并设置类型属性
2	编辑门窗	（1）修改门窗属性； （2）修改门窗位置
3	载入门窗	（1）通过“载入族”载入新门窗； （2）找到门窗族在族库中的位置

任务实施

案例 创建一楼门窗

任务描述：按照图 1.57 和图 1.58 的门窗定位创建一楼门窗。

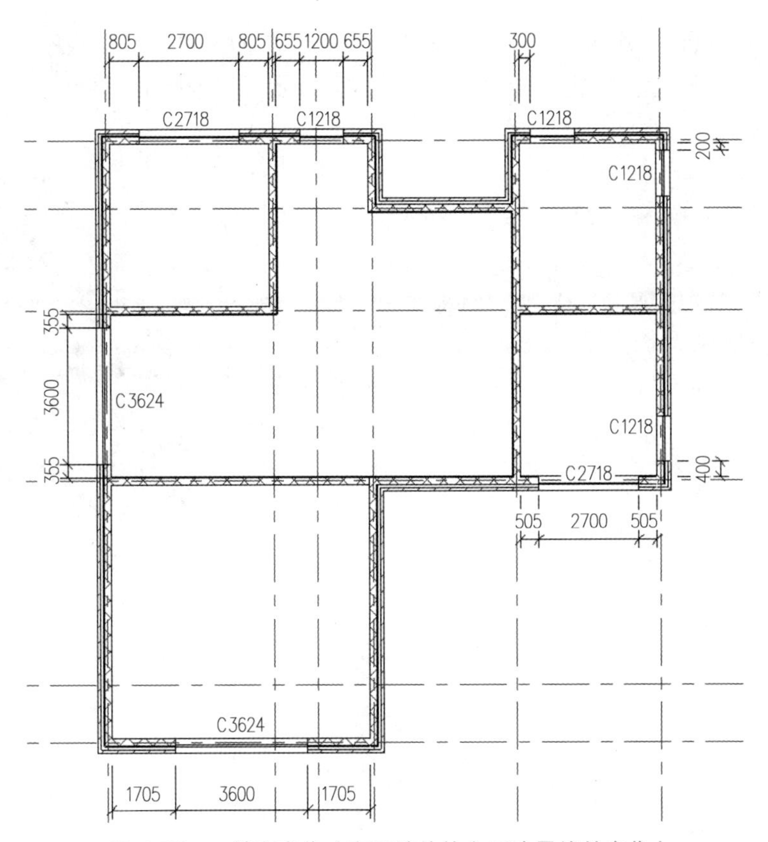

图 1.57　一楼窗定位（窗距墙体核心层边界线的定位）

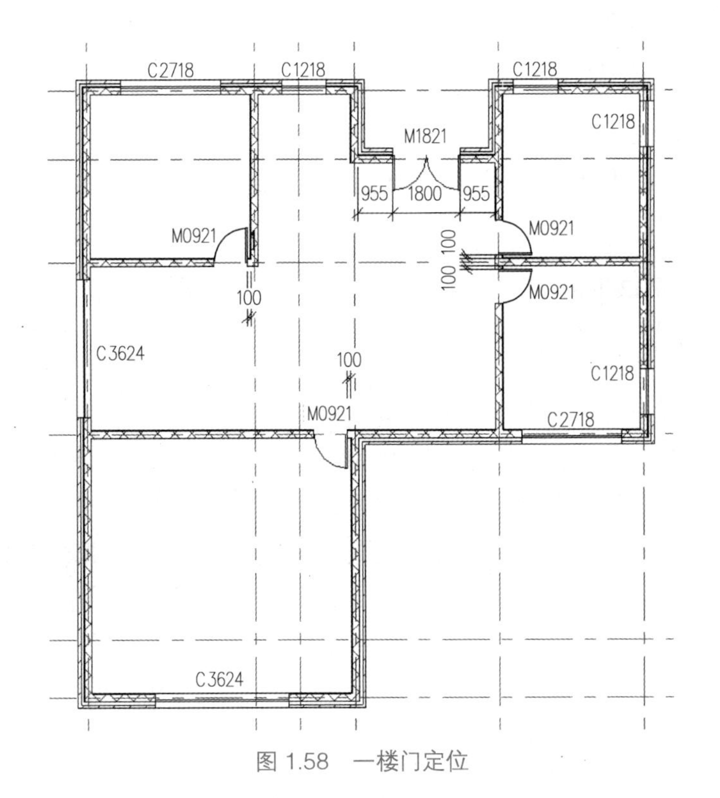

图 1.58　一楼门定位

工作思路：执行“建筑”选项卡中的“门”“窗”命令，“载入”族库中所需的门窗，单击墙体进行门窗放置。放置后，选择门窗修改其放置位置或朝向。

工作步骤

1. 创建窗

创建窗

打开“任务 1.3/ 一楼墙体完成”，进入标高 1 楼层平面视图。

单击“建筑”选项卡“构建”面板中的“窗”命令（图 1.59），或执行“WN”快捷命令。

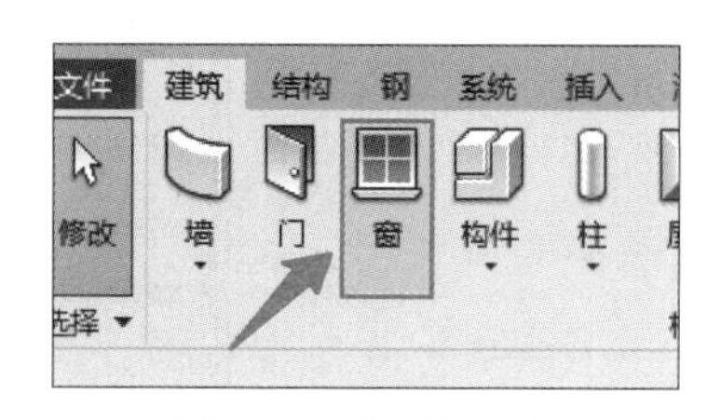

图 1.59 “窗”命令

单击“属性”面板的“编辑类型”，按照图 1.60 所示，在弹出的“类型属性”对话框中单击“载入”，选择“建筑 / 窗 / 普通窗 / 组合窗”中的“组合窗—双层单列（四扇推拉）—上部双扇”，单击“打开”。此时会将“组合窗—双层单列（四扇推拉）—上部双扇”类型载入到项目中，并返回“类型属性”对话框。

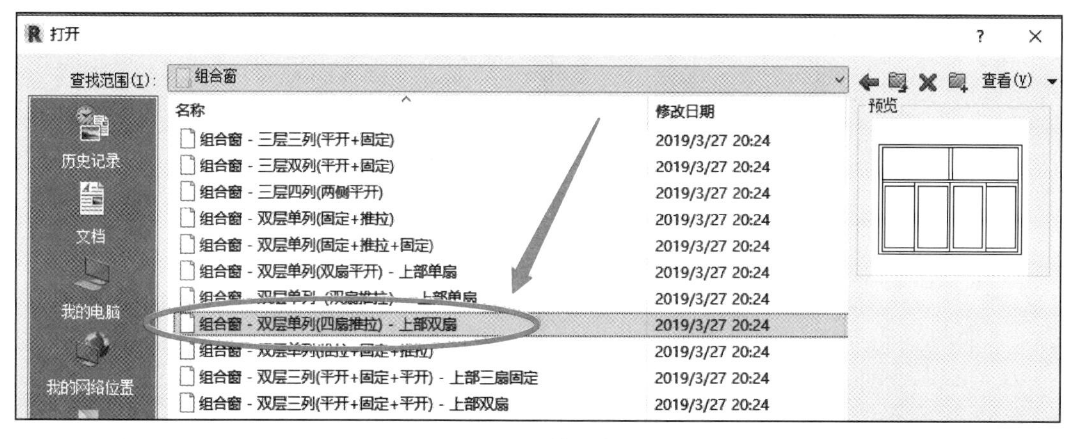

图 1.60 载入窗

按照图 1.61，继续单击“复制”，命名为“C2718”，窗宽度修改为“2700”，类型标记改为“C2718”，单击“确定”按钮。

C2718 宽度为 2700mm、高度为 1800mm，因此将其命名为 C2718。

按照图 1.57 中窗所在的位置，在墙体上进行单击放置 C2718。按两次 Esc 键退出创建窗命令。

C2718 应放于墙体中间，按如下步骤修改窗平面位置：按照图 1.62 所示，在绘图区域单击需要修改位置的 C2718 窗，会出现蓝色的临时标注，单击距离墙体的尺寸标注，将其修改为“805”。

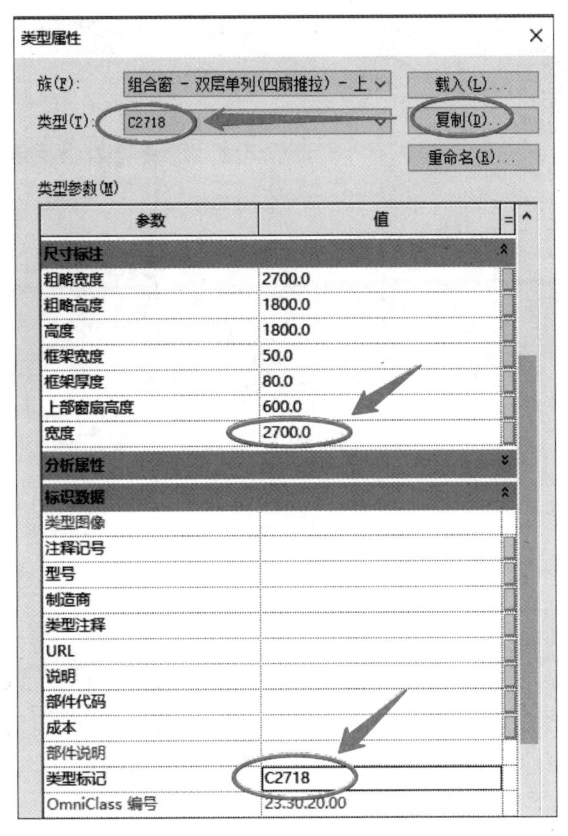

图 1.61　复制新类型并修改

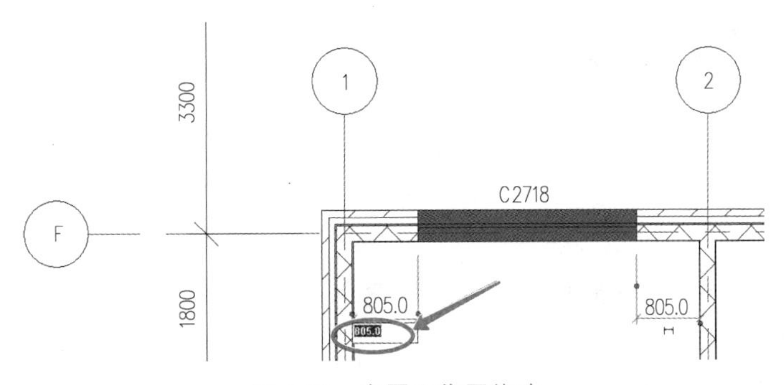

图 1.62　窗平面位置修改

同理，执行“窗”命令，载入“组合窗—双扇单列（固定 + 推拉）”，复制出“C1218”，分别设置窗宽度、高度为 1200mm、1800mm，类型标记改为“C1218”，按照图 1.57 中窗所在的位置创建 C1218 窗；并在绘图区域选择该窗，将其移至准确位置。

同理，执行“窗”命令，载入“组合窗—双层四列（两侧平开）—上部固定”，复制出“C3624”，分别设置窗宽度、高度为 3600mm、2400mm，类型标记改为“C3624”，按照图 1.57 中窗所在的位置创建 C3624 窗；并在绘图区域选择该窗，将其移至准确位置。

窗台高度修改：按照图 1.63 所示，在绘图区域选择创建全部的 C3624 窗，在“属性”面板修改“底高度”为“100”。

完成的项目文件见“任务 1.4/ 一楼窗完成 .rvt”。

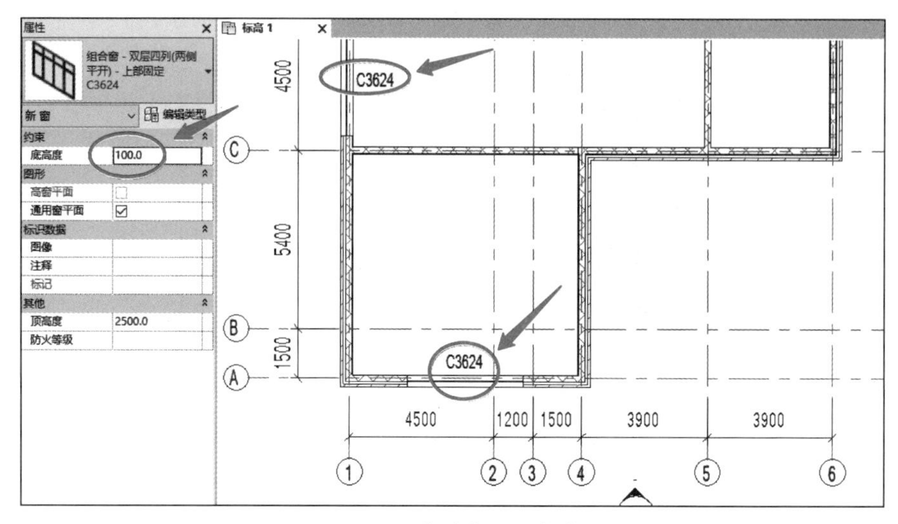

图 1.63　修改窗立面高度

2. 创建门

与创建窗的工作步骤相类似，单击“建筑”选项卡“构建”面板“门”命令，或执行“DR”快捷命令。单击“属性”面板中的“编辑类型”，单击“载入”，选择“建筑/门/普通门/平开门/双扇”中的“双面嵌板格栅门 1”，单击“打开”返回到“类型属性”对话框。按照图 1.64 所示，单击“复制”命令，命名为“M1821”，门宽度修改为“1800”，类型标记改为“M1821”，单击“确定”按钮。

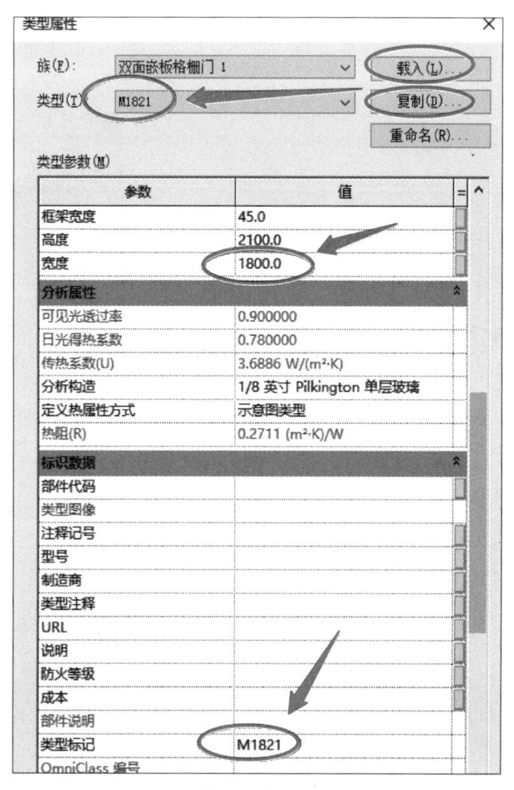

图 1.64　载入、复制出 M1821

创建门

按照图 1.58 在相应墙体上放置“M1821”，并在绘图区域选择该门，将其移至准确位置。

同理，执行“门”命令，载入“建筑/门/普通门/平开门/单扇”中“单嵌板格栅门”，复制出“M0921”，分别设置门宽度、高度为 900mm、2100mm，类型标记改为“M0921”，按照图 1.58 创建 M0921。并在绘图区域选择该门，将其移至准确位置。

放置门时，按空格键，可进行左开门和右开门的切换。

完成的项目文件见“任务 1.4/ 一楼门完成 .rvt”。

📖 相关技术与知识拓展　门窗编辑

1. 通过“属性”选项板修改门窗

选择门窗，在“类型选择器”中修改门窗类型；在“实例属性”中修改“限制条件”“顶高度”等值（图 1.65）；在“类型属性”中修改“构造”“材质和装饰”“尺寸标注”等值（图 1.66）。

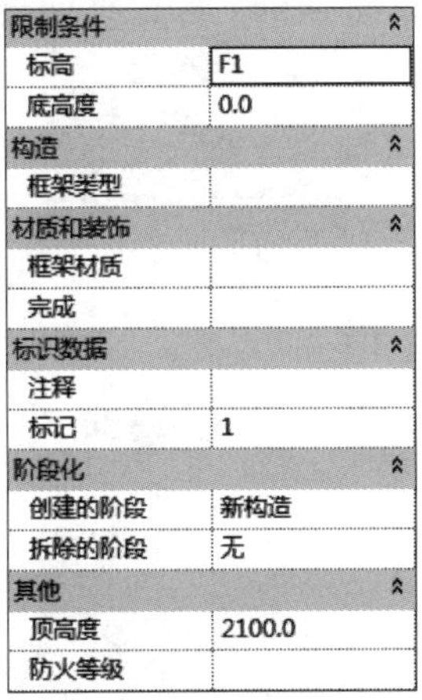

限制条件	
标高	F1
底高度	0.0
构造	
框架类型	
材质和装饰	
框架材质	
完成	
标识数据	
注释	
标记	1
阶段化	
创建的阶段	新构造
拆除的阶段	无
其他	
顶高度	2100.0
防火等级	

图 1.65　实例属性

门窗编辑

类型属性

族(F)：单扇-与墙齐

类型(T)：600 x 2000 mm

类型参数

参数	值
构造	
材质和装饰	
尺寸标注	
标识数据	
IFC 参数	
分析属性	

图 1.66　类型属性

2. 在绘图区域内修改门窗

选择门窗，通过单击左 / 右箭头、上 / 下箭头来修改门窗的方向，并通过单击临时尺寸标注并输入新值来修改门窗的定位，见图 1.67。

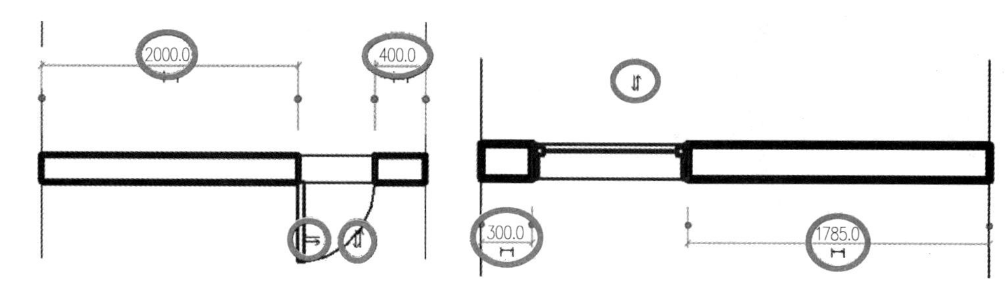

图 1.67　修改门窗定位

3. 将门窗移到另一面墙内

选择门窗，单击“修改 | 门”上下文选项卡中的“拾取新主体”命令，根据状态栏提示，将光标移到另一面墙上，单击以放置门。

4. 门窗标记

在放置门窗时，单击“修改 | 放置门”上下文选项卡“标记”面板中的“在放置时进行标记”命令，可以指定在放置门窗时自动标记门窗。

也可以在放置门窗后，单击“注释”选项卡“标记”面板中的“按类别标记”逐个标记门窗，或单击“全部标记”，勾选“门标记”或“窗标记”对门窗进行一次性全部标记。

习题与能力提升

打开“习题与能力提升资源库”文件夹中“门窗创建预备文件 .rvt”，按照图 1.68 中的门窗定位创建门窗。

任务 1.4 习题讲解

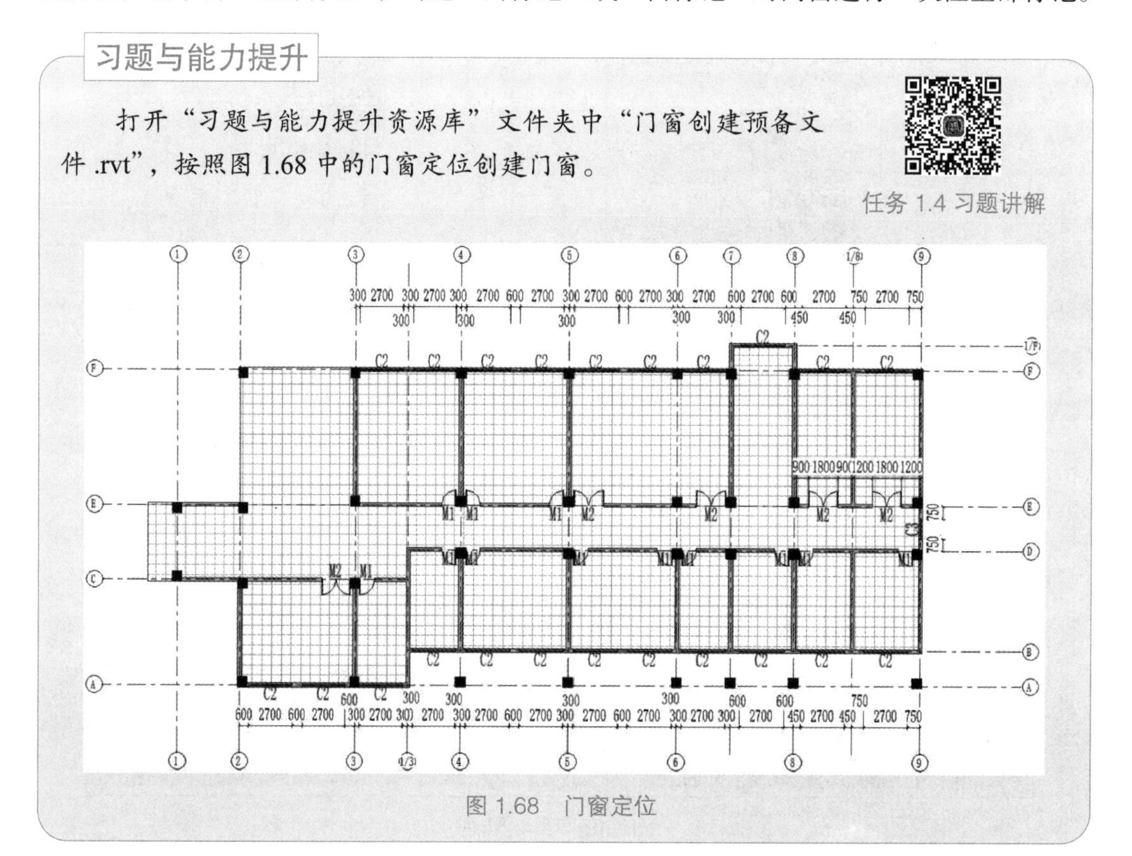

图 1.68　门窗定位

任务 1.5　创建楼板

任务目标

（1）掌握楼板的创建方法；

（2）掌握楼板的修改方法；

（3）掌握斜楼板的创建方法。

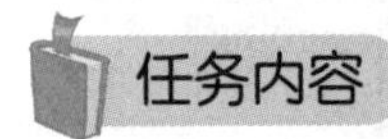

任务内容

序号	任务分解	任务驱动
1	创建平楼板	（1）创建教学楼案例中的楼板； （2）使用“TR”（修剪）命令修剪楼板边界线
2	修改楼板	（1）在“属性”选项板上修改楼板的类型、标高等值； （2）编辑楼板草图
3	创建斜楼板	（1）使用“坡度箭头”创建斜楼板； （2）使用“相对基准的偏移”创建斜楼板

任务实施

案例　创建一楼楼板

任务描述：按照图 1.69 创建一楼楼板。

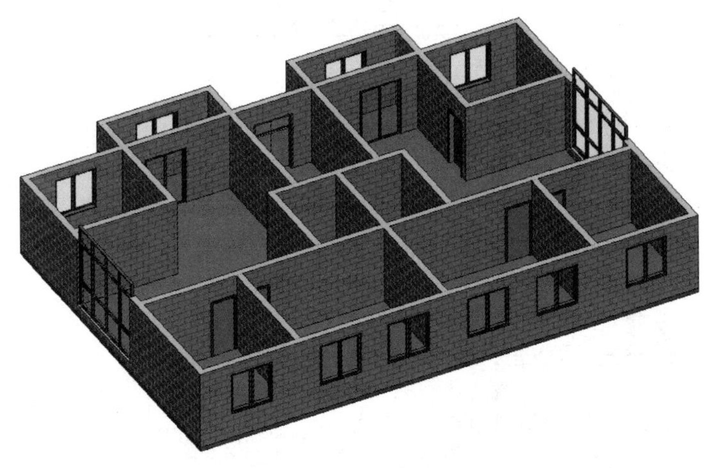

图 1.69　一楼楼板

创建一楼楼板

工作思路：利用“建筑”选项卡中的“楼板”命令创建楼板，使用“拾取墙”方式创建楼板边界线，使用“TR”修剪命令将边界线进行修剪，单击“完成编辑模式”完成创建。

工作步骤

打开“任务 1.4/ 一楼门完成”，进入标高 1 楼层平面视图。

单击“建筑”选项卡“构建”面板“楼板”下拉菜单“楼板：建筑”命令（图 1.70）。

属性面板使用默认的属性“常规 - 150mm”。此时注意“修改 | 创建楼层边界”上下文选项卡中“边界线”的默认绘制方式为“拾取墙”（图 1.71），单击一面外墙的外边缘线，可形成该段边界线；继续单击其他外墙的外边缘线，以形成整个楼板的边界线（图 1.72）。

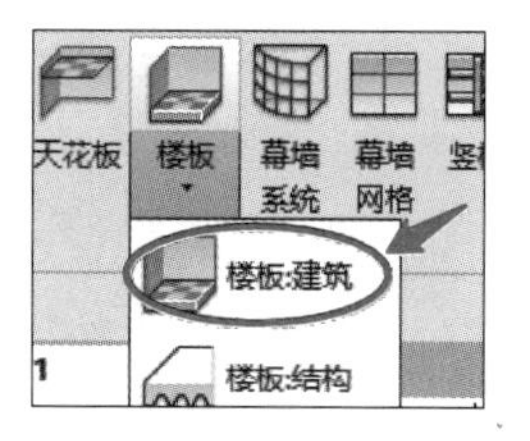

图 1.70 “楼板”命令

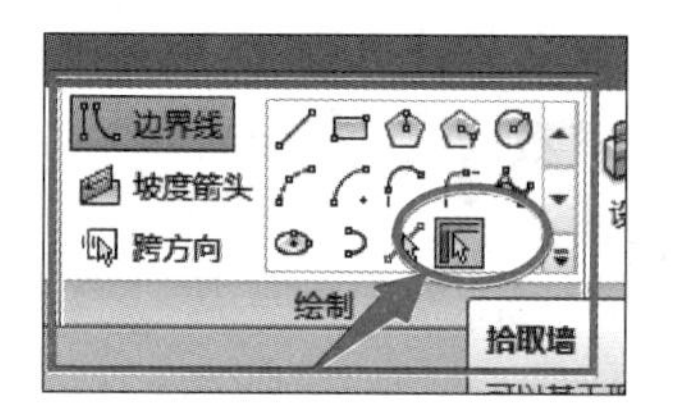

图 1.71 边界线的默认绘制方式“拾取墙”

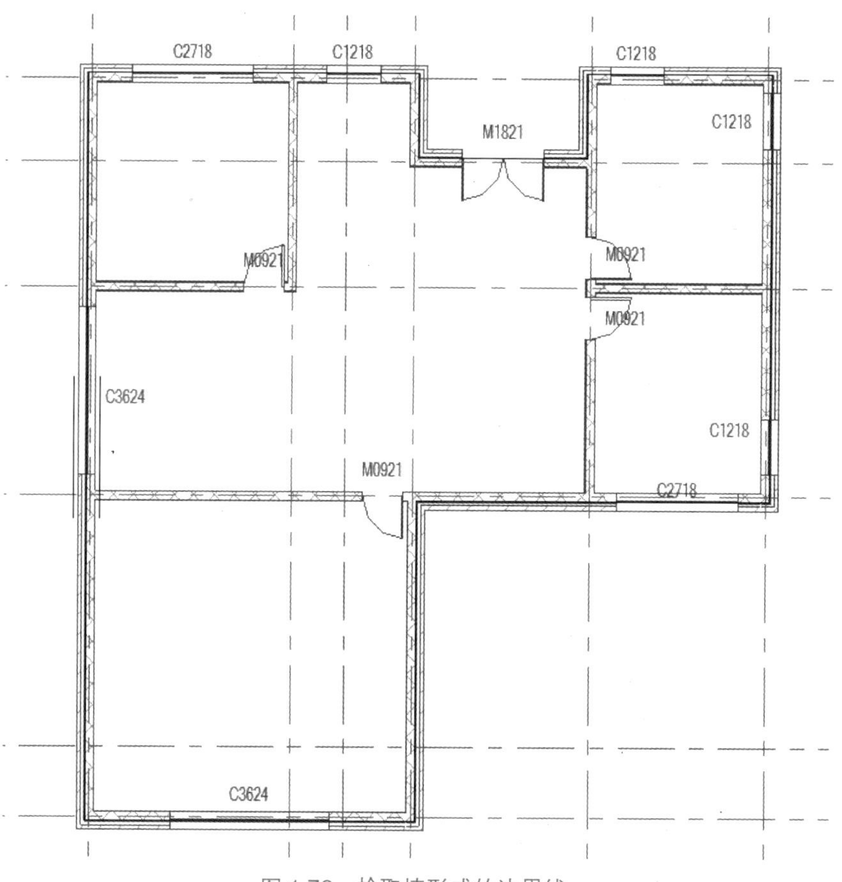

图 1.72 拾取墙形成的边界线

单击上下文选项卡“模式”面板的“完成编辑模式”（图 1.73），楼板创建完毕。

若在单击“完成编辑模式”时出现错误提示，则说明楼板的边界线不是首尾相连，或有多余的边界线。此时单击上下文选项卡“修改”面板中的“修剪 / 延伸为角”命令（图 1.74），将楼板边界线修剪为首尾连接且无多余边界线的状态，再单击“完成编辑模式”。

完成的项目文件见“任务 1.5/ 一楼楼板完成 .rvt”。

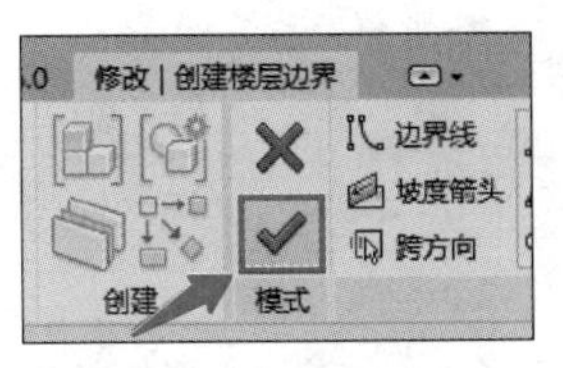

图 1.73　完成编辑模式

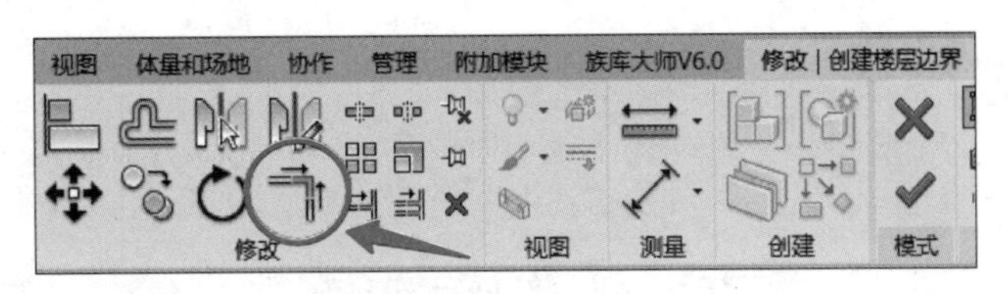

图 1.74　修剪 / 延伸为角

📖 相关技术与知识拓展　修改楼板

（1）选择楼板，在“属性”选项板中修改楼板的类型、标高等值。

（2）编辑楼板草图。在平面视图中，选择楼板，然后单击“修改 | 楼板”选项卡“模式”面板“编辑边界”命令。

可用“修改”面板中的“偏移”“移动”“删除”等命令对楼板边界进行编辑（图 1.75），或用“绘制”面板中的“直线”“矩形”“弧形”等命令绘制楼板边界（图 1.76）。

修改完毕，单击“模式”面板中的“完成编辑模式”命令。

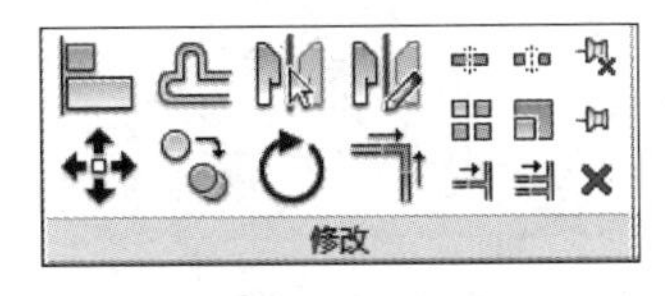

图 1.75　修改命令

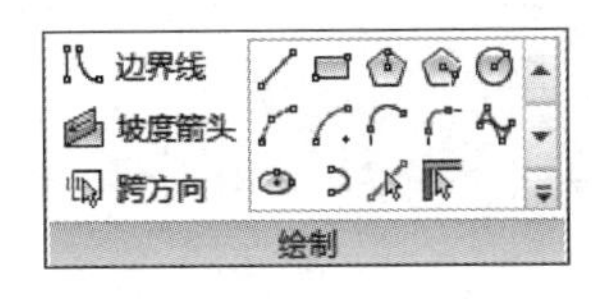

图 1.76　绘制命令

修改楼板、斜楼板

📖 相关技术与知识拓展　斜楼板

要创建斜楼板，有以下两种方法。

方法一

在绘制或编辑楼层边界时，单击“绘制”面板中的“坡度箭头”命令（图 1.77），根据状态栏提示，“单击一次指定其起点（尾）”“再次单击指定其终点（头）”。箭头“属性”选项板的“指定”下拉菜单有两种选择，即“尾高”“坡度”（图 1.78）。

若选择“坡度”，则“最低处标高”①（楼板坡度起点所处的楼层，一般为“默认”，即楼板所在楼层）、“尾高度偏移”②（楼板坡度起点标高距所在楼层标高的差值）和“坡度”③（楼板倾斜坡度）的参数定位如图 1.79 所示。单击“完成编辑模式”。

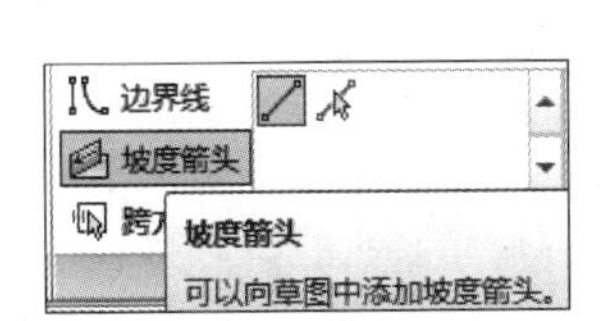

图 1.77　坡度箭头

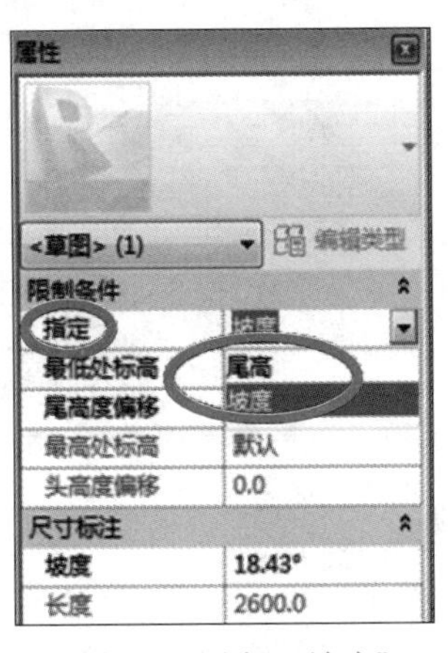

图 1.78　选择“坡度”

注意

坡度箭头的起点（尾部）必须位于一条定义边界的绘制线上。

若选择“尾高”，则“最低处标高”①、“尾高度偏移”②、“最高处标高”③（楼板坡度终点所处的楼层）和“头高度偏移”④（楼板坡度终点标高距所在楼层标高的差值）的参数定位如图 1.80 所示。单击“完成编辑模式”。

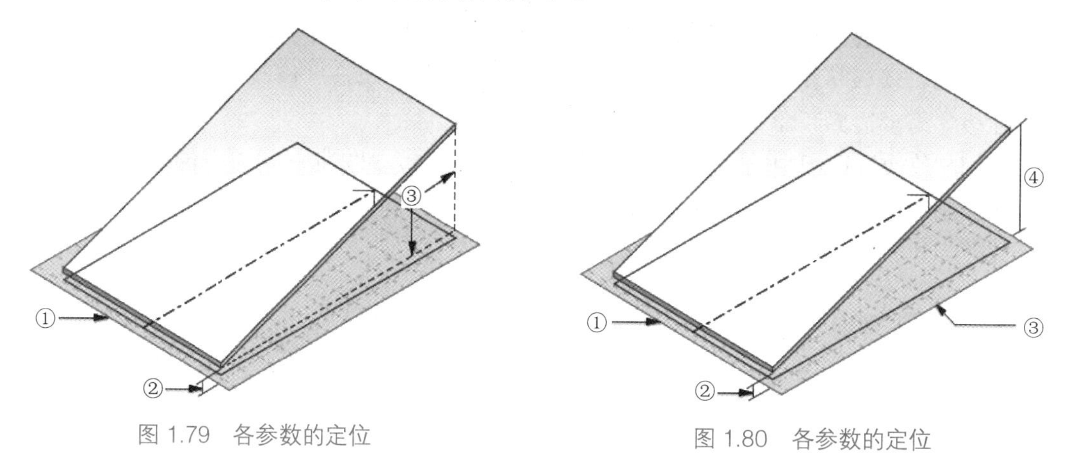

图 1.79　各参数的定位

图 1.80　各参数的定位

方法二

指定平行楼板绘制线的“相对基准的偏移”属性值。

在草图模式中，选择一条边界线，可以在“属性”选项板上选择“定义固定高度”，或指定单条楼板绘制线的“定义坡度”和“坡度”属性值。

若选择“定义固定高度”，输入“标高”①和“相对基准的偏移”②的值。若选择平行边界线，用相同的方法指定“标高”③和“相对基准的偏移”④的属性，如图 1.81 所示。单击“完成编辑模式”。

若指定单条楼板绘制线的“定义坡度”和“坡度”属性值。选择一条边界线，在“属性”选项板上选择“定义固定高度”，选择“定义坡度”选项、输入“坡度”值③。（可选）输入“标高”①和“相对基准的偏移”②的值，如图 1.82 所示。单击“完成编辑模式”。

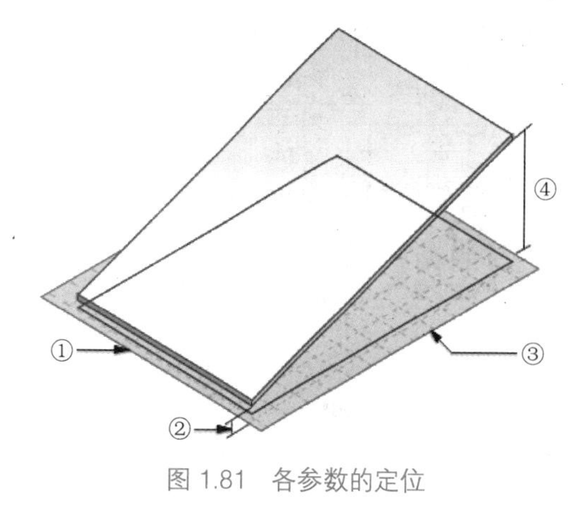

图 1.81　各参数的定位

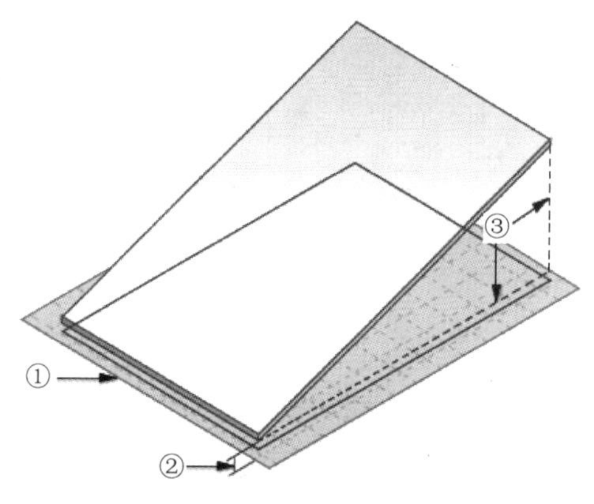

图 1.82　各参数的定位

习题与能力提升

1. 打开工作任务 1.3 习题 1 墙体创建完成的项目文件，按照图 1.83 创建楼板。其中，楼板类型为“LB-40+140”。

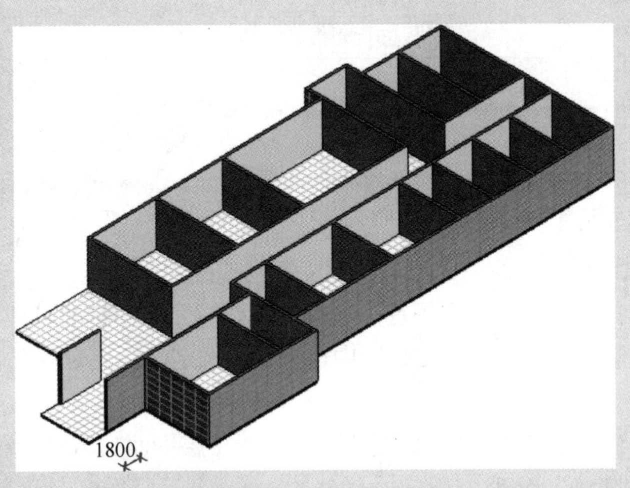

图 1.83 楼板（西侧楼板外凸 1800mm）

2. 创建一个长 9m、宽 3m、长度方向倾斜 30° 的斜楼板。
3. 创建一个长 9m、宽 3m、右侧向上倾斜 1.5m 的斜楼板。

任务 1.5 习题 1 讲解

任务 1.5 习题 2 讲解

任务 1.5 习题 3 讲解

任务 1.6 楼层的复制与修改

任务目标

（1）掌握楼层复制的方法；
（2）掌握门窗标记的方法；
（3）掌握创建二楼建筑构件的方法；
（4）掌握楼板开洞的方法。

任务内容

序号	任务分解	任务驱动
1	将一楼图元复制到二楼	（1）选择一楼的所有图元，用“过滤器”过滤出墙、楼板、门窗等实体图元； （2）用“从剪贴板中粘贴”中的“与选定的标高对齐”命令进行复制
2	对门窗进行标记	使用“标记”对门窗进行标记

续表

序号	任务分解	任务驱动
3	创建二楼的建筑构件	（1）二楼墙体调整与创建； （2）二楼门窗调整与创建
4	二楼楼板开洞	编辑楼板进行楼板开洞

任务实施

案例　将一楼图元复制到二楼

任务描述：按照图 1.84 将一楼所有图元复制到二楼。

工作思路：选择一楼的墙体、门窗、楼板等实体图元，不选择轴线、门窗标记等非实体图元，单击“复制”命令，在“粘贴”中选择“与选定的标高对齐”，形成二楼。

工作步骤

打开“任务 1.5/ 一楼楼板完成”，进入到标高 1 楼层平面视图。

1. 选择一楼“实体”图元

选择一楼的所有图元，按照图 1.85 所示，单击上下文选项卡中的“过滤器”命令，只勾选墙、楼板、门窗等实体图元，不勾选门窗标记、轴网等非实体图元，单击“确定”按钮完成过滤器的筛选。

将一楼图元复制到二楼

图 1.84　创建二楼

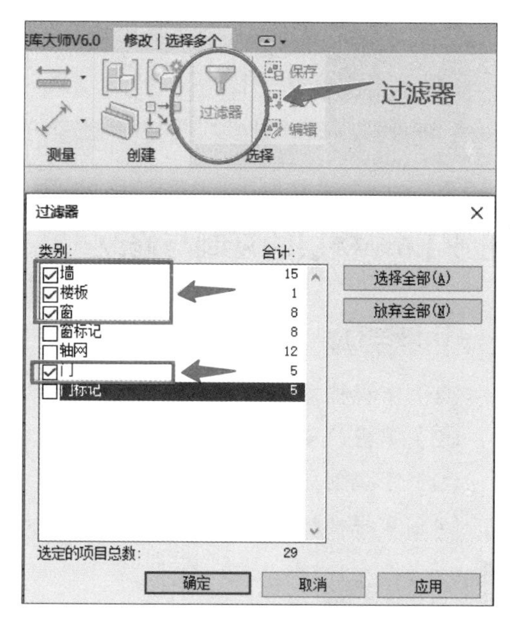

图 1.85　过滤器的使用

注意

必须是实体图元才能使用“与选定的标高对齐”命令，因此“过滤器”中只选择墙、楼板、窗、门等实体图元。

2. 复制形成二楼

单击上下文选项卡中的“复制到粘贴板”命令，单击“从剪贴板中粘贴”下拉箭头，选择“与选定的标高对齐”命令（图1.86），在弹出的“选择标高”对话框中单击“标高2”再单击“确定”按钮。

✍ 案例　修改编辑二楼图元

任务描述：按照图 1.87 修改编辑二楼图元。

工作思路：二楼图元需要修改的内容有标记门窗，修改二楼墙体标高，按照要求创建二楼特有的墙体与门窗，二楼楼板开洞。

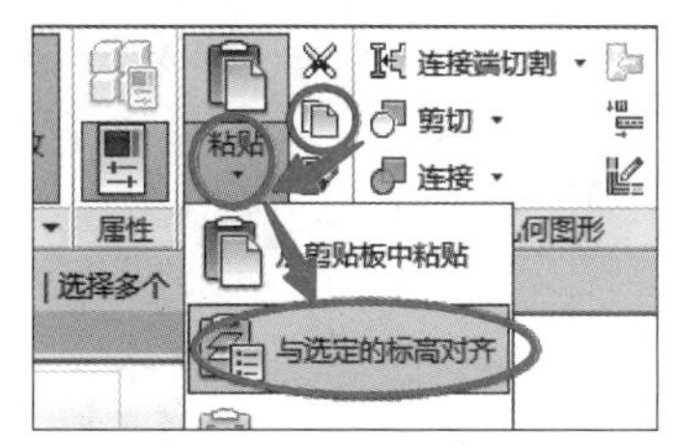

图 1.86　与选定的标高对齐

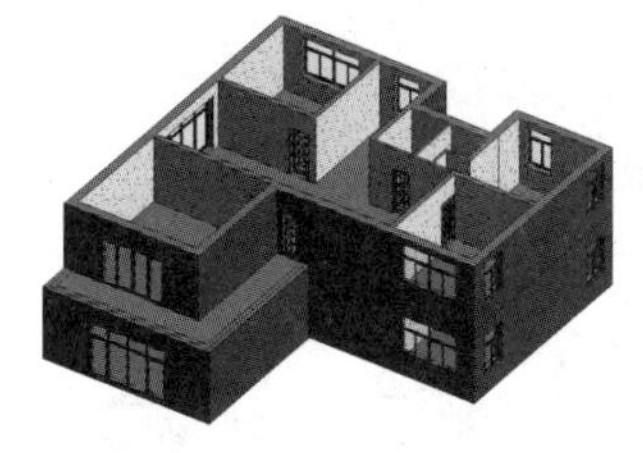

图 1.87　修改编辑后的二楼模型

修改编辑二楼图元

工作步骤

1. 门窗标识注释

按照图 1.88 所示，单击“注释”选项卡中的“全部标记”，在弹出的“标记所有未标记的对象”对话框中勾选“窗标记”“门标记”，单击“确定”按钮。

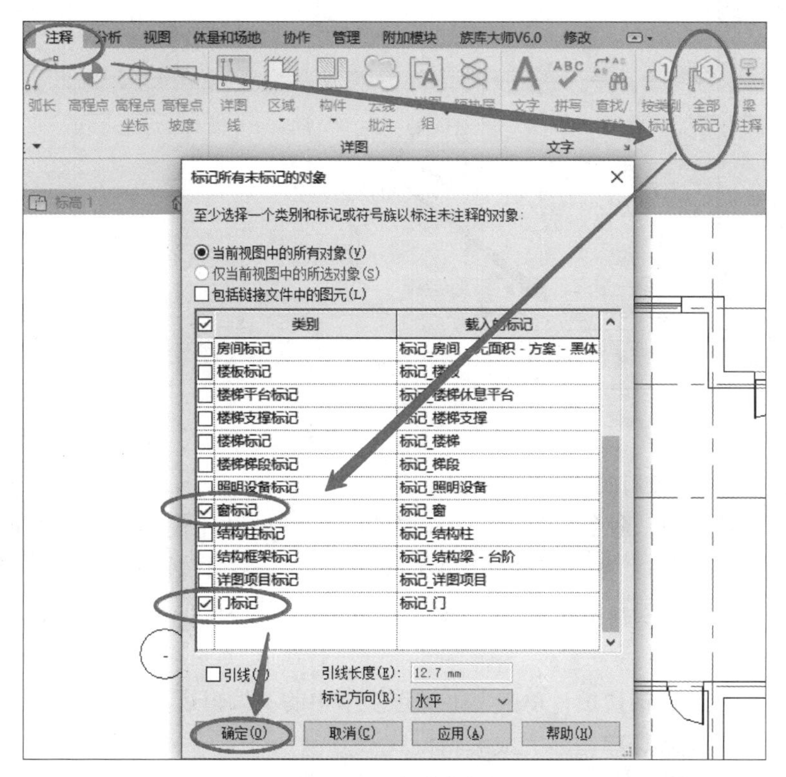

图 1.88　门窗标识

2. 修改二楼墙体标高

双击项目浏览器“楼层平面”中的“标高 2”，进入标高 2 楼层平面视图。

一楼、二楼层高不同，因此需要修改二楼的墙体高度：选择二楼的所有内外墙，将属性面板的“顶部偏移”改为“0.0”，如图 1.89 所示。

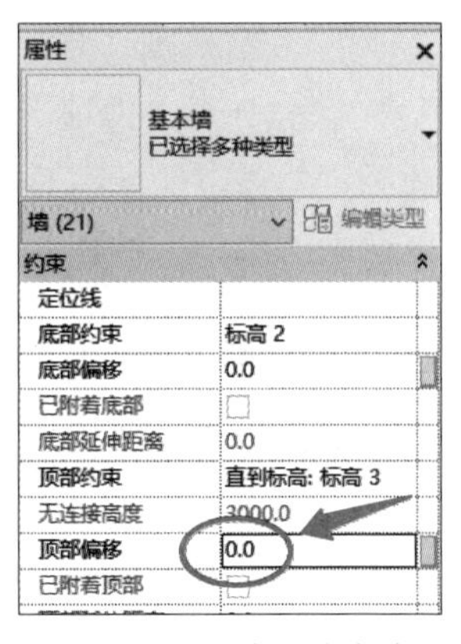

图 1.89　修改墙体高度

3. 创建二楼特有的墙体

按照图 1.90 所示，删除部分内外墙，重新创建“外部—带砖与金属立筋龙骨复合墙”“内部—砌块墙 190”“内部—砌块墙 100”三种类型墙体。

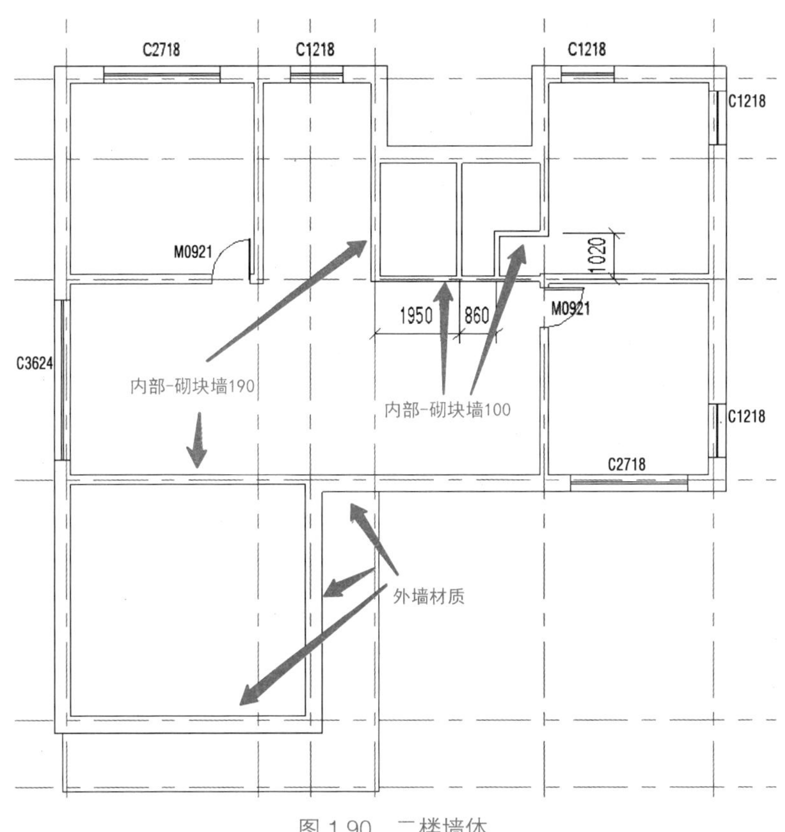

图 1.90　二楼墙体

4. 创建二楼特有的门窗

执行“门”或“窗”命令，按照图 1.91 中的门类型和定位创建 M0921、M0821、M3021。其中，M0821 为单扇门，宽、高分别为 800mm、2100mm；B 轴 M3021 为“建筑 / 门 / 普通门 / 推拉门”中的“四扇推拉门 2”，宽度、高度分别为 3000mm、2100mm。

5. 二楼楼板开洞

在绘图区域选择二楼楼板，单击上下文选项卡中的“编辑边界”（图 1.92），按照图 1.93 所示重新绘制楼板边界，单击“完成编辑模式”。

完成的项目文件见“任务 1.6/ 二楼修改完成 .rvt”。

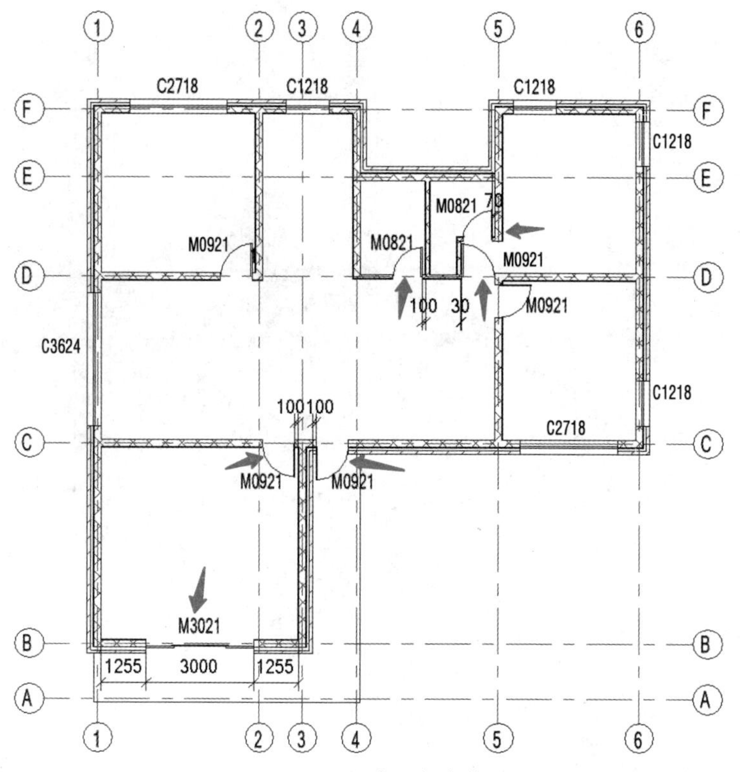

图 1.91 门类型与定位

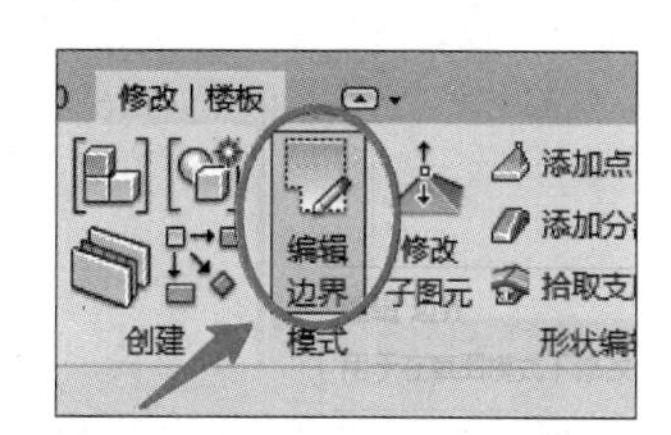

图 1.92 “编辑边界”命令

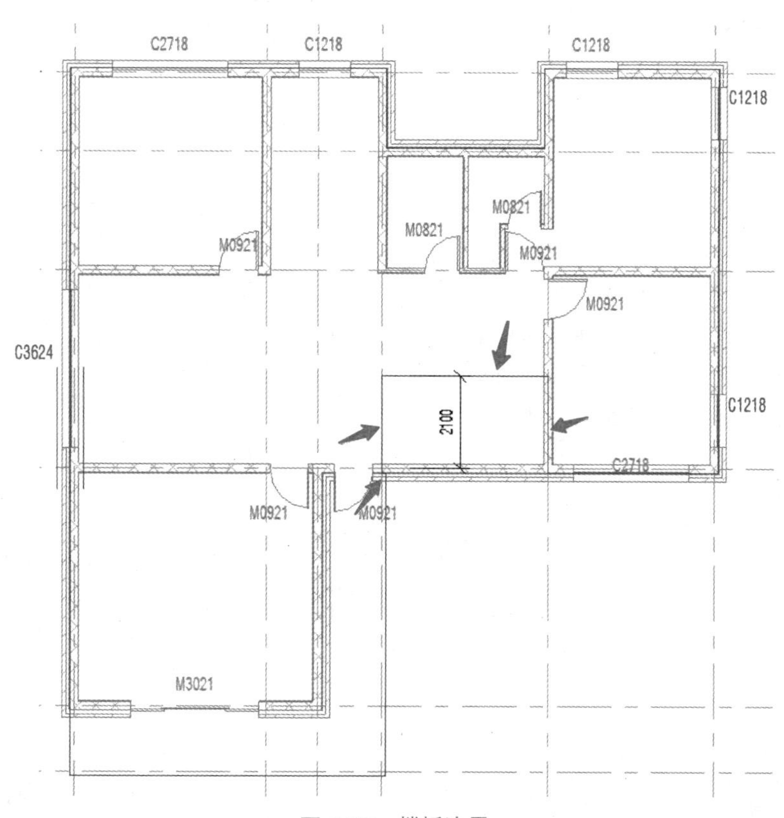

图 1.93 楼板边界

习题与能力提升

打开“习题与能力提升资源库”文件夹中“楼层复制与修改预备文件 .rvt”，按照图 1.94 创建二～五层。其中，二～五层外墙类型均为“外墙—蓝灰色涂料”。

任务 1.6 习题讲解

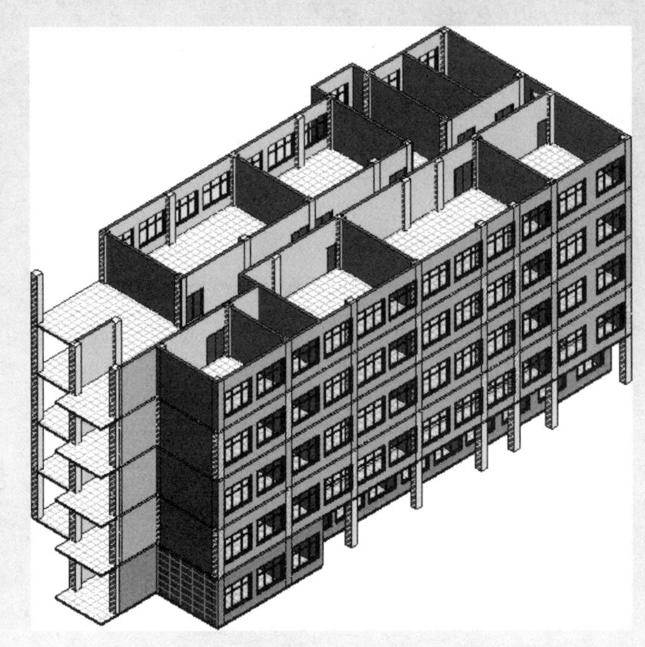

图 1.94　二～五层创建后的模型

任务 1.7　创建屋顶

任务目标

（1）掌握迹线屋顶的创建方法；

（2）掌握用参照平面分割屋顶边界线、逐段设置坡度的方法；

（3）掌握墙体附着到屋顶的方法；

（4）掌握拉伸屋顶的创建方法。

任务内容

序号	任务分解	任务驱动
1	创建迹线屋顶	（1）设置屋顶楼层平面的“范围：底部标高”，使标高 2 图元在屋顶楼层平面中淡显显示； （2）使用“迹线屋顶”命令，选择合适的屋顶类型，设置屋顶的坡度值进行创建
2	屋顶边界线设置分段坡度	（1）使用“参照平面”命令，找到边界线坡度变化的点； （2）使用“拆分图元”命令，在坡度变化的部位拆分边界线； （3）分段选择边界线，取消坡度或者单独设置坡度

续表

序号	任务分解	任务驱动
3	二楼外墙附着到屋顶	（1）对需要附着到屋顶的墙体进行选择； （2）使用“附着顶部 / 底部”命令，附着到屋顶
4	创建断面是弧形的屋顶	（1）使用“拉伸屋顶”命令创建固定断面的屋顶； （2）在立面视图中绘制屋顶断面，完成拉伸屋顶创建

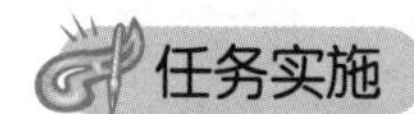

案例　创建别墅的坡屋顶

任务描述：按照图 1.95 创建两个坡屋顶。

图 1.95　坡屋顶

创建别墅的坡屋顶

工作思路：使用“迹线屋顶”命令可创建坡屋顶。在绘制屋顶边界线时，选择屋顶边界线，可以设置坡度。选择墙体，可将其附着到上方的坡屋顶。

工作步骤

1. 创建二楼屋顶

打开“任务 1.6/ 二楼修改完成 .rvt”，进入标高 3 楼层平面视图。

将属性面板中的“范围：底部标高”设置为“标高 2”（图 1.96）。设置完成后，会看到标高 2 的图元会在标高 3 楼层平面中淡显显示。

单击“建筑”选项卡“构建”面板“迹线屋顶”命令（图 1.97）。

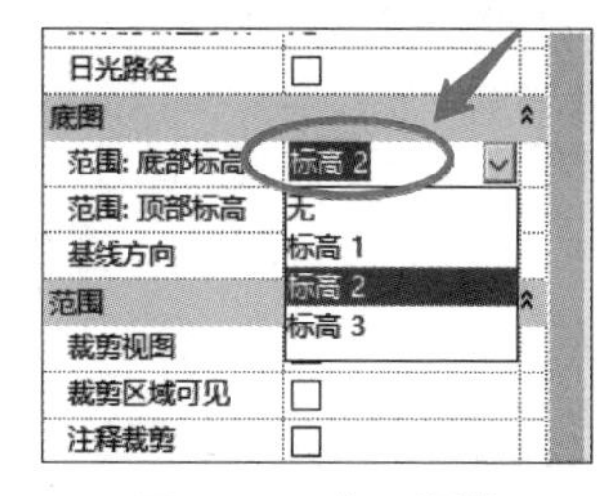

图 1.96　底图调整

图 1.97　迹线屋顶

如图 1.98 所示，在“属性”面板中选择“保温屋顶—混凝土”类型，设置屋顶的“坡度”值为“22.00°”，上下文选项卡设置“边界线”为“拾取线”，选项栏设置悬挑为“800.0”，单击外墙外边缘线和 A 轴楼板外边缘线，再结合“TR”命令（及“修剪 / 延伸为角”命令）绘制出屋顶的轮廓。

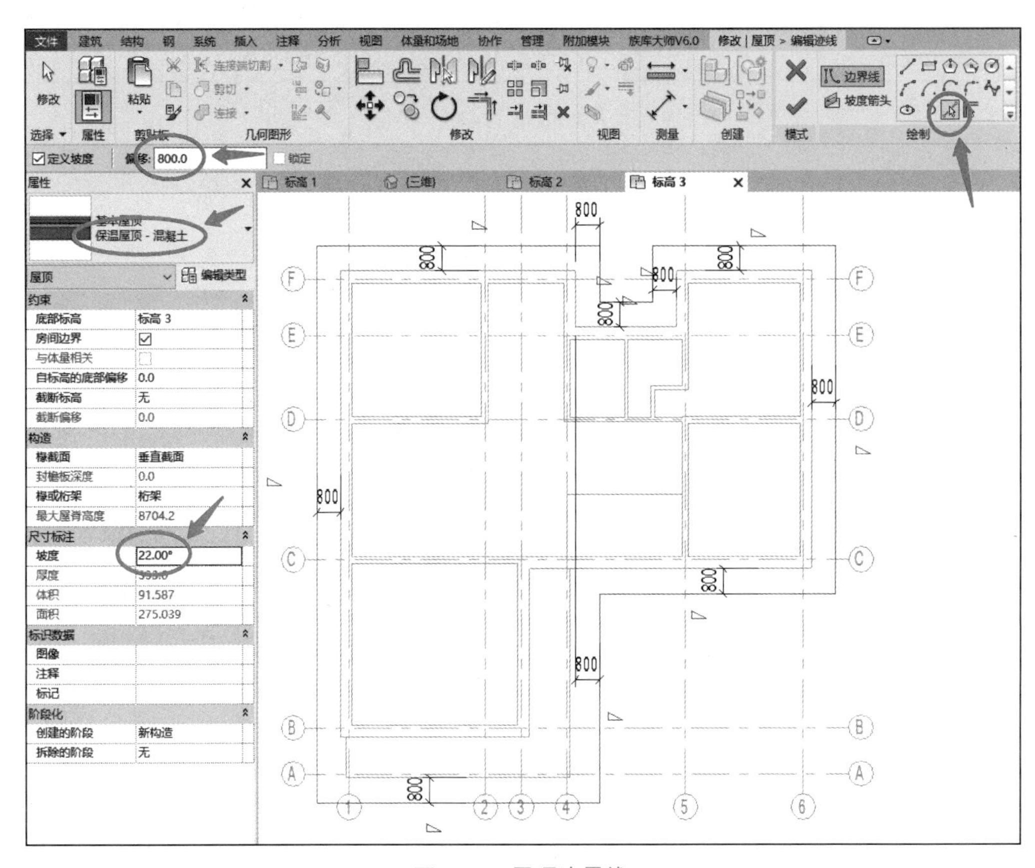

图 1.98 屋顶边界线

执行“参照平面”命令，如图 1.99 所示，绘制一个参照平面和 E 轴上方的屋顶边界线平齐，并和最右侧的垂直迹线相交；单击“修改”面板中的“拆分图元”命令，移动光标到参照平面和最右侧的垂直迹线交点位置进行单击，将垂直迹线拆分成上、下两段；按住 Ctrl 键，单击选择最右侧迹线拆分后的下半段和左上方、右下方的水平边界线，在“属性”面板中取消勾选“定义屋顶坡度”选项，取消这三段线的坡度。

单击“完成编辑模式”命令，二楼屋顶创建完毕。

2. 一楼入口处屋顶

进入标高 2 楼层平面视图。

单击“建筑”选项卡“构建”面板“迹线屋顶”命令，按照图 1.100 在北立面入口处绘制屋顶边界线，左右两侧屋顶边界线为 22° 坡度，取消其余屋顶边界线的坡度。

单击“完成编辑模式”命令，一楼入口处屋顶创建完毕。

3. 墙体附着于屋顶

进入三维视图。

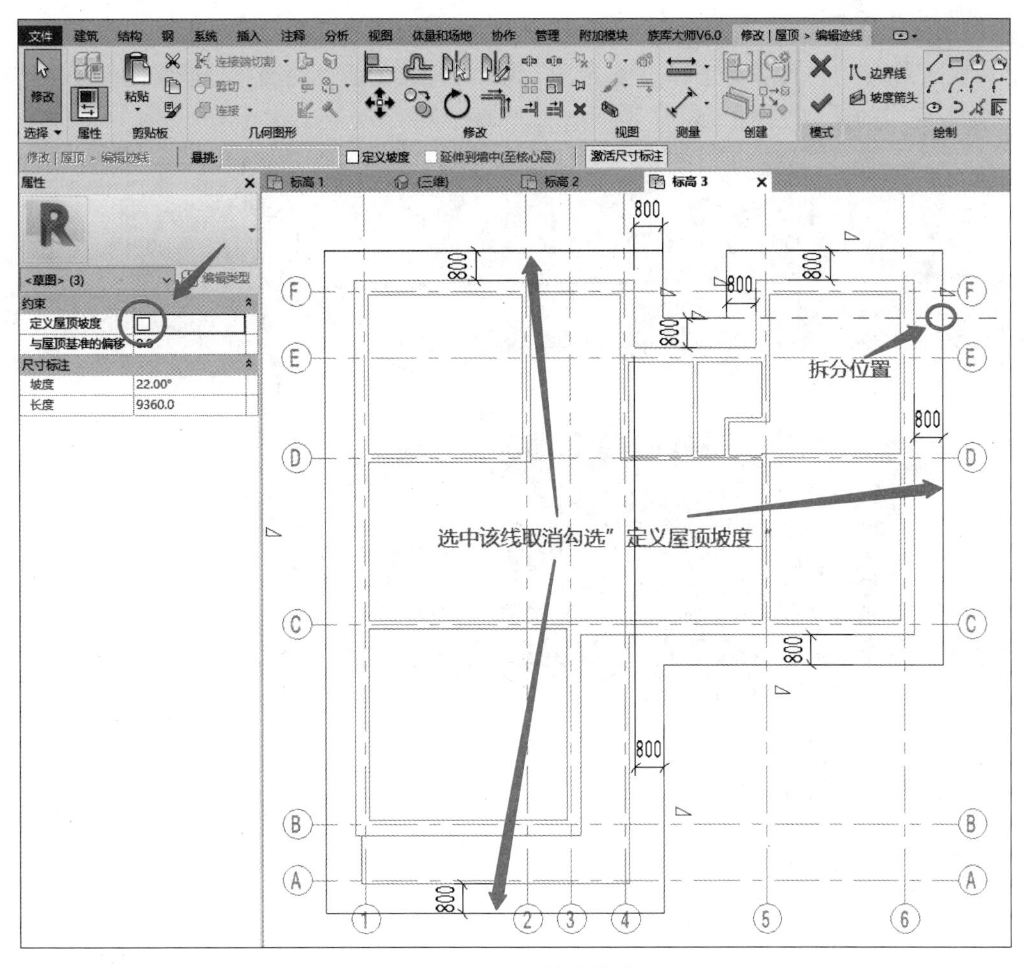

图 1.99 屋顶坡度修改

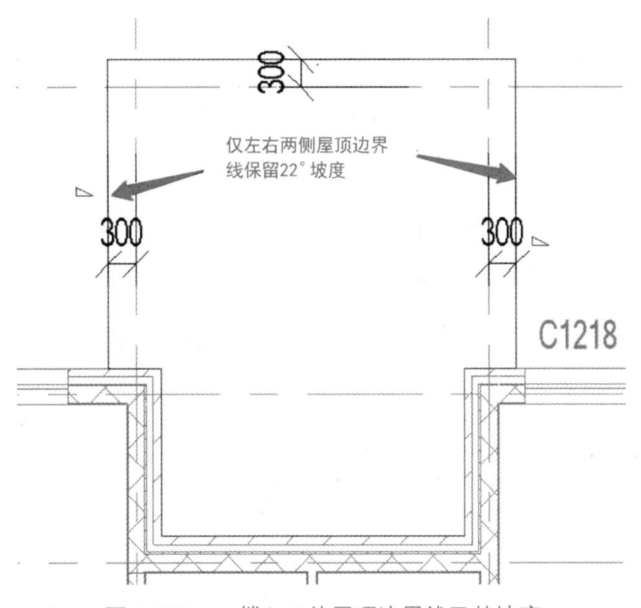

图 1.100 一楼入口处屋顶边界线及其坡度

按照图 1.101 所示，使用过滤器选择二楼的所有内墙和外墙，单击上下文选项卡中的“附着顶部 / 底部”，再单击选择二楼屋顶。此时，二楼的所有内墙和外墙将附着于二楼屋顶，附着完成的模型见图 1.95。

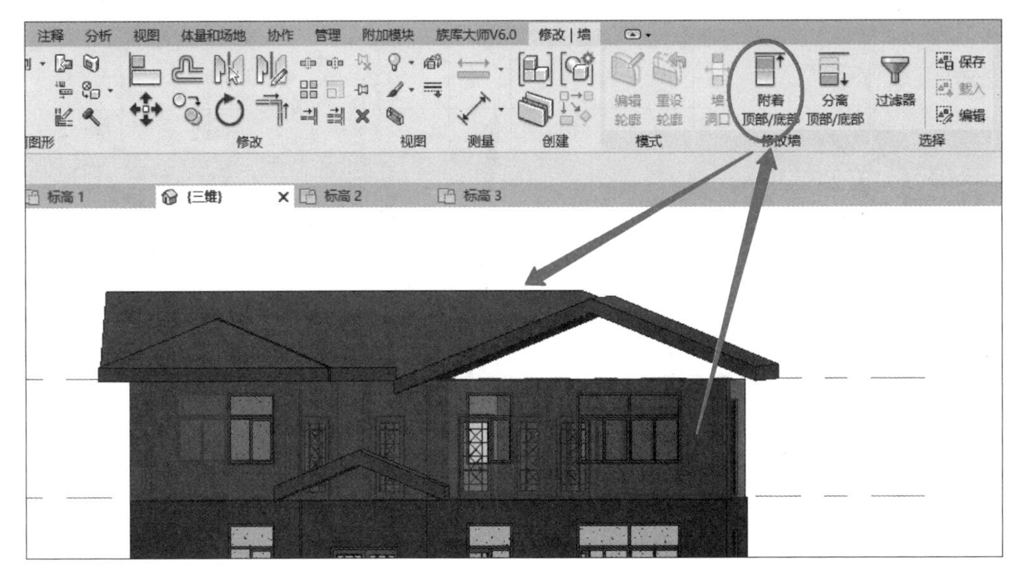

图 1.101　附着的操作方法

完成的项目文件见“任务 1.7/ 屋顶完成 .rvt”。

相关技术与知识拓展　拉伸屋顶

拉伸屋顶

（1）打开立面视图或三维视图、剖面视图。

（2）单击“建筑”选项卡中“构建”面板的“屋顶”中的“拉伸屋顶”命令。

（3）拾取一个参照平面。

（4）在“屋顶参照标高和偏移”对话框中，为“标高”选择一个值。在默认情况下，将选择项目中最高的标高。要相对于参照标高提升或降低屋顶，可在“偏移”指定一个值（单位为 mm）。

（5）用绘制面板的一种绘制命令，按照图 1.102（a）绘制开放环形式的屋顶轮廓。

（6）单击“完成编辑模式”，完成楼板创建。

（7）打开三维视图，根据需要将墙附着到屋顶，如图 1.102（b）所示。

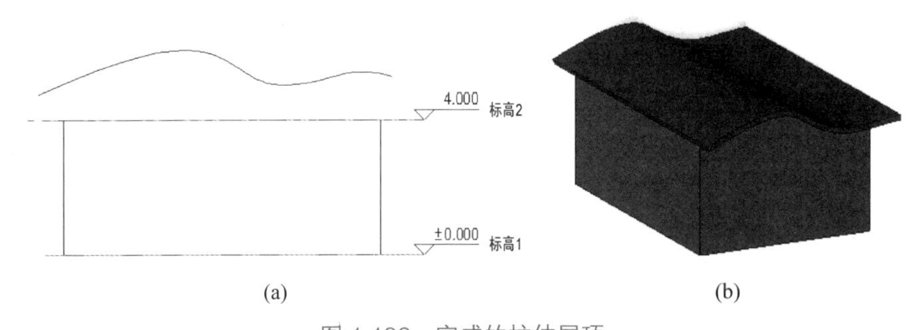

图 1.102　完成的拉伸屋顶

习题与能力提升

1. 打开“习题与能力提升资源库”文件夹中“屋顶创建预备文件 .rvt”，按照图 1.103 创建平屋顶。其中，屋顶类型为“不上人屋顶 - 321mm”

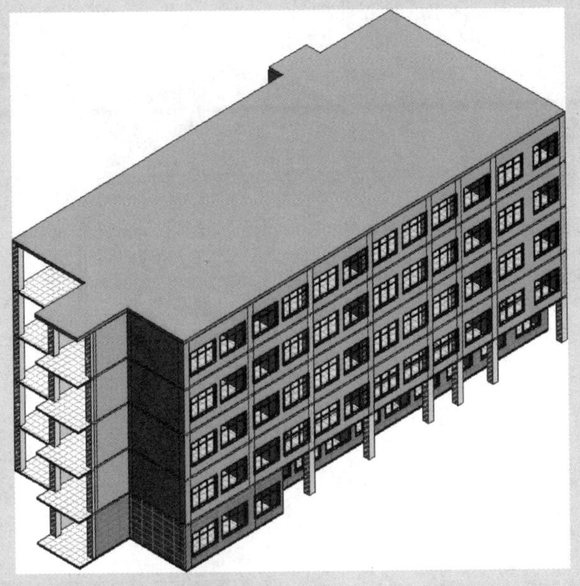

图 1.103 屋顶

任务 1.7 习题 1 讲解

2. 打开“习题与能力提升资源库”文件夹中“第 11 期全国 BIM 技能等级考试一级试题”，完成第 1 题屋顶模型创建。

任务 1.7 习题 2 讲解

任务 1.8 创建柱

(1) 掌握结构柱的创建方法；

(2) 了解柱编辑的内容。

序号	任务分解	任务驱动
1	创建结构柱	(1) 创建一楼门厅柱； (2) 创建二楼阳台柱
2	柱子附着到屋顶	(1) 将柱子附着到上部屋顶或者楼板； (2) 使用“最小相交”“相交柱中线”或“最大相交”等方式对柱子进行附着

任务实施

案例　创建一楼门厅柱和二楼阳台柱

任务描述：按照图 1.104 创建一楼门厅柱和二楼阳台柱。

创建一楼门厅柱和二楼阳台柱

图 1.104　坡屋顶

工作思路：单击“建筑”选项卡“柱：建筑”命令，可创建柱。在绘图区域选择柱，可将其附着于上方的屋顶。

工作步骤

1. 一楼北侧门厅柱

打开“任务 1.7/ 屋顶完成 .rvt”，进入标高 1 楼层平面视图。

单击“建筑”选项卡“构建”面板“柱”中的“柱：建筑”命令（图 1.105）；按照图 1.106 所示，单击“属性”面板中的“编辑类型”按钮，在弹出的“类型属性”对话框中复制出名为“300×300”的类型，并分别修改“深度”“宽度”值为“300.0”。

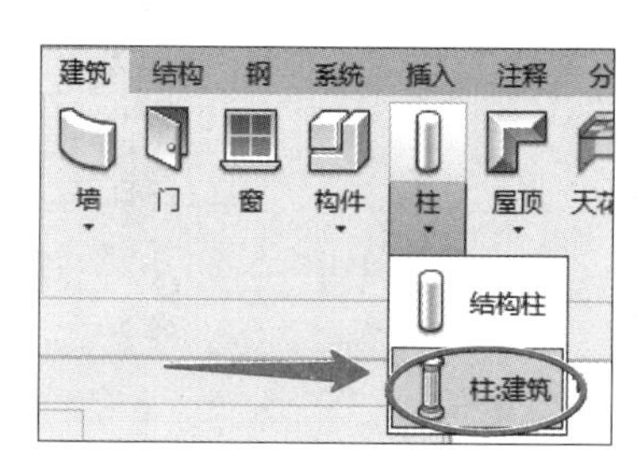

图 1.105　“柱：建筑”命令

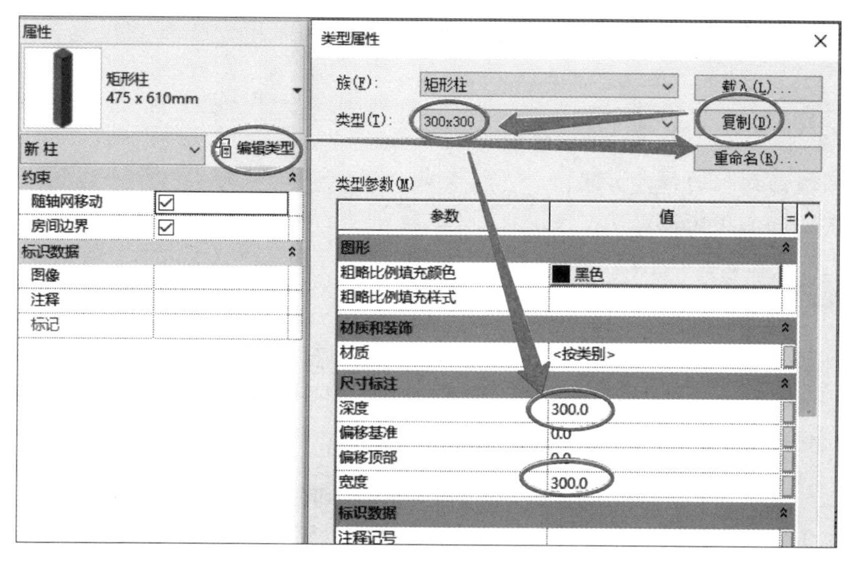

图 1.106　柱类型的新建

在绘图区域分别单击 4 轴与 G 轴的交点和 5 轴与 G 轴的交点，创建两个建筑柱。

打开三维视图，如图 1.107 所示，在绘图区域选择创建完成的两个建筑柱，单击上下文选项卡的“附着顶部 / 底部”命令，在“附着对正”选项中选择“最大相交”，再单击拾取柱子上面的屋顶，将两根矩形柱附着于屋顶下面。

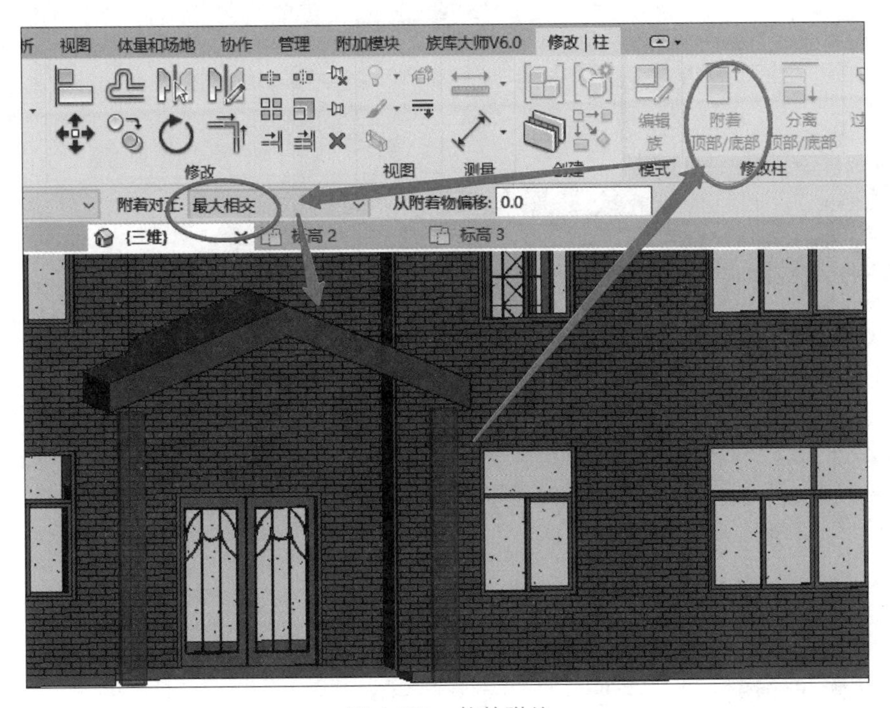

图 1.107　柱的附着

2. 二楼南侧阳台柱

同理，进入标高 2 楼层平面视图。

在图 1.108 所示位置，创建 4 根“300 × 300”类型的建筑柱。

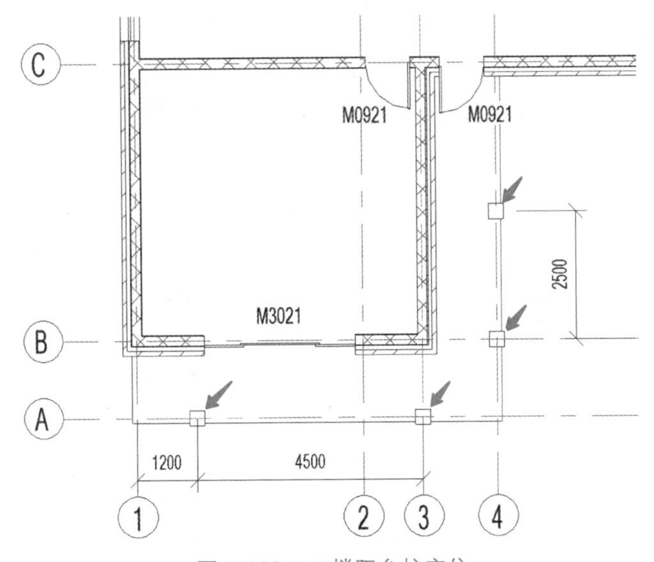

图 1.108　二楼阳台柱定位

柱子与楼板边对齐：单击“修改”选项卡“修改”面板中的“对齐”命令（图 1.109），在绘图区域依次单击 A 轴的楼板边、柱子的下边缘线，会使柱子的下边缘线对齐到 A 轴的楼板边。使用此方法，使 4 根柱子的边缘线均对齐于楼板边，如图 1.110 所示。

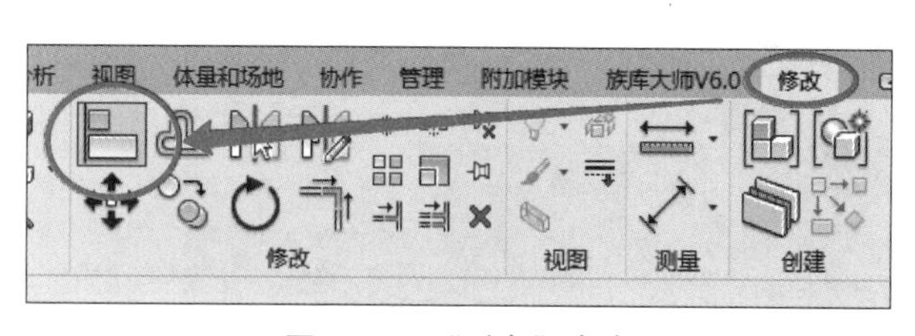

图 1.109 “对齐”命令

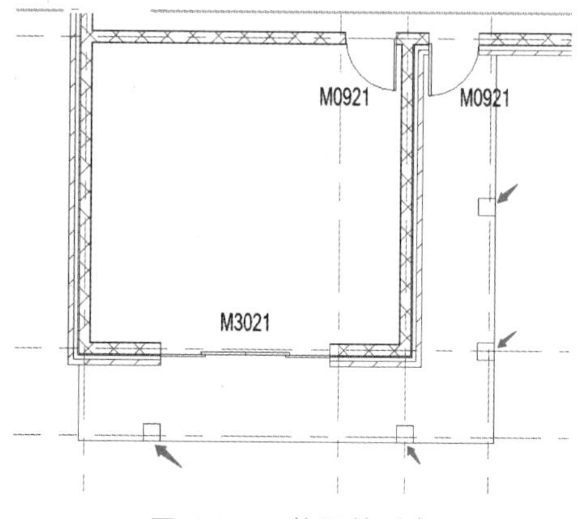

图 1.110 柱子的对齐

同理，打开三维视图，在绘图区域选择创建完成的 4 根建筑柱，单击上下文选项卡的“附着顶部 / 底部”命令，在“附着对正”选项中选择“最大相交”，再单击拾取柱子上面的屋顶，将 4 根矩形柱附着于屋顶下面。

创建完成的模型见图 1.95。

完成的项目文件见“任务 1.8/ 柱完成 .rvt”。

相关技术与知识扩展 柱创建与编辑

1. 创建柱

可以在平面视图和三维视图中添加柱。柱的高度由“底部标高”和“顶部标高”属性以及偏移定义。

柱创建与编辑

单击“建筑”选项卡下“构建”面板中的“柱”中的“柱：建筑”命令。在选项栏中指定下列内容。

- 放置后旋转：选择此选项可以在放置柱后立即将其旋转。
- 标高：（仅限三维视图）为柱的底部选择标高。在平面视图中，该视图的标高即为柱的底部标高。
- 高度：此设置从柱的底部向上绘制。要从柱的底部向下绘制，请选择“深度”。
- 标高 / 未连接：选择柱的顶部标高；或者选择“未连接”，然后指定柱的高度。
- 房间边界：选择此选项可以在放置柱之前将其指定为房间边界。

设置完成后，在绘图区域中单击以放置柱。

在通常情况下，通过选择轴线或墙放置柱时使柱对齐轴线或墙。如果在随意放置柱之后要将它们对齐，可单击“修改”选项卡下“修改”面板的“对齐”命令，然后根据状态栏提示，选择要对齐的柱。在柱的中间是两个可选择用于对齐的垂直参照平面。

2. 柱编辑

与其他构件相同，选择柱，可从属性面板对其类型、底部或顶部位置进行修改。同样，可以通过选择柱对其拖曳，以移动柱。

柱不会自动附着到其顶部的屋顶、楼板和天花板上，需要修改一下。

1）附着柱

选择一根柱（或多根柱）时，可以将其附着到屋顶、楼板、天花板、参照平面、结构框架构件，以及其他参照标高。步骤如下。

在绘图区域中，选择一个或多个柱。单击“修改 | 柱”选项卡下“修改柱”面板中的“附着顶部 / 底部”命令，见图 1.111。

图 1.111　附着命令

- 选择“顶”或“底”作为“附着柱”值，以指定要附着哪一部分。
- 选择“剪切柱”“剪切目标”或“不剪切”作为“附着样式”值。
- “目标”指的是柱要附着上的构件，如屋顶、楼板、天花板等。“目标”可以被柱剪切，柱可以被目标剪切，或者两者都不可以被剪切。
- 选择“最小相交”“相交柱中线”或“最大相交”作为“附着对正”值。
- 指定“从附着物偏移”。“从附着物偏移”用于设置要从目标偏移的一个值。

不同情况下的剪切示意图见图 1.112。

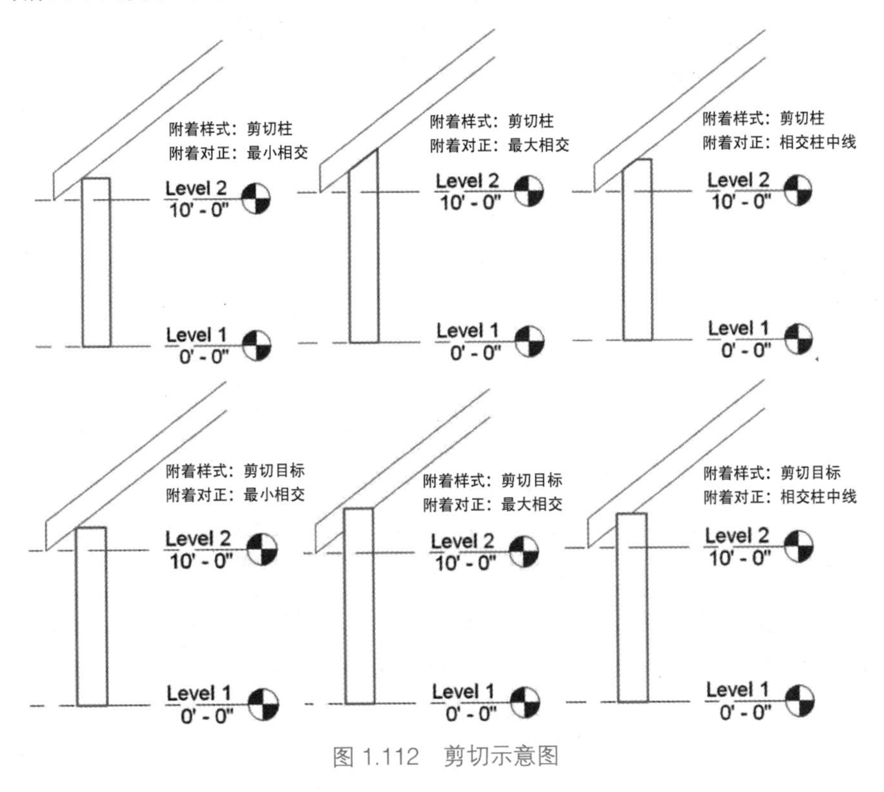

图 1.112　剪切示意图

在绘图区域中，根据状态栏提示，选择要将柱附着到的目标（如屋顶或楼板）。

2）分离柱

在绘图区域中，选择一个或多个柱。单击“修改 | 柱”选项卡“修改柱”面板中的

“分离顶部 / 底部”命令。单击要从中分离柱的目标。

如果将柱的顶部和底部均与目标分离，单击选项栏上的“全部分离”。

习题与能力提升

1. 创建一段高度3.6m的结构柱，该结构柱下部2m范围为500mm×500mm的混凝土柱，上部为300mm×300mm的混凝土柱。

2. 打开任务1.5中的习题1模型完成文件，按照图1.113创建柱。其中，柱为“结构柱”，类型为“A教学楼—矩形柱—600mm×600mm”。

任务1.8 习题1讲解

任务1.8 习题2讲解

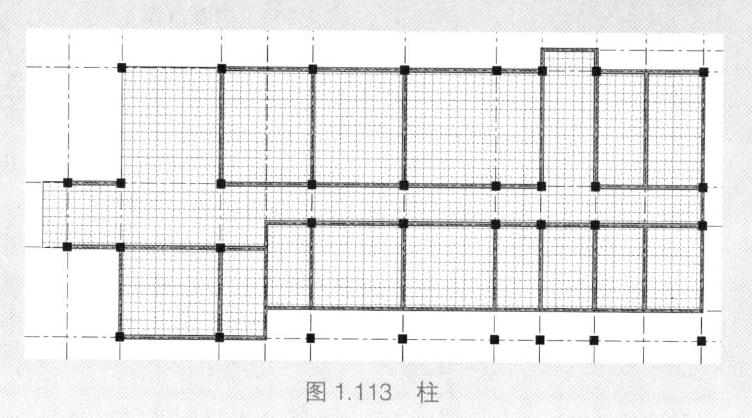

图1.113 柱

任务1.9 创建幕墙及幕墙门窗

任务目标

（1）掌握任务案例中幕墙及幕墙门窗的创建方法；

（2）掌握修改幕墙的方法。

任务内容

序号	任务分解	任务驱动
1	创建任务案例中的幕墙及幕墙门窗	（1）使用“幕墙”类型，在实例属性中修改幕墙的类型、高度值，在类型属性中设置幕墙网格和竖梃的定位和属性； （2）使用“建筑”选项卡的“幕墙网格”命令或“竖梃”命令，手动创建网格和竖梃。绘图区域中选择网格线，调整其位置； （3）删除幕墙门窗范围内的竖梃、网格线，使之成为一整块玻璃嵌板，再选择该嵌板进行门窗嵌板替换
2	将上、下两段竖梃进行连接或拆分	在绘图区域中选择竖梃，使用“竖梃”面板中的“结合”或“打断”，使上、下两段竖梃连接或拆分

任务实施

案例　创建玻璃幕墙并设置幕墙窗户

任务描述：按照图 1.114 创建玻璃幕墙及其窗户。

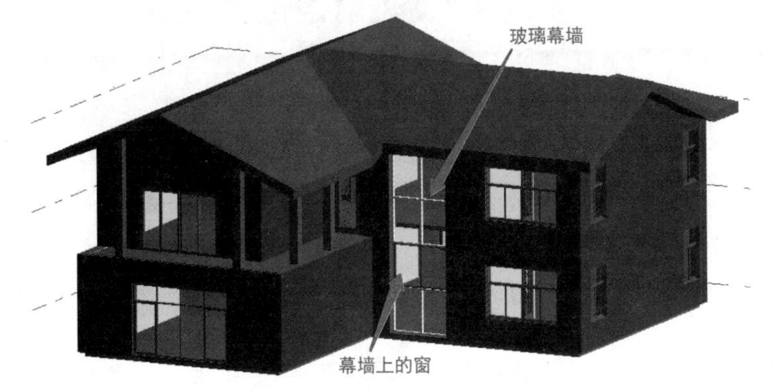

创建玻璃幕墙并设置幕墙窗户

图 1.114　幕墙

工作思路：单击“墙：建筑”命令，使用“幕墙”类型，在类型属性中设置网格、竖梃，在实例属性中设置幕墙的底和顶。选择幕墙上的嵌板，将其替换为窗嵌板。

工作步骤

1. 幕墙创建

打开“任务 1.8/ 柱完成 .rvt”。进入“标高 1 楼层平面视图”。

使用“参照平面”命令在图 1.115 所示的位置创建两个参照平面。

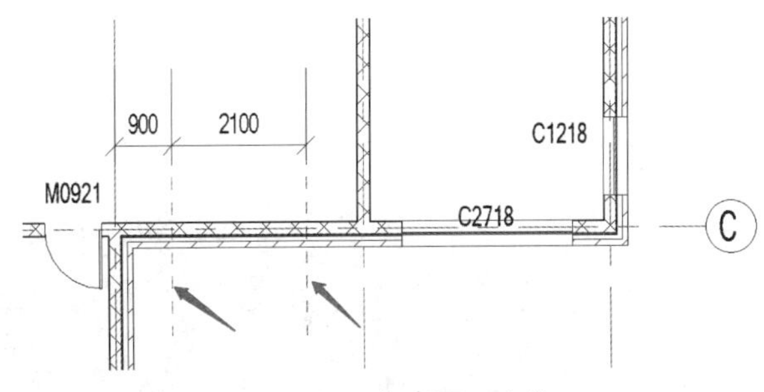

图 1.115　参照平面定位

有两种方法可以用于创建带网格线和竖梃的幕墙。

方法一：通过“属性设置”创建幕墙

单击“建筑”选项卡“构建”面板“墙：建筑”命令，或执行“WA”快捷命令。

在“属性”面板中选择“幕墙”系统族中的“幕墙”(图 1.116)。

单击“属性”面板中的“编辑属性”，如图 1.117 所示，在弹出的“类型属性”对话框中单击“复制”命令，输入自定义名称“幕墙 1”单击“确定”；勾选“自动嵌入”，分别设置“垂直网格”的“布局”为“固定距离”,“间距”为“1050.0”。“水平网格”的“布局”为“固定距离”,“间距”为“1500.0”,“垂直竖梃”“水平竖梃”的“内部类型”和“边界类型”均为“矩形竖梃：50 × 150mm”，然后单击“确定”。

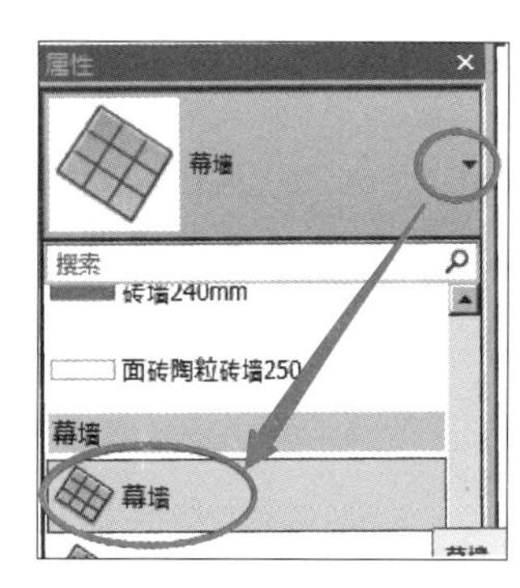

图 1.116　幕墙

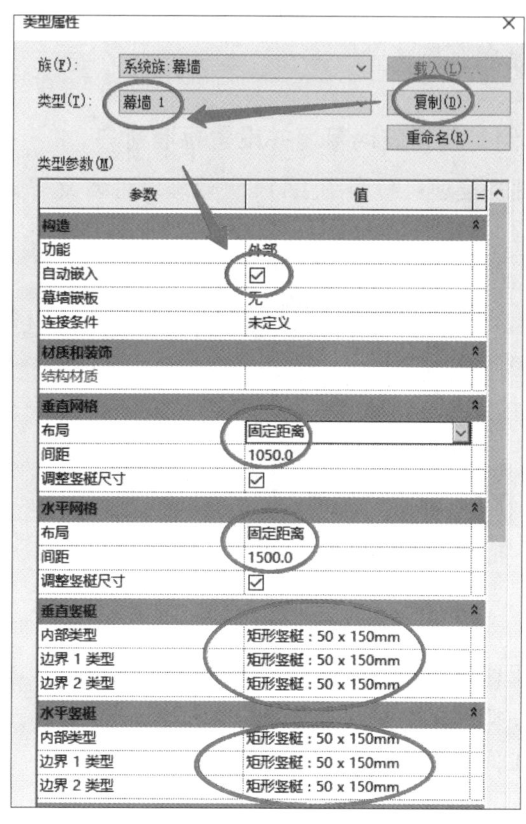

图 1.117　类型属性设置

在“属性”面板设置“底部偏移”为“100.0”，分别设置“顶部约束”和“无连接高度”为“未连接”和“6000.0”（图 1.118）；

将光标移至绘图区域，单击图 1.115 中参照平面与墙体的两个交点创建幕墙。

创建完成的模型见图 1.119。

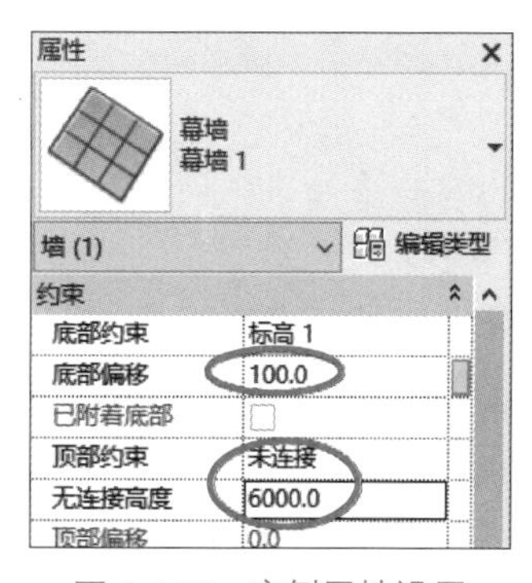

图 1.118　实例属性设置

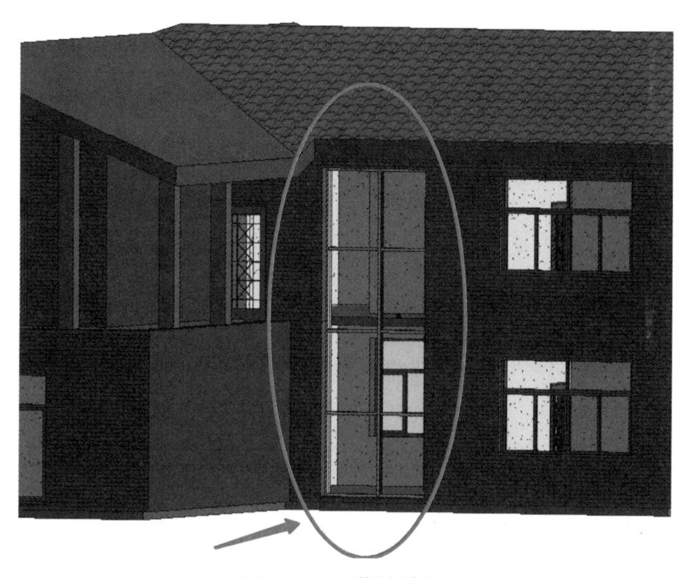

图 1.119　幕墙效果

方法二：手动创建幕墙网格与竖梃

在“类型属性”对话框中“垂直网格”“水平网格”均为“无”的情况下，创建没有幕墙网格和竖梃的纯玻璃幕墙。

在三维或者立面视图中，单击“建筑”选项卡“构建”面板的“幕墙网格”命令（图 1.120）。如图 1.121 所示，将光标移至幕墙四周的边缘线处，单击创建幕墙网格，按 Esc 键退出幕墙网格的创建后，在绘图区域选择该幕墙网格，即可调整其位置。

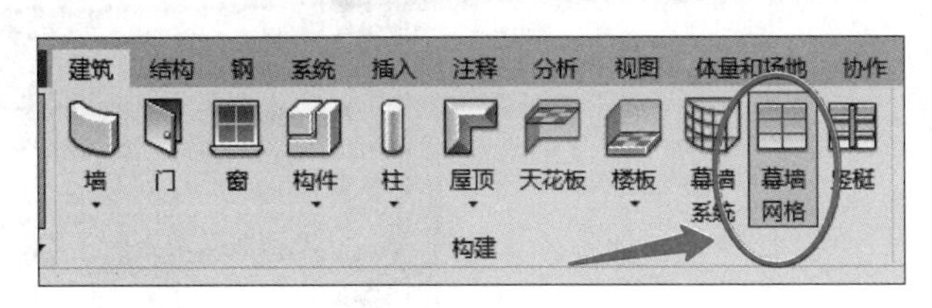

图 1.120 “幕墙网格”命令

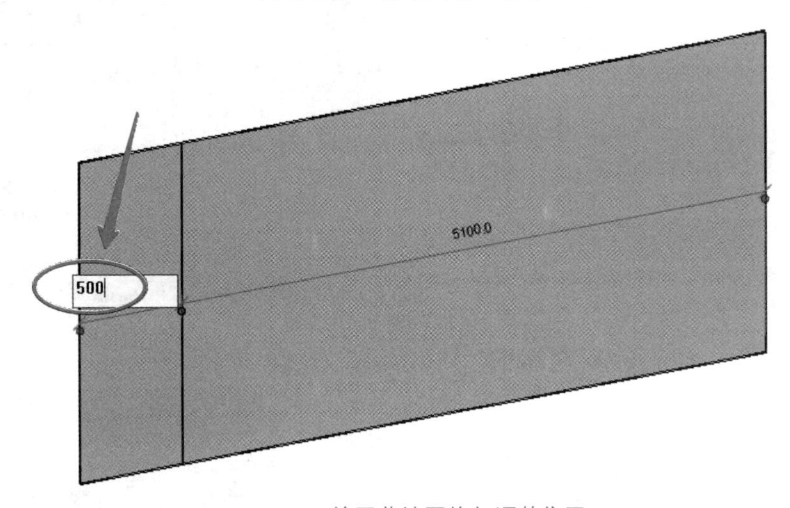

图 1.121 放置幕墙网格与调整位置

所有幕墙网格创建完成后，单击“建筑”选项卡“构建”面板的“竖梃”命令，可在幕墙网格上创建竖梃。

2. 幕墙门窗嵌板创建

在图 1.119 创建完成的项目文件中，进入南立面视图，视觉样式改为“着色”（图 1.122）。

幕墙竖梃的删除：按照图 1.123 所示选择幕墙竖梃，会出现“禁止或允许改变图元位置”标记，单击该标记改变其状态，执行“DE”快捷命令删除该竖梃。

幕墙网格线的删除：按照图 1.124 所示，单击删除竖梃后出现的网格线，单击上下文选项卡“幕墙网格”面板中的“添加 / 删除线段”命令，再单击该网格线，可删除该网格线。删除后的模型见图 1.125。

按照图 1.126 所示，光标停在嵌板边缘处，多次按键盘 Tab 键，直至出现要替换的嵌板轮廓，单击拾取该嵌板；单击“属性”面板中的“编辑类型”，单击“载入”，选择“建筑 / 幕墙 / 门窗嵌板”文件夹中的“窗嵌板 _ 双扇推拉无框铝窗”，单击“打开”。原先的玻璃嵌板即替换成“窗嵌板 _ 双扇推拉无框铝窗”。

完成的项目文件见“任务 1.9/ 幕墙完成 .rvt”。

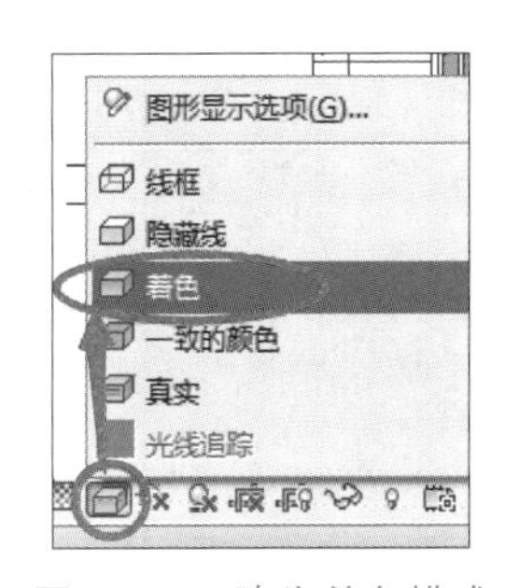

图 1.122 改为着色模式

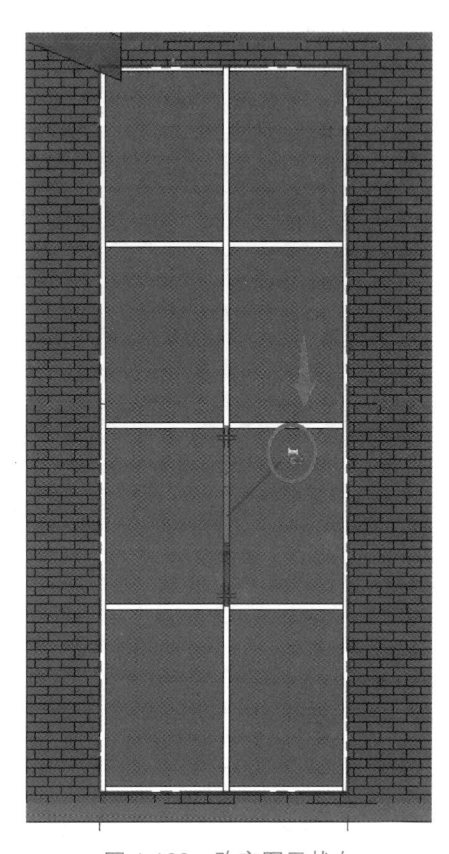

图 1.123 改变图元状态

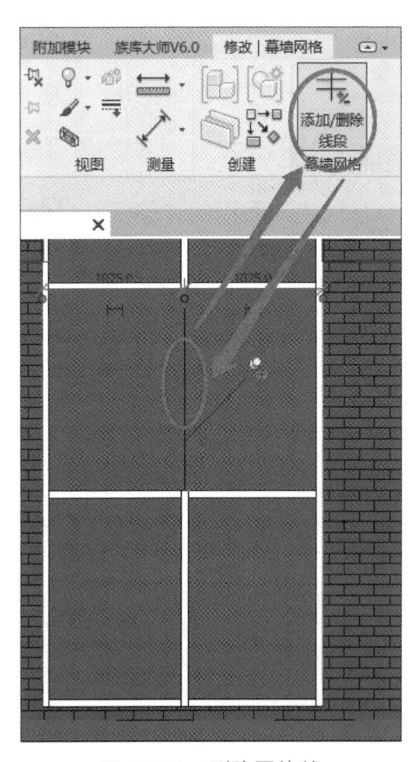

图 1.124 删除网格线

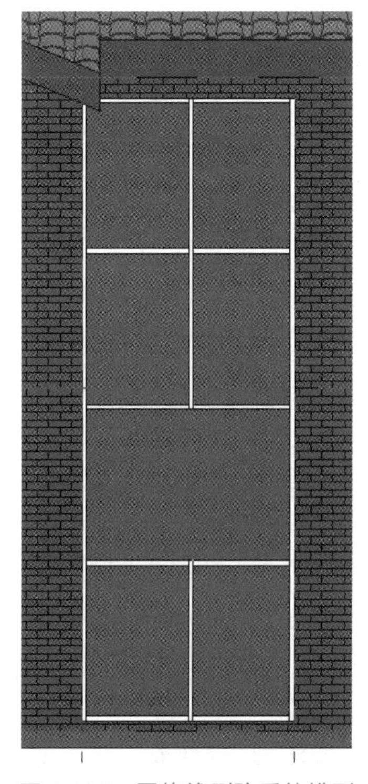

图 1.125 网格线删除后的模型

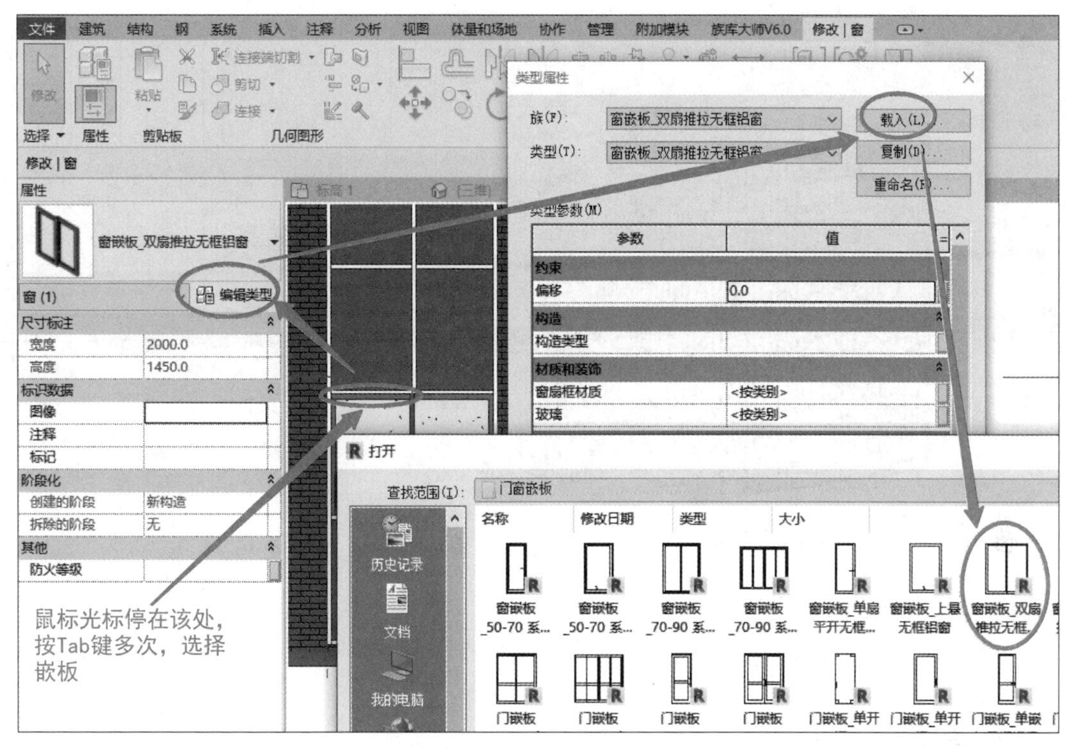

图 1.126　选择嵌板修改类型

📖 相关技术与知识扩展　控制水平竖梃和竖直竖梃之间的连接

在绘图区域中，选择竖梃。单击“修改 | 幕墙竖梃”选项卡的“竖梃”面板中的“结合”或“打断”命令。使用“结合”命令，可在连接处延伸竖梃的端点，以便使竖梃显示为一个连续的竖梃（图 1.127）；使用“打断”命令，可在连接处修剪竖梃的端点，以便使竖梃显示为单独的竖梃（图 1.128）。

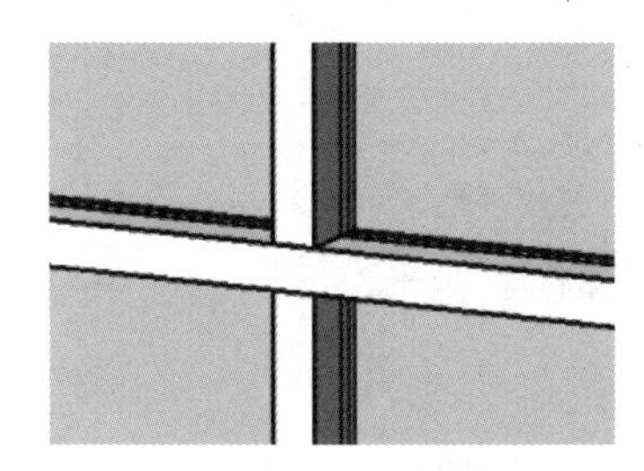

图 1.127　对横竖梃进行“结合”

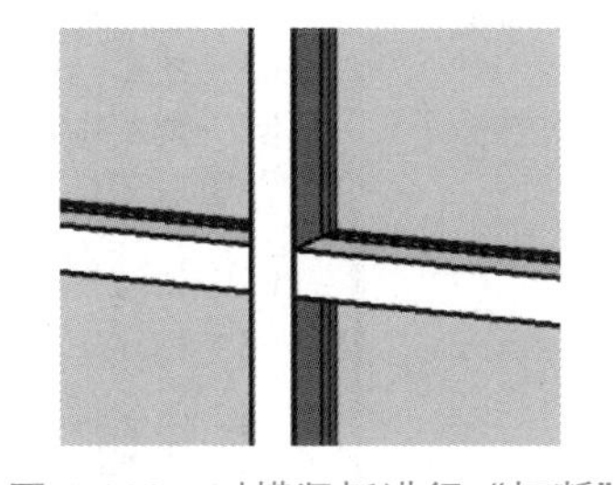

图 1.128　对横竖梃进行“打断”

控制水平竖梃和竖直竖梃之间的连接

习题与能力提升

打开“习题与能力提升资源库”文件夹中“幕墙创建预备文件.rvt”，按照图 1.129 所示创建玻璃幕墙。其中，幕墙垂直竖梃间距 600mm，水平竖梃间距 1400mm，竖梃均为 50mm × 150mm，幕墙总高度为 22200mm，幕墙门类型为“100 系列有横档”。

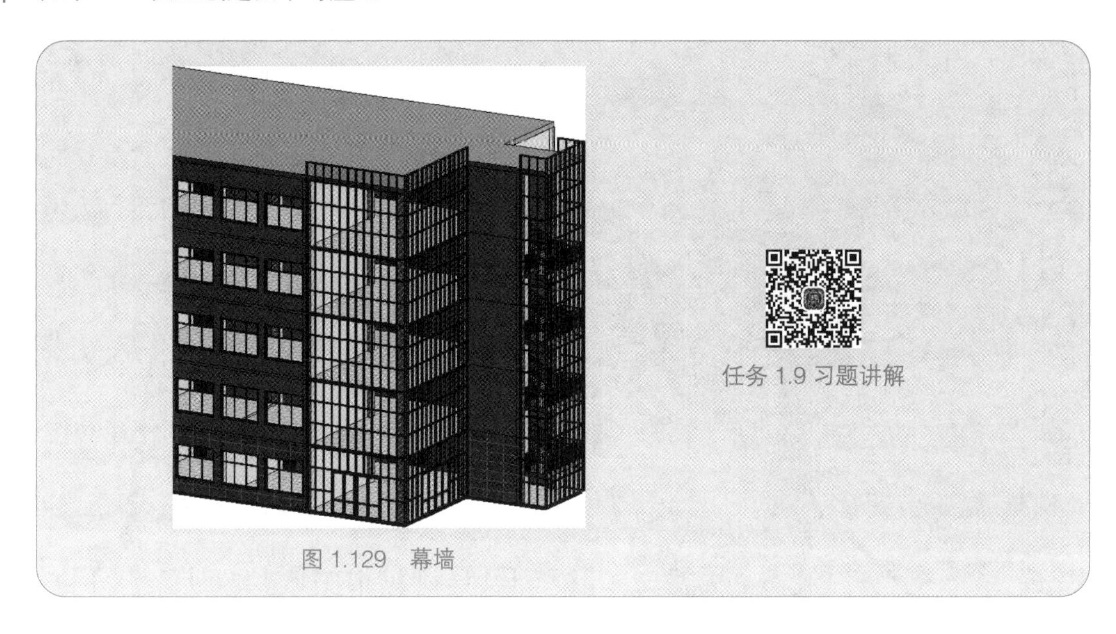

图 1.129　幕墙

任务 1.10　创建楼梯、栏杆扶手及洞口

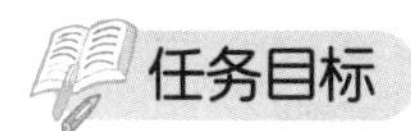

任务目标

（1）掌握任务案例中楼梯的创建方法；

（2）掌握栏杆和扶手的创建方法；

（3）掌握洞口的创建方法。

任务内容

序号	任务分解	任务驱动
1	创建任务案例中的楼梯	（1）使用参照平面确定楼梯的定位； （2）使用楼梯命令创建楼梯； （3）对楼梯中间休息平台进行调整
2	创建栏杆和扶手	（1）创建顶层楼梯临空处的栏杆； （2）创建二楼阳台栏杆
3	创建洞口	（1）对楼梯间进行开洞； （2）创建竖井洞口、面洞口、墙洞口、垂直洞口

任务实施

案例　创建室内楼梯与临空处的栏杆

任务描述：创建图 1.130 中的室内楼梯与栏杆。

工作思路：使用“参照平面”命令确定出楼梯的位置，选择合适的楼梯类型，设置相应参数，进行楼梯创建。使用“栏杆扶手”命令进行栏杆创建。

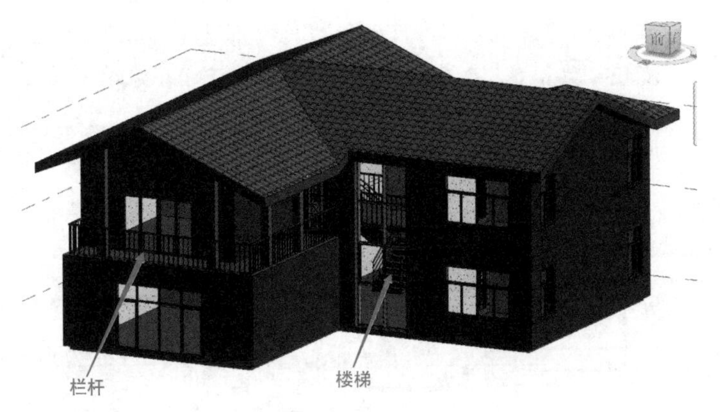

创建室内楼梯与临空处的栏杆

图 1.130　楼梯与栏杆

工作步骤

打开“任务 1.9/ 幕墙完成 .rvt”，进入标高 1 楼层平面视图。

1. 确定楼梯起始点

按照图 1.131 所示，使用“参照平面”命令，在 E 轴下方 1800mm 位置处创建一个参照平面，沿 4 轴楼梯间墙左侧创建一个参照平面，使这两个参照平面相交。该交点为楼梯的起始点。

2. 创建楼梯

单击“建筑”选项卡“楼梯坡道”面板中“楼梯”命令（图 1.132）

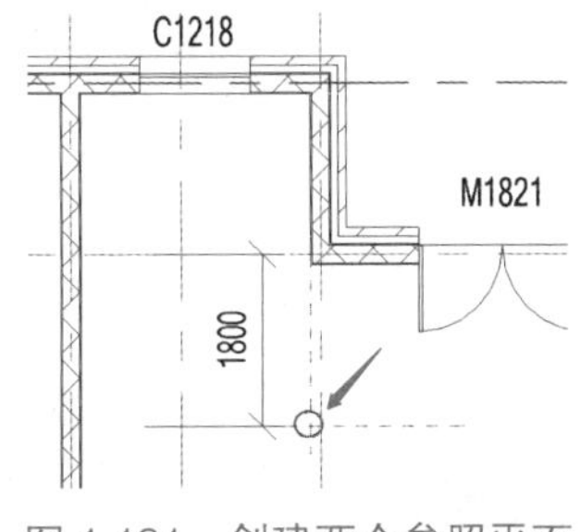

图 1.131　创建两个参照平面

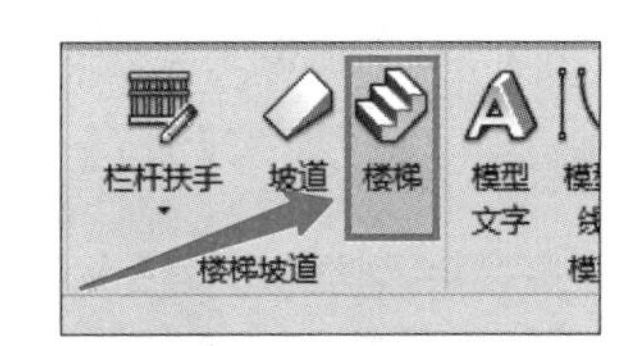

图 1.132　“楼梯”命令

按照图 1.133 所示，在上部选项栏设置“定位线”为“梯段：右”，设置“实际楼梯宽度”为“1150.0”；在“属性”面板设置楼梯类型为“整体浇筑楼梯”，设置“所需踢面数”为“20”；单击“编辑类型”，在弹出的“类型属性”对话框中单击“类型”右侧的“150mm 结构深度”按钮，在弹出的“类型属性”对话框中（该类型属性为“150mm 结构深度”的属性），勾选“踏板”和“踢面”，并设置“整体式材质”为“混凝土，现场浇注”，设置踏板和踢面的材质为“大理石”。单击“确定”两次退回到楼梯创建中。

注意

设置材质的方法如下：在“材质浏览器”面板搜索所需的材质如“石”，在下方的搜索结果中找到相应材质进行双击，该材质将进入上方的文档中，选择文档中的该材质即可使用。如图 1.133 所示。

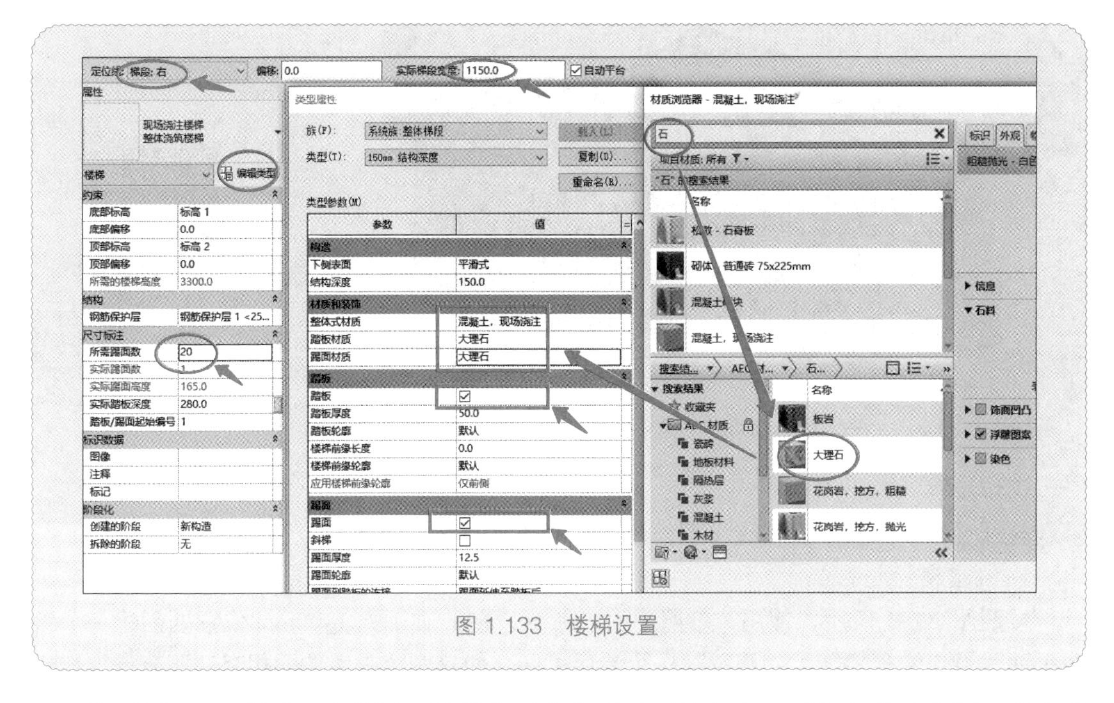

图 1.133　楼梯设置

按照图 1.134 所示，在绘图区域单击两个参照平面的交点，再向上移动光标，当出现“创建了 9 个踢面，剩余 11 个”的淡显显示时，单击绘图区域，第一跑楼梯创建完毕；再单击左侧墙面，并向下移动光标至出现“创建了 11 个踢面，剩余 0 个”的淡显显示时，单击绘图区域，第二跑楼梯创建完毕。此时注意到中间休息平台未到达 F 轴墙体，需单击中间休息平台，拖动其上边缘线到 F 轴墙体。单击“完成编辑模式”，楼梯创建完成。

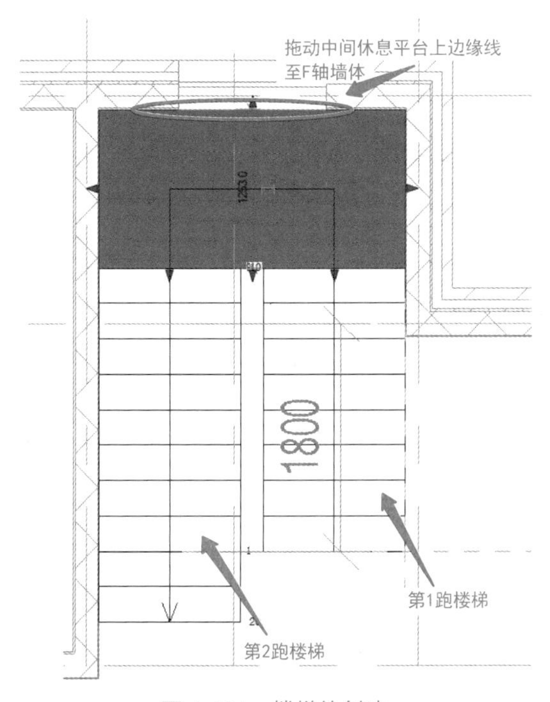

图 1.134　楼梯的创建

3. 楼梯洞口

进入标高 2 楼层平面视图。

单击“建筑”选项卡“洞口”面板“竖井”命令（图 1.135）。

在“属性”面板分别设置“底部约束”为“标高 1”，“底部偏移”为“0”，“顶部约束”为“直到标高：标高 2”（图 1.136）。

在绘图区域，沿楼梯梯段线和楼梯间墙绘制图 1.137 所示的竖井边界，单击“完成编辑模式”。楼梯间洞口创建完毕。

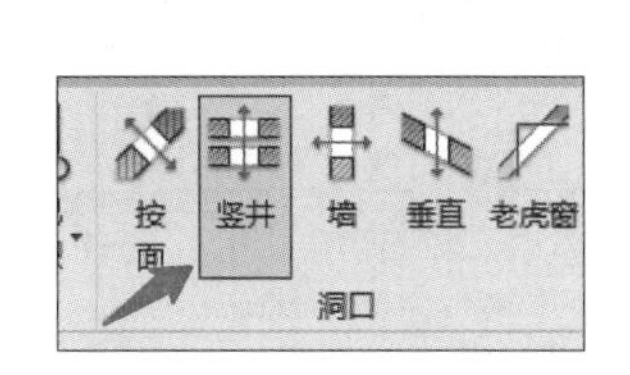

图 1.135 “楼梯洞口”命令

约束	
底部约束	标高 1
底部偏移	0.0
顶部约束	直到标高: 标高 2
无连接高度	3300.0
顶部偏移	0.0

图 1.136 竖井设置

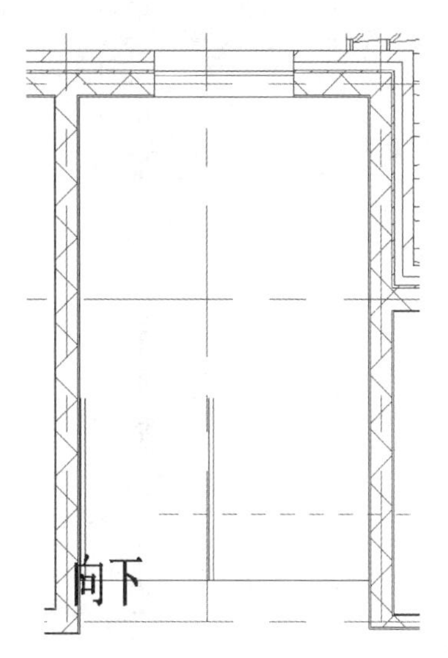

图 1.137 楼梯竖井边界

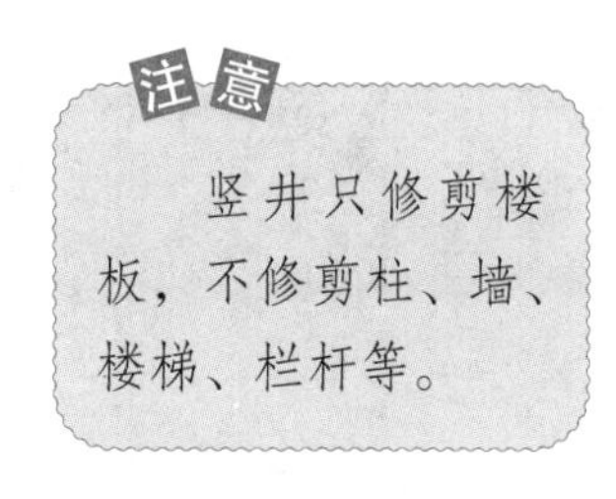

4. 顶层楼梯栏杆

楼梯创建完成后，需要在顶层楼梯处设置临空栏杆，单击“建筑”选项卡“楼梯坡道”面板中的“栏杆扶手”下拉菜单“绘制路径”命令，如图 1.138 所示。

按照图 1.139 所示，在“属性”面板中选择“1100mm”的栏杆，单击“属性”面板的“编辑类型”，在弹出的“类型属性”对话框中单击“栏杆位置”右侧的“编辑”，在弹出的“编辑栏杆位置”对话框中设置“相对前一栏杆的距离”为“200.0”，单击“确定”两次退回到栏杆创建。

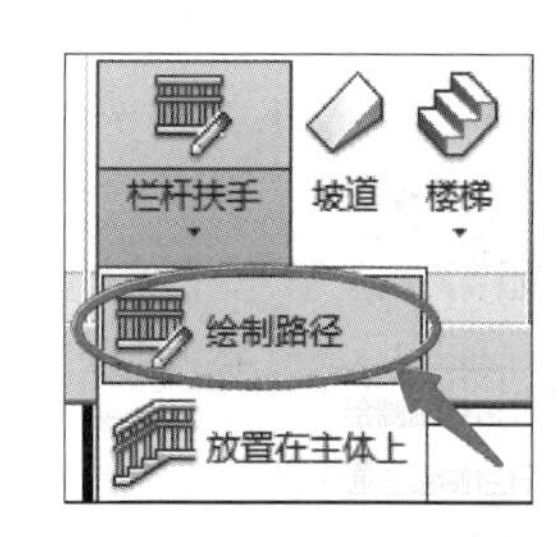

图 1.138 “栏杆”命令

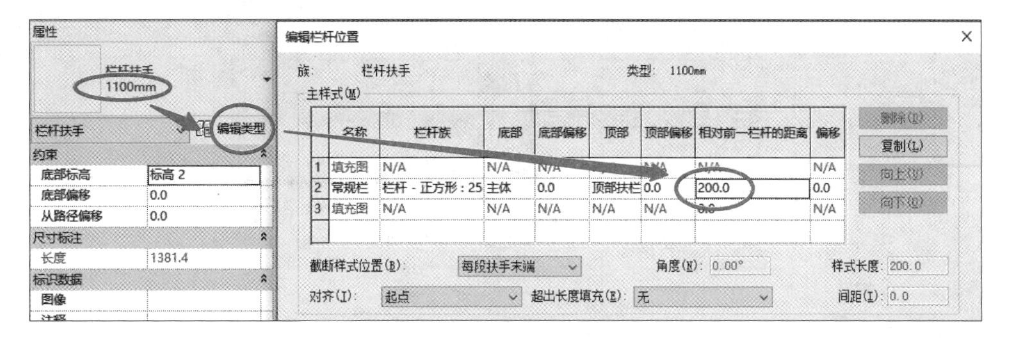

图 1.139 栏杆设置

按照图 1.140 所示绘制楼梯间栏杆路径，单击上下文选项卡中的“完成编辑模式”，完成栏杆创建。

5. 二楼南侧临空处栏杆

单击“栏杆扶手”下拉菜单“绘制路径”命令，在“属性”面板选择“1100mm”的栏杆，在图 1.141 所示位置分五段分别创建栏杆。

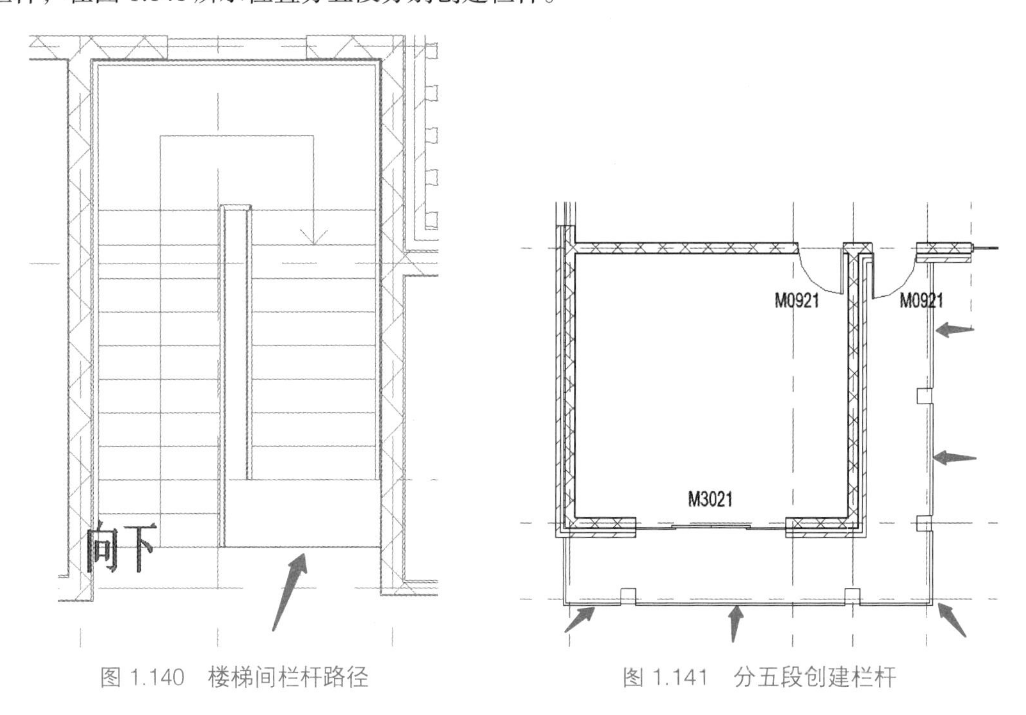

图 1.140　楼梯间栏杆路径　　　图 1.141　分五段创建栏杆

6. 二楼室内洞口栏杆

进入标高 2 楼层平面视图，执行“栏杆扶手”，按照图 1.142，在“1100mm”类型的基础上复制出一个新类型“1100mm 二楼室内栏杆”，设置“栏杆偏移”为“-30”；在图 1.143 所示位置创建栏杆。

完成的项目文件见“任务 1.10/ 楼梯、洞口、栏杆扶手完成 .rvt”。

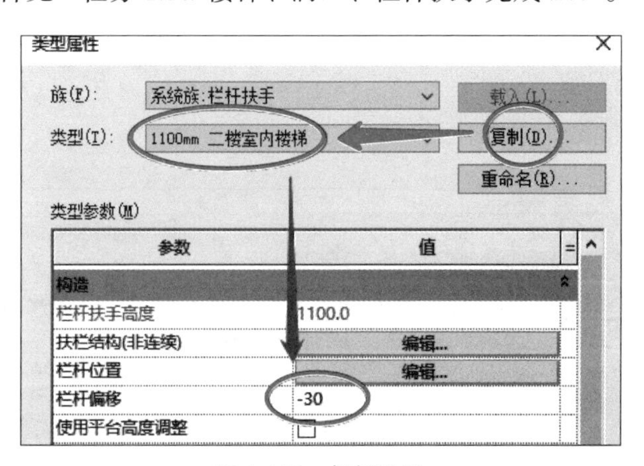

图 1.142　栏杆设置

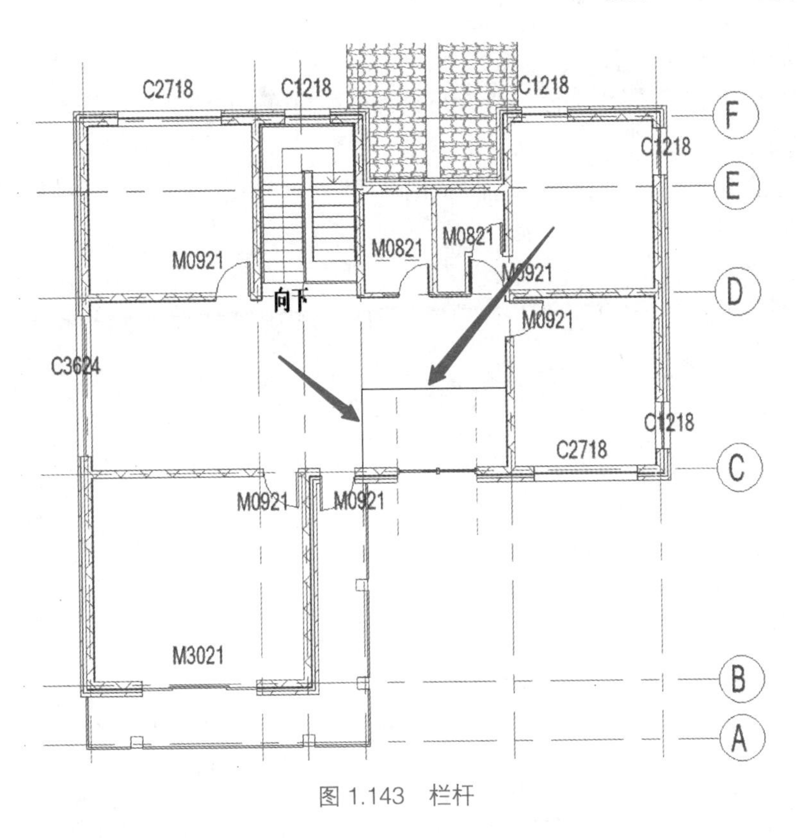

图 1.143　栏杆

相关技术知识拓展　洞口

洞口

1. 面洞口

使用“按面”洞口命令，可以垂直于楼板、天花板、屋顶、梁、柱子、支架等构件的斜面、水平面或垂直面剪切洞口。

2. 墙洞口

创建洞口：打开墙的立面或剖面视图，单击“建筑”选项卡下“洞口”面板的“墙洞口”命令。选择将作为洞口主体的墙，绘制一个矩形洞口。

修改洞口：选择要修改的洞口，可以使用拖曳控制柄修改洞口的尺寸和位置（图 1.144）。也可以将洞口拖曳到同一面墙上的新位置，然后为洞口添加尺寸标注。

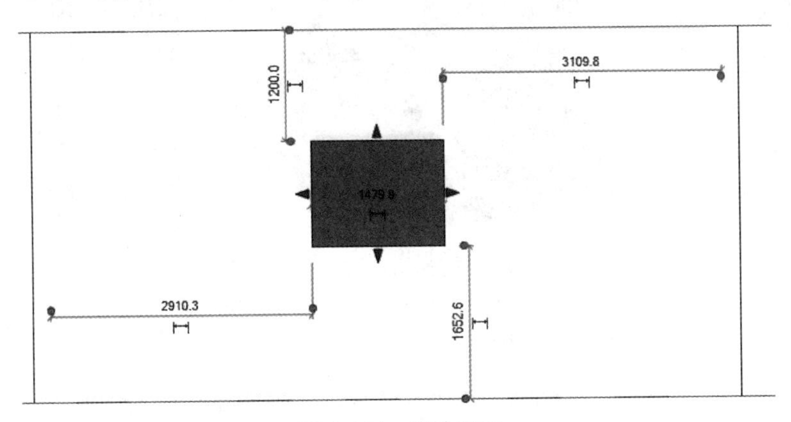

图 1.144　修改洞口

3. 垂直洞口

可以设置一个贯穿屋顶、楼梯或天花板的垂直洞口。该垂直洞口垂直于标高，且不反射选定对象的角度。

单击“建筑”选项卡下“洞口”面板的“垂直洞口”命令，根据状态栏提示，绘制垂直洞口（图 1.145）。

4. 竖井洞口

通过“竖井洞口”可以创建一个竖直的洞口，该洞口对屋顶、楼板和天花板进行剪切（图 1.146）。

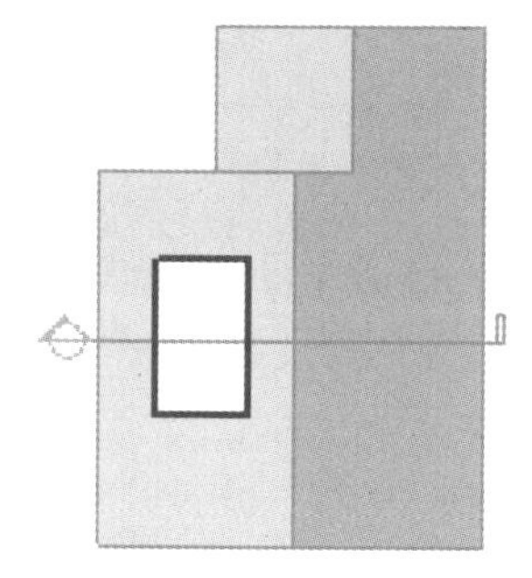

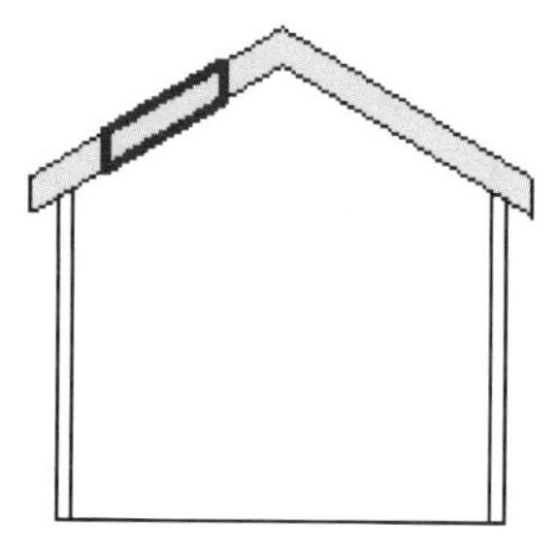

图 1.145 垂直洞口

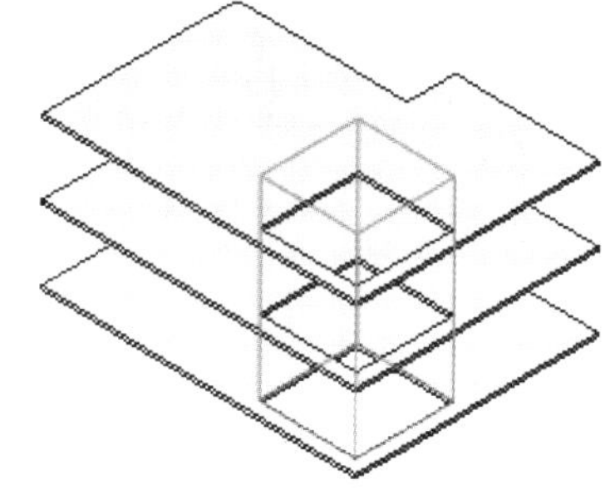

图 1.146 竖井洞口

单击“建筑”选项卡“洞口”面板的“竖井洞口”命令，根据状态栏提示绘制洞口轮廓，并在“属性”面板上对洞口的“底部偏移”“无连接高度”“底部限制条件”“顶部约束”赋值。绘制完毕，单击“完成编辑模式”，完成竖井洞口绘制。

习题与能力提升

打开任务 1.7 习题 1 屋顶创建完成的项目文件，按照图 1.147 创建轴 1 与轴 2 间的楼梯以及轴 7 与轴 8 间的楼梯。其中，每层楼梯 28 阶，梯段宽度 1650mm。

任务 1.10
习题讲解

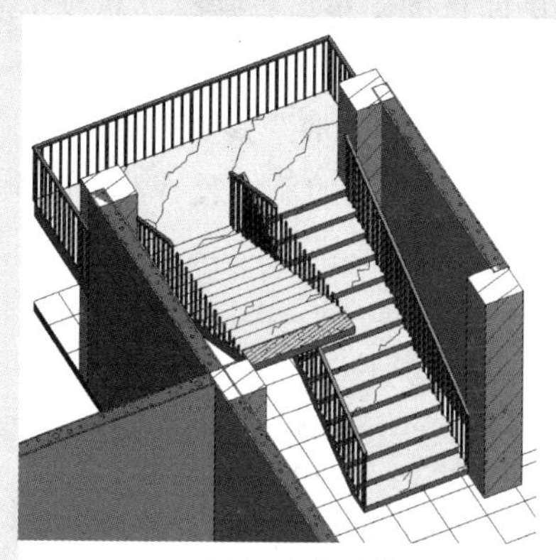

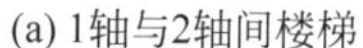

(a) 1轴与2轴间楼梯

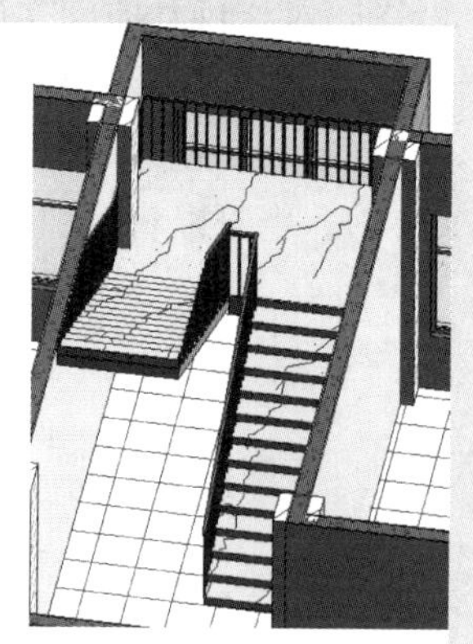

(b) 7轴与8轴间楼梯

图 1.147 一楼楼梯

项目 2　Revit 装饰深化

任务 2.1　创建多构造层墙体——瓷砖装饰墙

任务目标

（1）掌握多构造层墙体的创建方法；

（2）掌握瓷砖材质的新建、导入。

任务内容

序号	任务分解	任务驱动
1	创建多构造层墙体	（1）类型属性面板中进行构造层的插入； （2）设置各构造层的功能、厚度与材质
2	新建瓷砖材质	（1）新建名为“瓷砖”的材质，打开材质浏览器选择材质库既有的瓷砖材质，将其赋予到新建的“瓷砖”材质上； （2）在“图形”面板，勾选“使用渲染外观”，将瓷砖材质的主颜色赋予“图形”中

任务实施

任务描述：创建构造层为“5mm 瓷砖 +20mm 水泥砂浆 +200mm 砌体 +20mm 水泥砂浆 +5mm 瓷砖”的墙，其中，“瓷砖”材质为真实材质。

工作思路：在墙体“属性”面板“编辑类型”中进行墙体构造层设置。新建一个名为“瓷砖”的材质，在项目浏览器中找到瓷砖材质，将其材质属性赋予新建名为“瓷砖”的材质。

工作步骤

1.“瓷砖装饰墙”类型的新建

新建一个 revit 项目文件，进入标高 1 楼层平面视图。

单击“建筑”选项卡“构建”面板“墙：建筑”命令，或执行“WA”快捷命令。

瓷砖装饰墙

单击“编辑类型”，在弹出的“类型属性”对话框中单击“复制”命令，在弹出的“名称”对话框中输入名称“瓷砖装饰墙”，单击“确定”（图 2.1）。

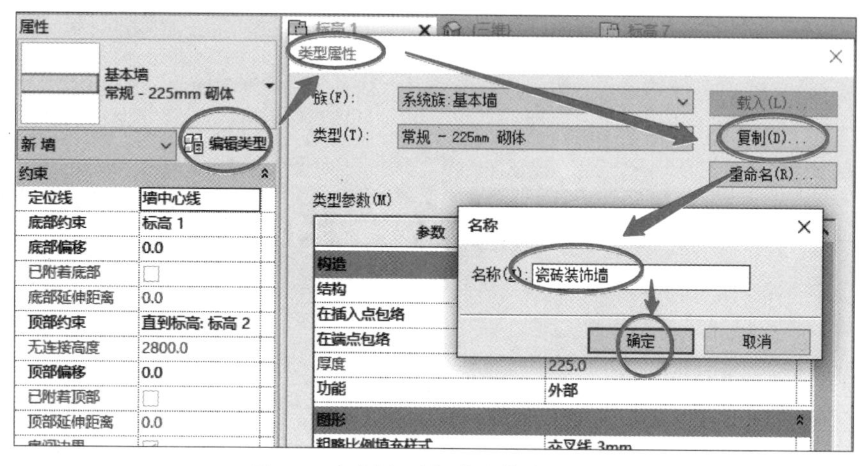

图 2.1　复制出“瓷砖装饰墙”类型

2. 构造层的创建

单击“类型属性”对话框“结构”右侧的“编辑”(图 2.2)，在弹出的“编辑部件”对话框中，连续单击四次“插入”，会出现四个构造层次（图 2.3），分别选择新插入的四个构造层，单击“插入”键右侧的“向上”或“向下”，使两个新插入的构造层位于上层核心边界以上，另两个新插入的构造层位于下层核心边界以下，按照图 2.4 所示修改各构造层的“功能”和“厚度”。

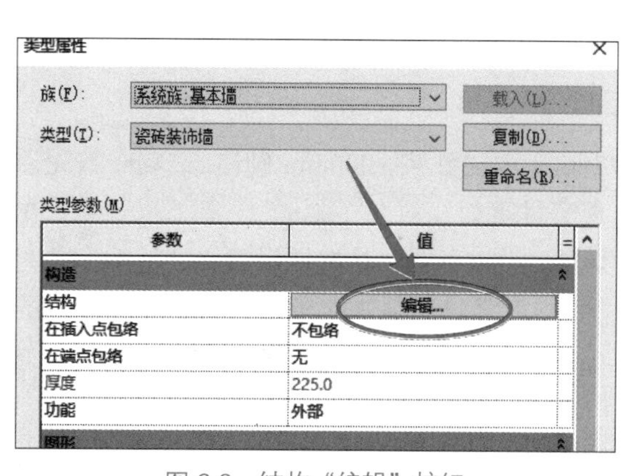

图 2.2　结构“编辑”按钮

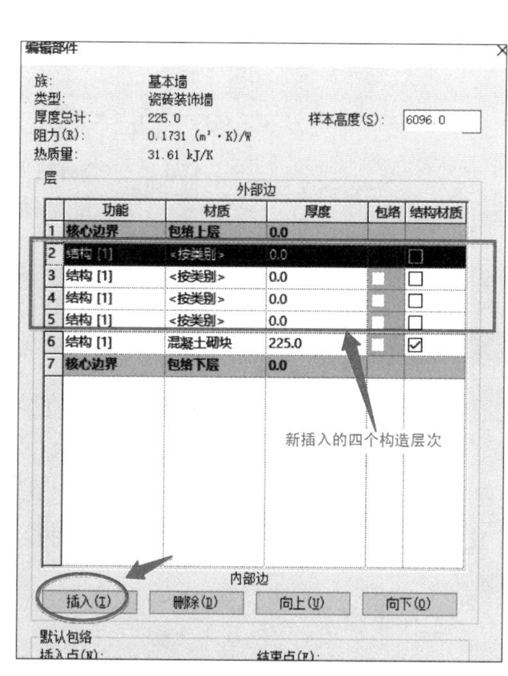

图 2.3　插入四个构造层次

3. 构造层材质的创建

单击“面层 1[4]”的“材质”框内右侧按钮，弹出的“材质浏览器”中无“瓷砖”材质，因此需要新建，即单击下方的“新建材质”(图 2.5)，在新创建的材质处进行右击，重命名为“瓷砖”，单击下方的“打开 / 关闭资源浏览器”(图 2.6)，在弹出的“材质浏览器”对话框中搜索瓷砖，在“外观库”中找到“瓷砖—石灰华—凡尔赛”，双击该材质，该材质会赋予到新建“瓷砖”材质的“外观”中（图 2.7）；单击“图形”，勾选“使用渲染外观”（图 2.8），则渲染外观的主色调会进入“图形”中，单击“确定”退出材质浏览器，新建的“瓷砖”材质创建完成。

层

外部边

	功能	材质	厚度	包络	结构材质
1	面层 1 [4]	<按类别>	5.0	☑	☐
2	衬底 [2]	<按类别>	20.0	☑	☐
3	核心边界	包络上层	0.0		
4	结构 [1]	混凝土砌块	200.0	☐	☑
5	核心边界	包络下层	0.0		
6	衬底 [2]	<按类别>	20.0	☑	☐
7	面层 2 [5]	<按类别>	5.0	☑	☐

图 2.4　修改构造层的“功能”“厚度”

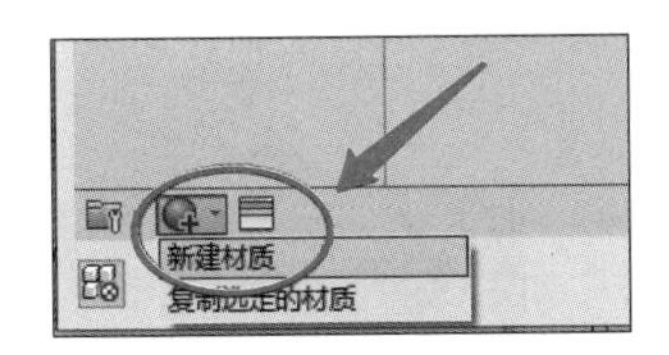

图 2.5　新建材质

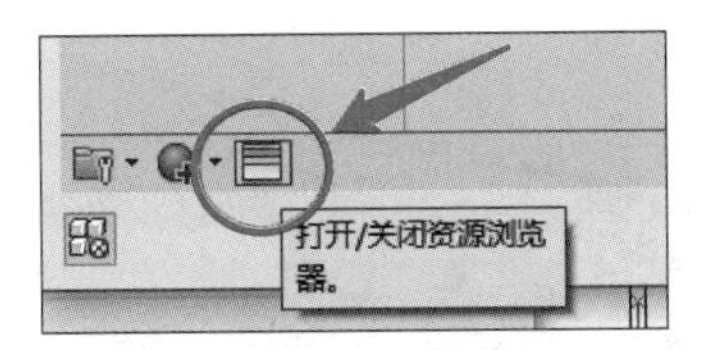

图 2.6　打开 / 关闭资源浏览器

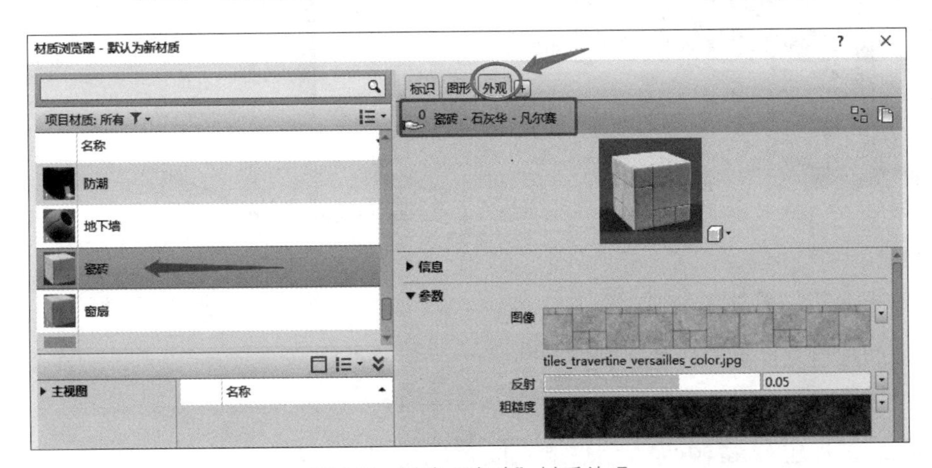

图 2.7　新建“瓷砖”材质外观

图 2.8　使用渲染外观

同理，将“衬底 [2]”材质修改为“水泥砂浆”，将“面层 2[5]”材质修改为新建的“瓷砖”材质，确保“结构 [1]”材质为“混凝土砌块”（图 2.9），单击“确定”退出“编辑部件”对话框，再单击“确定”退出“类型属性”对话框。

层

	外部边				
	功能	材质	厚度	包络	结构材质
1	面层 1 [4]	瓷砖	5.0	☑	☐
2	衬底 [2]	水泥砂浆	20.0	☑	☐
3	核心边界	包络上层	0.0		
4	结构 [1]	混凝土砌块	200.0	☐	☑
5	核心边界	包络下层	0.0		
6	衬底 [2]	水泥砂浆	20.0	☑	☐
7	面层 2 [5]	瓷砖	5.0	☑	☐

图 2.9　材质创建完成

4. 墙体绘制

在绘图区域单击墙体起点和终点，创建瓷砖装饰墙。也可选择已经创建完成的墙体，将其类型改为“瓷砖装饰墙”。

图 2.10 为“视觉样式”为“着色”下的显示，图 2.11 为“视觉样式”为“真实”下的显示。

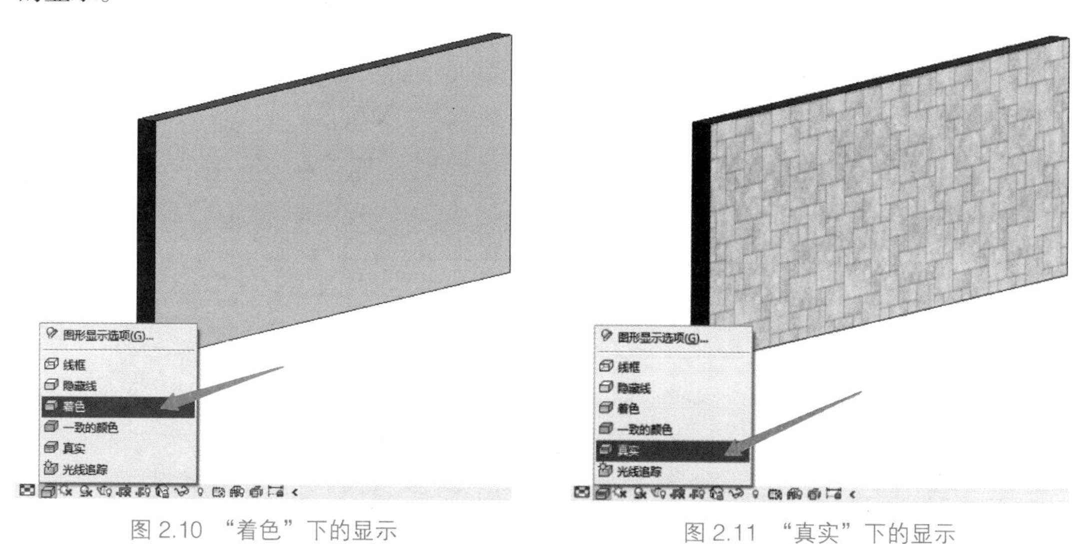

图 2.10　“着色”下的显示　　图 2.11　“真实”下的显示

完成的项目文件见“任务 2.1/ 瓷砖装饰墙完成 .rvt”。

任务 2.2　创建复合墙——底部瓷砖墙裙的涂料墙

任务目标

掌握复合墙的创建方法。

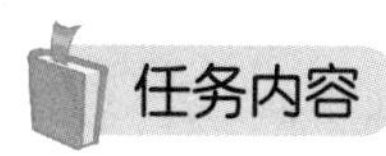

任务内容

任务分解	任务驱动
创建底部瓷砖墙裙的涂料墙	（1）创建一个面层为瓷砖的材质，对其瓷砖面层进行面层材质拆分，并设置拆分高度； （2）创建涂料面层，将其材质指定给拆分后的上部面层，使拆分后的上部面层材质为涂料

任务实施

复合墙是指墙体的某一构造层由多种不同材质组成。

底部瓷砖墙裙的涂料墙

任务描述：创建图 2.12 所示的墙体，该墙体左侧面层的底部 1m 范围材质为“瓷砖”，上部材质为“黄色涂料”。

工作思路：该墙体为复合墙。在墙体的“类型属性”对话框中，使用“拆分区域”命令将一个构造层拆分为上、下两段；再新建一个构造层，使用“指定层”命令将新建的构造层材质指定到拆分的一段构造层上。

工作步骤

1. 类型新建

打开“任务 2.1/ 瓷砖装饰墙完成 .rvt”，进入标高 1 楼层平面视图。

单击“建筑”选项卡“构建”面板“墙：建筑”命令，或执行“WA”快捷命令。

在“属性”面板单击“编辑类型”，进入“类型属性”对话框。在“瓷砖装饰墙”类型上复制出一个名为“瓷砖墙裙涂料墙”的新类型。

2. 剖面显示

单击“类型属性”对话框左下角的“预览”按钮，将“视图”改为“剖面：修改类型属性”(图 2.13)。

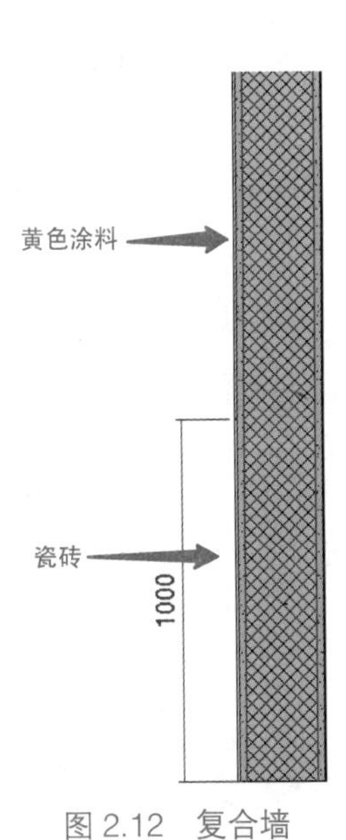

图 2.12　复合墙

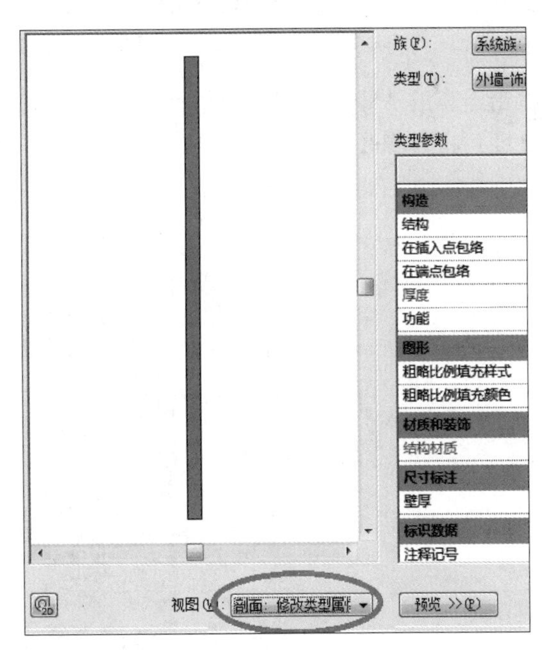

图 2.13　在剖面下进行预览

3. 拆分构造层

单击“结构”右侧的“编辑”，进入“编辑部件”对话框，单击“拆分区域”按钮(图 2.14)，移动光标到左侧预览框中，单击墙体最左侧的“瓷砖”构造层，此时最左侧的“瓷砖”构造层会拆分为上、下两部分，注意此时该面层的“厚度”值变为“可变”(图 2.15)。

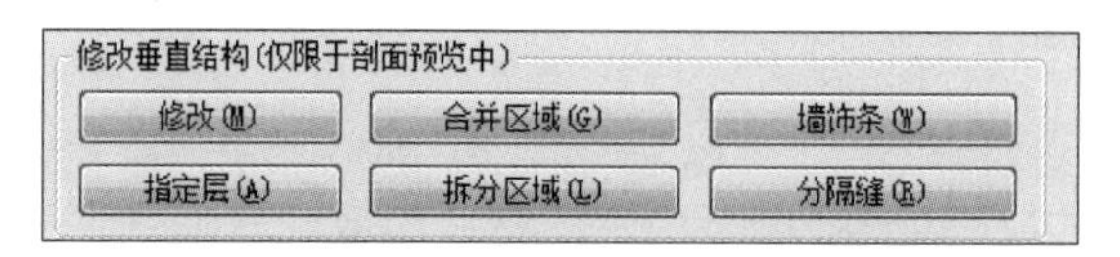

图 2.14 “拆分区域”命令

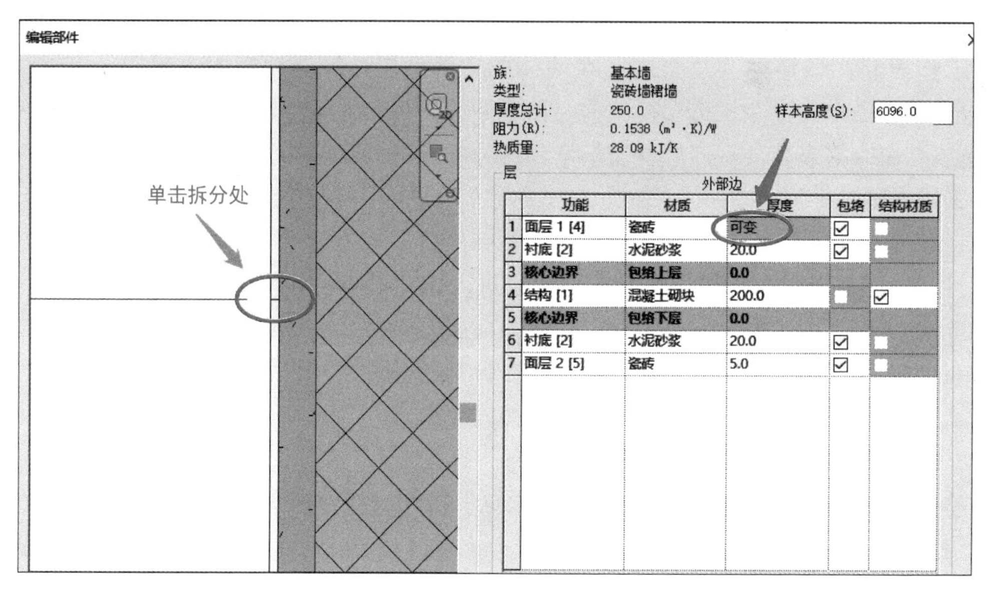

	功能	材质	厚度	包络	结构材质
1	面层 1 [4]	瓷砖	可变	☑	☐
2	衬底 [2]	水泥砂浆	20.0	☑	☐
3	核心边界	包络上层	0.0		
4	结构 [1]	混凝土砌块	200.0	☐	☑
5	核心边界	包络下层	0.0		
6	衬底 [2]	水泥砂浆	20.0	☑	☐
7	面层 2 [5]	瓷砖	5.0	☑	☐

图 2.15 拆分面

单击下方的“修改”，将鼠标移至左侧预览图中的拆分边界处进行单击，此时可修改、拆分高度，将其修改为“1000”(图 2.16)。

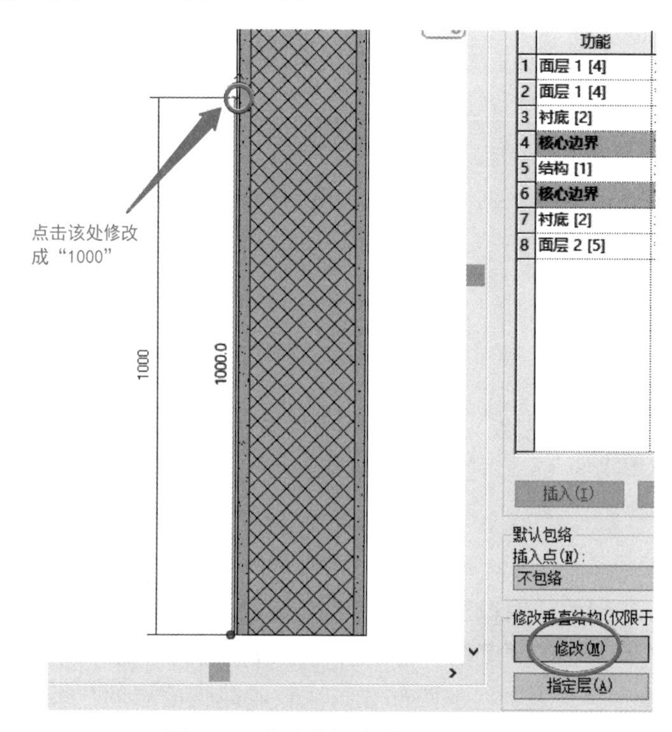

图 2.16 修改墙裙高度为“1000”

4. 插入新的材质层

在右侧栏中插入一个新的构造层，功能修改为“面层 1[4]”，材质修改为“涂料—黄色”，厚度“0.0”保持不变（图 2.17）。

层

	外部边				
	功能	材质	厚度	包络	结构材质
1	面层 1 [4]	涂料 - 黄色	0.0	☑	☐
2	面层 1 [4]	瓷砖	可变	☑	☐
3	衬底 [2]	水泥砂浆	20.0	☑	☐
4	核心边界	包络上层	0.0		

图 2.17　新插入一个构造层

5. 将新插入的材质层指定给相应层

选择新插入的“涂料 - 黄色”构造层，单击“指定层”按钮，移动光标到左侧预览图中墙体左侧构造层的上部分进行单击，此时会将“涂料 - 黄色”面层材质指定给该面层。注意此时“涂料 - 黄色”和“瓷砖”构造层的“厚度”都变为“5.0mm”（图 2.18）。

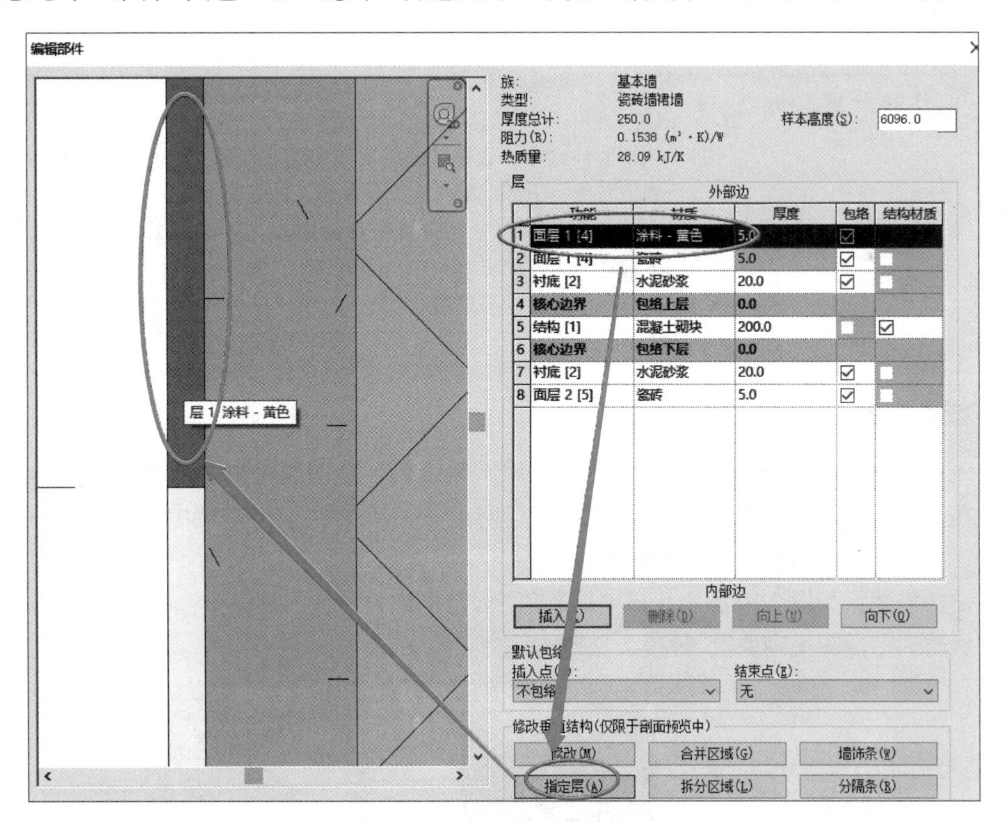

图 2.18　“指定层”后的层结构

单击“确定”，关闭所有对话框。

6. 墙体绘制

在绘图区域单击墙体起点和终点，创建瓷砖墙裙涂料墙。也可选择已经创建完成的墙体，将其类型改为“瓷砖墙裙涂料墙”。

完成的项目文件见“任务 2.2/ 瓷砖墙裙涂料墙完成 .rvt”。

习题与能力提升

任务 2.2
习题讲解

创建一面复合墙，该复合墙构造层为“5mm 复合层 +30mm 水泥砂浆 +50mm 保温层 +240mm 普通砖 +20mm 水泥砂浆 +5mm 白色涂料”。其中，5mm 复合层下部 150mm 范围内材质为黑色涂料，上部材质为黄色涂料，该墙高 3m、长 5m。

任务 2.3　创建叠层墙——下部混凝土材质、上部砌块材质墙

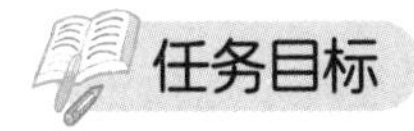

任务目标

掌握叠层墙创建方法。

任务内容

任务分解	任务驱动
创建叠层墙——下部混凝土材质、上部砌块材质墙	（1）执行墙体命令，选择“叠层墙”中的“外部 - 砌块勒脚砖墙”，复制出名为“下部混凝土上部砌块墙”的新类型； （2）在类型属性中，分别设置上部墙体为“常规 -225mm 砌体”墙、下部墙体为“挡土墙 -300mm 混凝土”墙； （3）在绘图区域绘制叠层墙

任务实施

Revit 中有专用于创建叠层墙的“叠层墙”系统族，这些墙是由多种类型的墙体上下叠放在一起构成的。子墙在不同的高度可以具有不同的墙厚度。叠层墙中的所有子墙都被附着，其几何图形相互连接，如图 2.19 所示。

任务描述：如图 2.20 所示，该墙体底部 1m 范围的材质为“混凝土”，厚度为 300mm；上部材质为“混凝土砌块”，厚度为 225mm。

下部混凝土材质、上部砌块材料墙

图 2.19　叠层墙

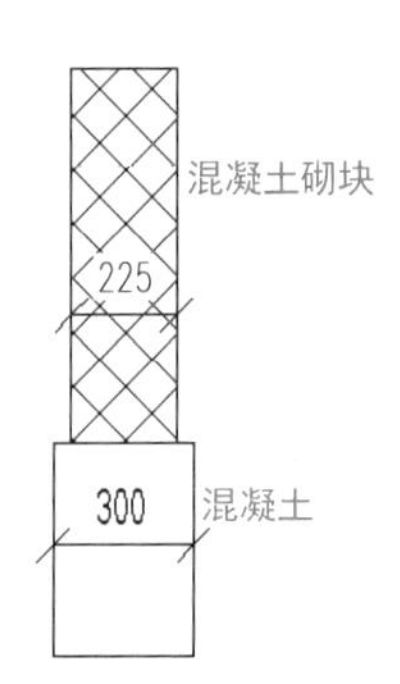

图 2.20　复合墙

工作思路：该墙体上下、两部分厚度不同，因此为叠层墙：厚度为 300mm 的混凝土墙与厚度为 225mm 的混凝土砌块墙的叠层。

工作步骤

1. 类型新建

新建一个 Revit 项目文件，进入标高 1 楼层平面视图。

单击“建筑”选项卡“构建”面板“墙：建筑”命令，或执行“WA”快捷命令。

在“属性”面板选择“叠层墙”中的“外部 - 砌块勒脚砖墙”（图 2.21），在“属性”面板单击“编辑类型”，进入“类型属性”对话框，单击“复制”，复制出“下部混凝土上部砌块墙”新类型。

2. 叠层设置

单击“结构”右侧的“编辑”，进入“编辑部件”对话框；

按照图 2.22 所示，打开左下方的“预览”，将“视图”改为“剖面：修改类型属性”；分别修改上部墙体为“常规－225mm 砌体”、“高度”为“可变”、下部墙体为“挡土墙－300mm 混凝土”、“高度”为“1000.0”。单击“确定”，关闭所有对话框。

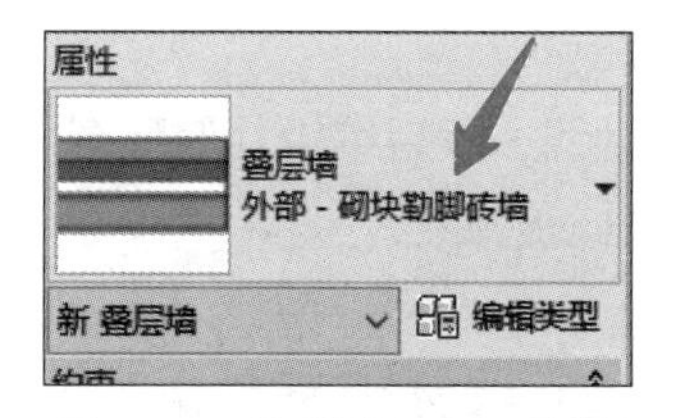

图 2.21　选择“外部—砌块勒脚砖墙”类型

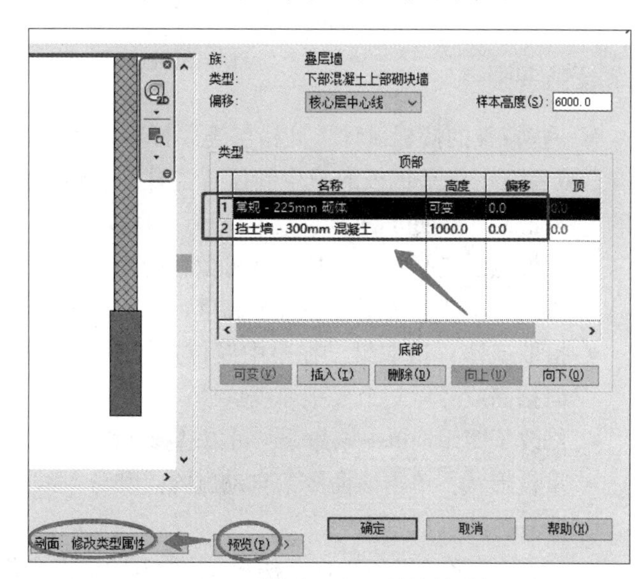

图 2.22　“指定层”后的墙体结构

3. 墙体绘制

在绘图区域单击墙体起点和终点，创建叠层墙。也可选择已经创建完成的墙体，将其类型改为“下部混凝土上部砌块墙”。

完成的项目文件见“任务 2.3/ 下部混凝土上部砌块墙完成 .rvt”。

习题与能力提升

创建一面叠层墙，该叠层墙下部 500mm 范围内为 300mm 厚混凝土墙，上部为 190mm 砌块墙，墙体高 3m、长 5m。

任务 2.3 习题讲解

任务 2.4　完成楼板的形状编辑——错层楼板、汇水设计

任务目标

（1）掌握楼板“形状编辑”中的“修改子图元”命令的使用；

（2）掌握楼板“形状编辑”中的“添加点”“添加分割线”命令的使用。

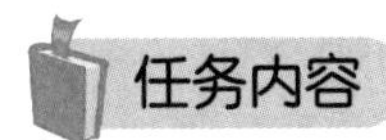

任务内容

序号	任务分解	任务驱动
1	创建错层楼板	（1）使用参照平面命令，确定楼板的错层位置； （2）在错层位置“添加分割线”，设置错层高程值
2	创建卫生间的汇水点	（1）选择卫生间平楼板，绘制 4 条短分割线为汇水位置； （2）设置分割线高程值为“-15”，完成“形状编辑”操作； （3）设置楼板的结构层厚度为“可变”，使楼板结构层下表面保持水平

任务实施

有一些特殊的楼板设计（如错层连廊楼板，需要在一块楼板中实现平楼板和斜楼板的组合，或者在一块平楼板的卫生间位置实现汇水设计等），可以用楼板“形状编辑”面板中的“添加点”“添加分割线”“拾取支座”“修改子图元”“重设形状”等命令实现。

- 添加点：给平楼板添加高度可偏移的高程点。
- 添加分割线：给平楼板添加高度可偏移的分割线。
- 拾取支座：拾取梁，在梁中线位置给平楼板添加分割线，且自动将分割线向梁方向抬高或降低一个楼板厚度。
- 修改子图元：单击该命令，可以选择前面添加的点、分割线，然后编辑其偏移高度。
- 重设形状：单击该命令，自动删除点和分割线，恢复平楼板原状。

1. 错层楼板

任务描述：将“任务 2.4/ 平楼板 .rvt”中的楼板优化为图 2.23 中的错层楼板。

错层楼板、汇水设计

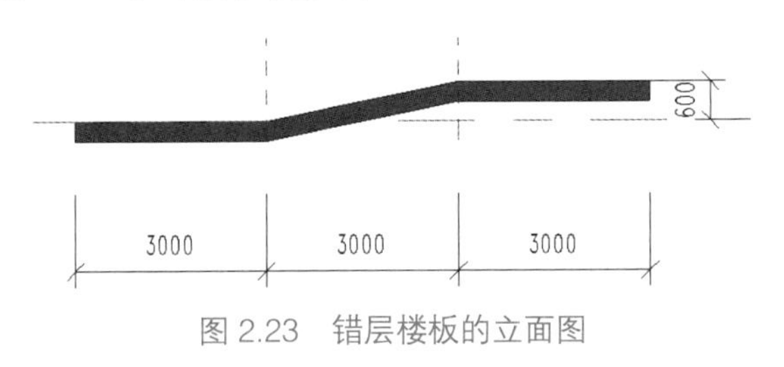

图 2.23　错层楼板的立面图

工作思路：绘制参照平面，确定楼板起伏的位置，在绘图区域选择楼板，修改楼板上升位置界点的“相对高度”为 600。

工作步骤

1）绘制“参照平面”找到错层的起始位置

打开“任务 2.4/ 平楼板 .rvt”，进入标高 1 楼层平面视图。

单击“建筑”选项卡“工作平面”面板中的“参照平面”命令，按照图 2.24 所示在楼板中间大致位置创建两个参照平面，按 Esc 键两次退出参照平面创建命令。

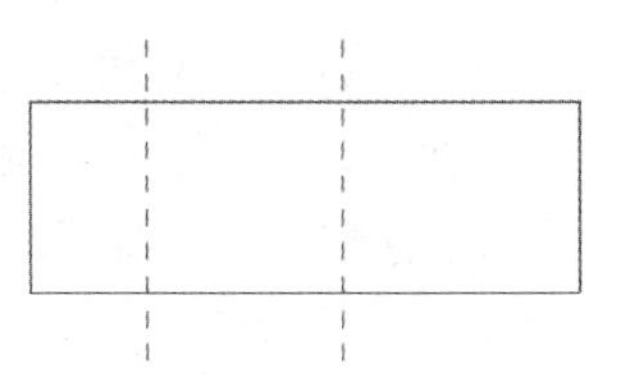

图 2.24　创建两个参照平面

如图 2.25 所示，选择左侧参照平面，会出现蓝色的临时尺寸线，拖曳右侧临时尺寸线至楼板的左边缘线处，松开鼠标；如图 2.26 所示，单击临时尺寸，修改为“3000”，按 Enter 键。

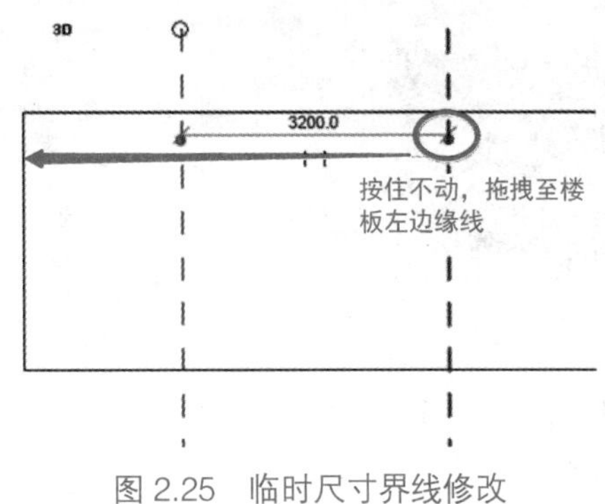

图 2.25　临时尺寸界线修改

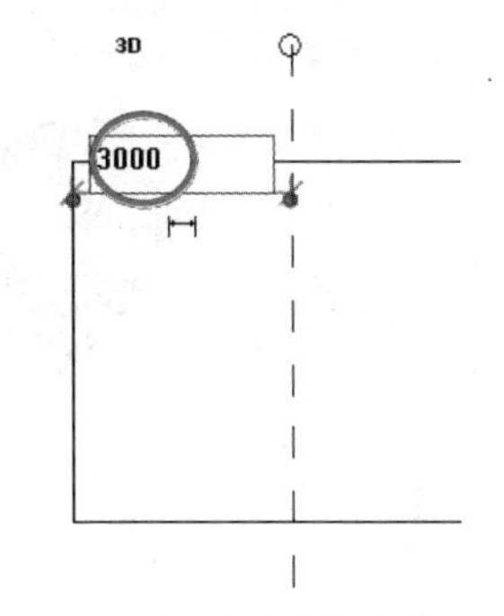

图 2.26　临时尺寸修改为 3000

同理，单击右侧参照平面，修改临时尺寸线，使之距离楼板的右边缘线为“3000”。

2）在错层位置“添加分割线”

在绘图区域选择该楼板，单击“修改 | 楼板”选项卡下“形状编辑”面板中的“添加分割线”命令，楼板四周边线变为绿色虚线，角点处有绿色高程点，如图 2.27 所示。

把光标移动到矩形内部，按照参照平面的位置绘制两条分割线，分割线为四色虚线显示（图 2.28）。

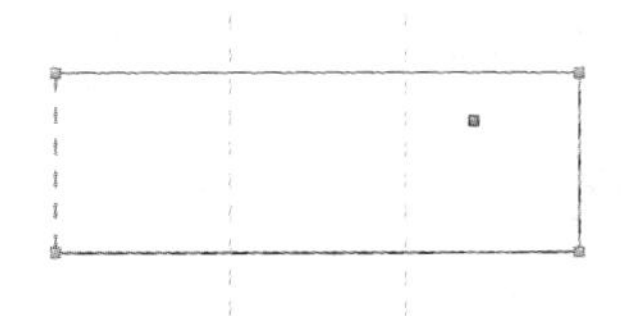

图 2.27　单击“添加分割线”后的楼板

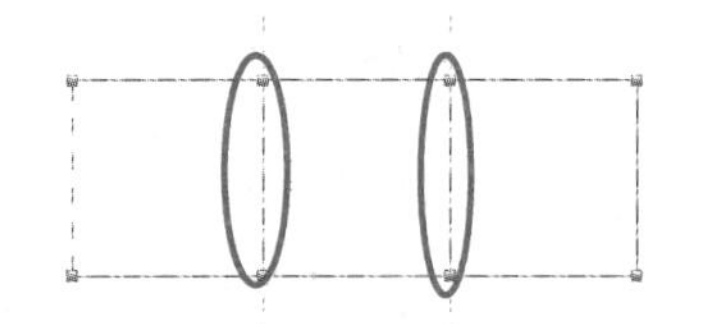

图 2.28　绘制分割线

3）修改高程

单击上下文选项卡“形状编辑”面板中的“修改子图元”命令，自左上到右下框选图 2.29 中的右侧小矩形，在选项栏中将“立面”的参数值设置为“600”（这一步操作使框选的四个角点抬高 600mm，如图 2.30 所示）。按 Esc 键结束命令。

完成的项目文件见“任务 2.4/ 错层楼板完成 .rvt”。

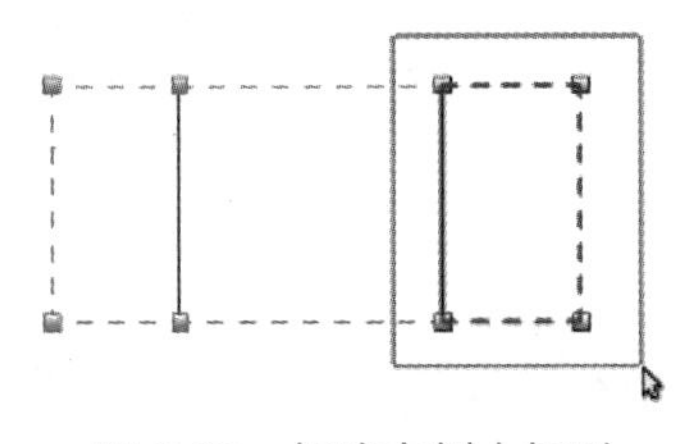

图 2.29　框选右侧小矩形

图 2.30　修改高程

2. 平楼板汇水设计

卫生间平楼板汇水设计方法同上，不同之处在于要在卫生间边界和地漏边界上分别添加几条分割线，并设置其相对高度，同时要设置楼板构造层，保证楼板底部保持水平。案例如下。

任务描述：按照图 2.31 所示，在卫生间楼板创建汇水点，该汇水点较卫生间地面低 15mm。

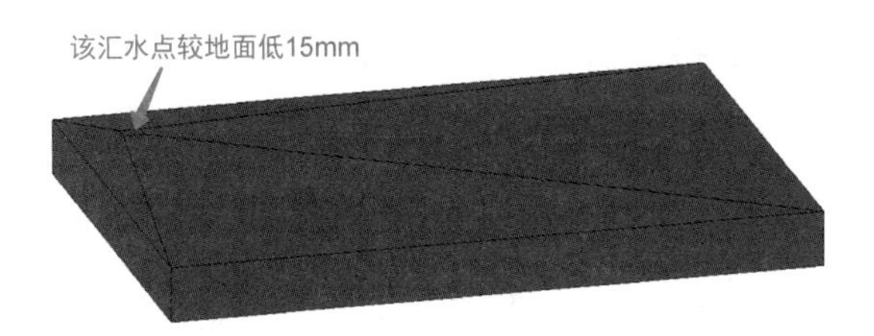

图 2.31 卫生间汇水设计

工作思路：如何在平楼板上创建不同标高的点或线？选择该楼板，使用楼板的“形状编辑”命令即可。

工作步骤

1）绘图准备

新建一个 Revit 项目文件，进入标高 1 楼层平面视图。

绘制一个厚度为 200mm 的卫生间楼板。

2）添加分割线

绘图区域选择该楼板，单击“修改 | 楼板”上下文选项卡下“形状编辑”面板中的“添加分割线”命令，楼板四周边线变为绿色虚线，角点处有绿色高程点，如图 2.32 所示。

按照图 2.33 在卫生间内绘制 4 条短分割线（即地漏边界线），分割线为蓝色显示。

3）设置分割线高程

单击功能区“修改子图元”命令，选中 4 条短分割线，在选项栏中将“立面”的参数值设置为“-15”（该操作能够将地漏边线降低 15mm）。

此时，“回”字形分割线角角相连，出现 4 条灰色的连接线，如图 2.34 所示。

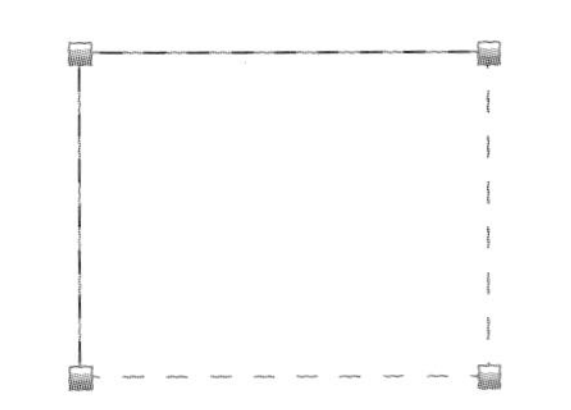

图 2.32 选择“添加分割线”命令后楼板的显示

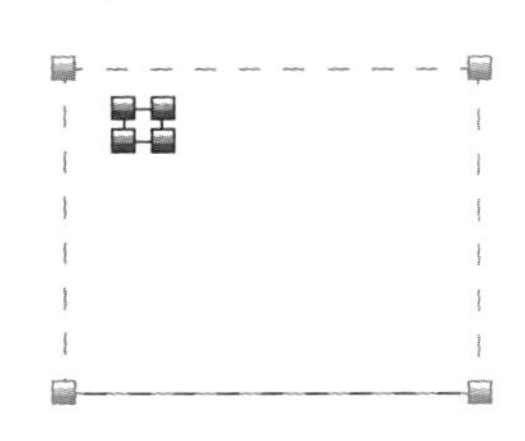

图 2.33 绘制分割线

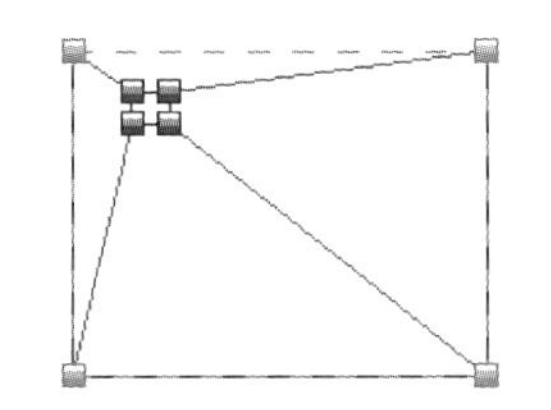

图 2.34 选择分割线、设置“立面”参数值后的效果

4）完成“形状编辑”操作

按 Esc 键结束命令，完成“形状编辑”操作。

5）构造层厚度的“可变性”操作

单击“视图”选项卡“创建”面板中“剖面”命令（图 2.35），按图 2.36 所示设置剖断线。

图 2.35　剖面命令

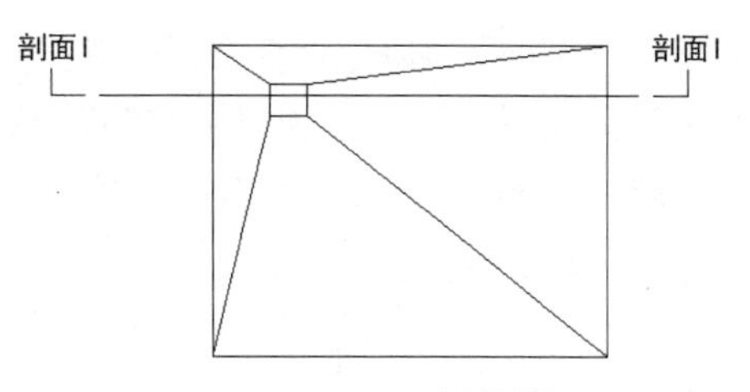

图 2.36　设置剖断线

展开“项目浏览器”面板中的“剖面”，双击打开刚生成的剖面。从剖面图中，可发现楼板的结构层和面层都向下偏移了 15mm（图 2.37）。

在绘图区域选择该楼板，在“属性”面板中单击“编辑类型”命令，打开“类型属性”对话框。单击“结构”参数后的“编辑”按钮，打开“编楫部件”对话框，勾选“结构 [1]”后面的“可变”（图 2.38），单击“确定”，关闭所有对话框。

图 2.37　楼板结构层下移 15mm

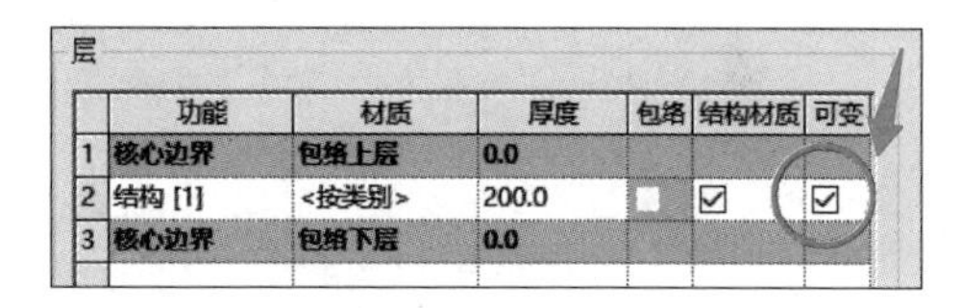

层

	功能	材质	厚度	包络	结构材质	可变
1	核心边界	包络上层	0.0			
2	结构 [1]	<按类别>	200.0	☐	☑	☑
3	核心边界	包络下层	0.0			

图 2.38　“可变”操作

这一步使楼板结构层下表面保持水平，仅上表面地漏处降低了 15mm，如图 2.39 所示。

图 2.39　楼板结构层下表面保持水平

完成的项目文件见“任务 2.4/ 平楼板汇水设计完成 .rvt”。

任务 2.5　创建天花板——立体多层次天花板

任务目标

（1）掌握平天花板的创建方法；

（2）掌握斜天花板的创建方法。

任务内容

序号	任务分解	任务驱动
1	创建平天花板	（1）在天花板平面视图中，用“天花板”命令设置天花板高度、类型； （2）在绘图区域绘制天花板的边界，创建平天花板
2	创建斜天花板	在创建天花板中，使用“坡度箭头”命令绘制坡度，创建斜天花板

任务实施

任务描述：创建如图 2.40 所示的立体多层次天花板。

工作思路：该天花板包括三部分：位于底部的平天花板，位于顶部的平天花板，中间四周的倾斜天花板。其中，创建底部和顶部天花板的方式是使用“天花板”命令，设置天花板的高度进行创建；创建中间四周的倾斜天花板的方式是在创建天花板的过程中，使用“坡度箭头”命令进行创建。

工作步骤

立体多层次天花板

1. 绘图准备

新建一个 Revit 项目文件，进入标高 1 楼层平面视图。

创建一面长 8m、宽 6m、高 3.3m 的墙体。

2. 进入“天花板平面”视图

双击项目浏览器中“天花板平面”中的“标高 1”（图 2.41），进入“标高 1”的天花板平面视图中。

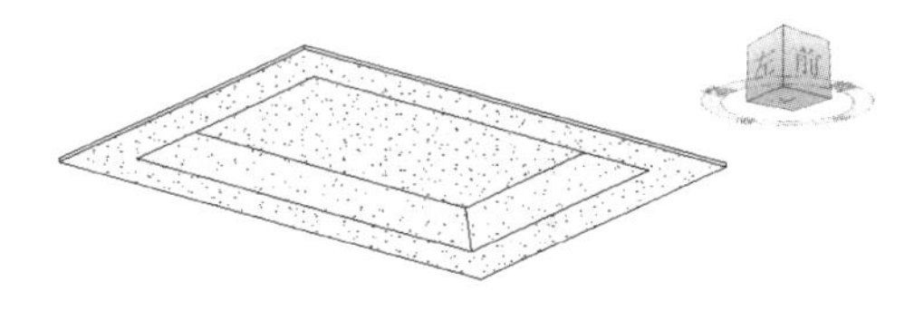

图 2.40　立体多层次天花板

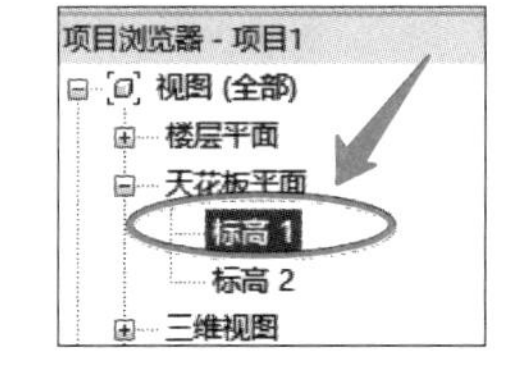

图 2.41　“天花板平面”视图

说明

“天花板平面”视图与“楼层平面”视图的主要区别是“视图范围”不同。单击“属性”面板“视图范围”右侧的“编辑”按钮，会分别看到“天花板平面”视图剖切位置在“2300.0”处、“顶部”为上层标高（图 2.42），“楼层平面”视图剖切位置在“1200.0”处、“顶部”位于本层标高“2300.0”处（图 2.43）。

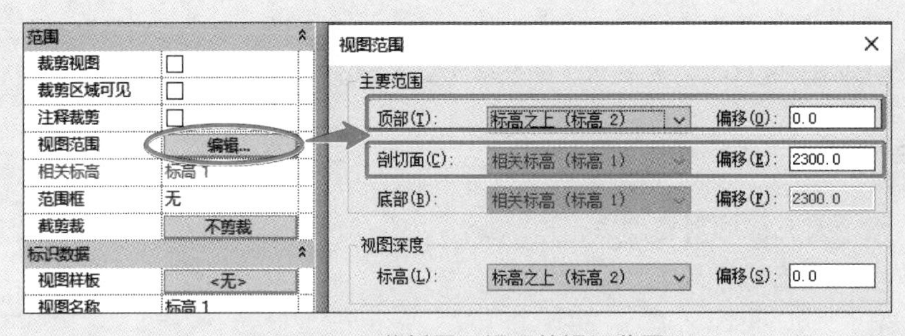

图 2.42　天花板平面视图的视图范围

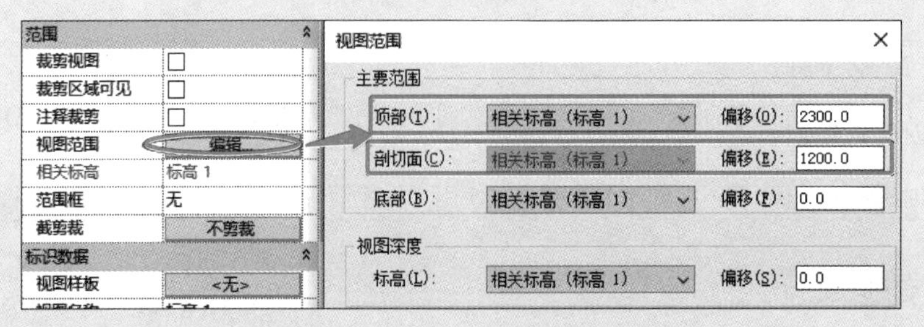

图 2.43　楼层平面视图的视图范围

3. 创建位于底部的平天花板

单击“建筑”选项卡“构建”面板“天花板”命令（图 2.44），在上下文选项卡中选择“绘制天花板”，确保“属性”面板“自标高的高度偏移”为“2600.0”，在绘图区域绘制如图 2.45 所示的两个边界线，单击“完成编辑模式”，生成第一块天花板。

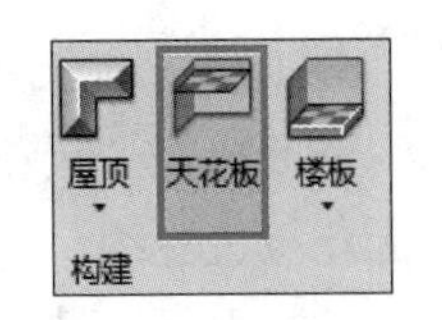

图 2.44　“天花板”命令

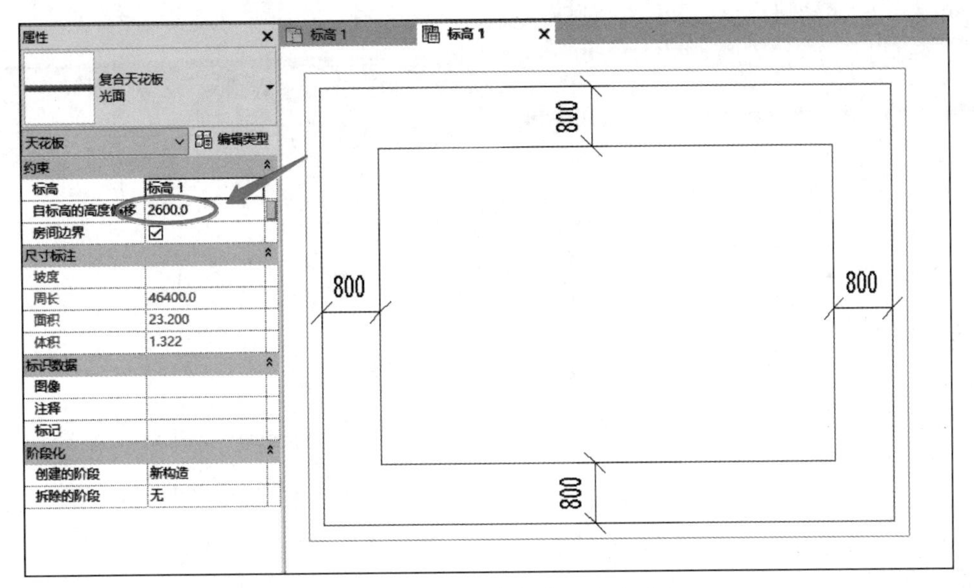

图 2.45　第一块天花板的两个边界线

4. 创建位于顶部的平天花板

继续执行“天花板”命令，选择“绘制天花板”命令，将“属性”面板“自标高的高度偏移”设置为“3000.0”，在绘图区域中绘制如图 2.46 所示的边界线，单击“完成编辑模式”，生成第二块天花板。

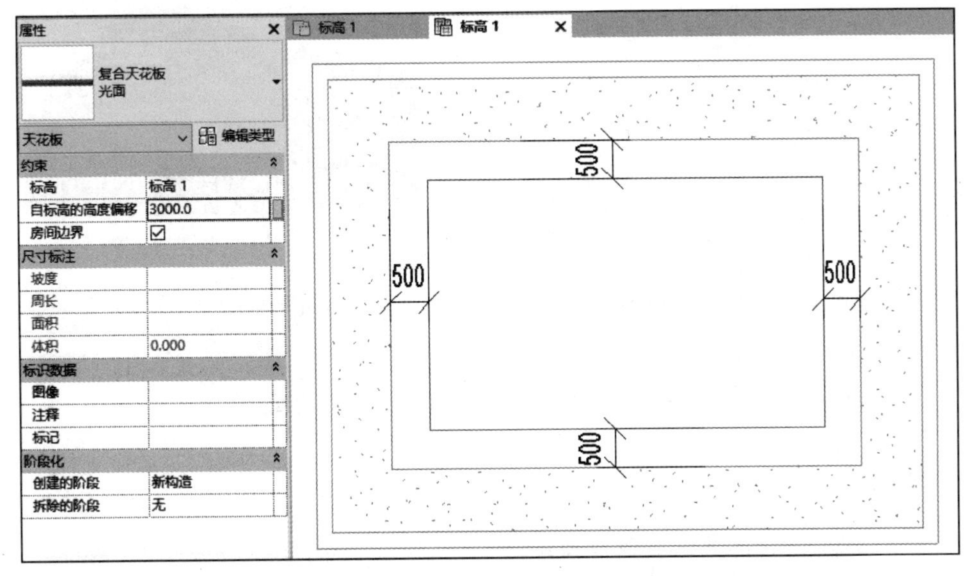

图 2.46　第二块天花板的边界线

5. 创建底部天花板、顶部天花板中间的斜天花板

继续执行“天花板”命令，选择“绘制天花板”命令，在绘图区域中绘制如图 2.47 所示天花板边界线。

选择上下文选项卡“坡度箭头”命令，在天花板上绘制坡度方向。绘制完成后，选择该坡度箭头，在“属性”面板中设置箭头的“尾高度偏移”为“−400.0”，如图 2.48 所示。

单击“完成编辑模式”，生成倾斜天花板。

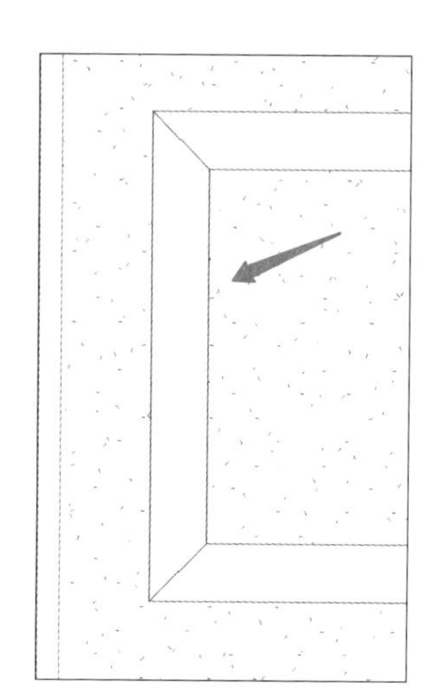

图 2.47　倾斜天花板的边界线

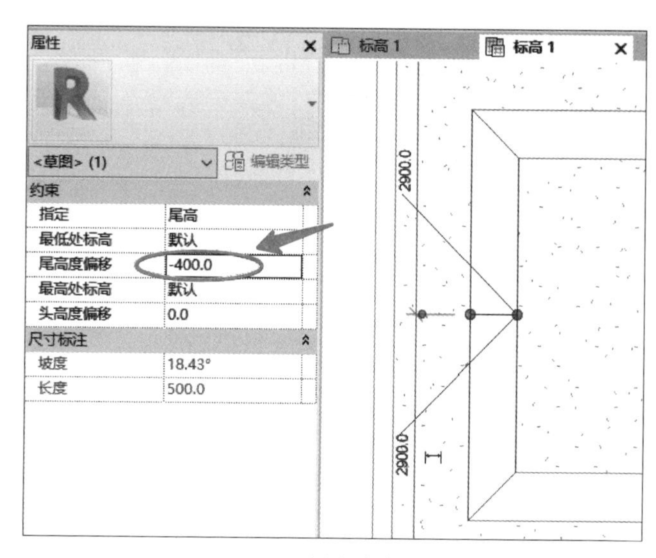

图 2.48 创建坡度箭头

同理，创建其余三块倾斜天花板。

创建完成的天花板平面图见图 2.49，三维视图见图 2.50。

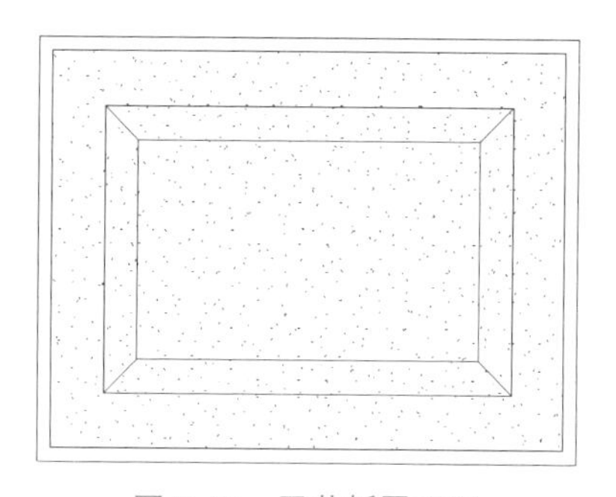

图 2.49　天花板平面图

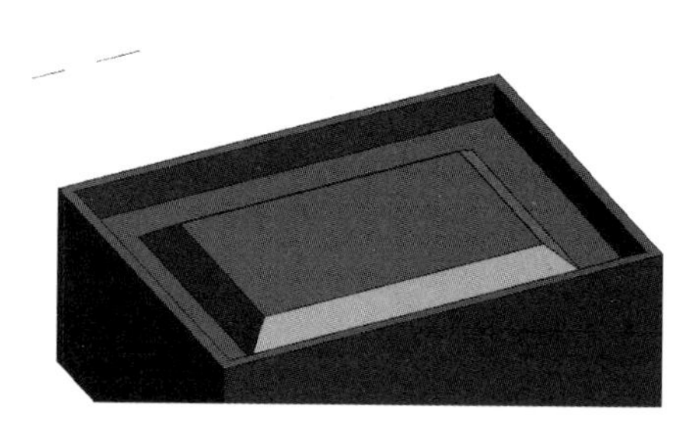

图 2.50　天花板三维视图

完成的项目文件见“任务 2.5/ 立体多层次天花板完成 .rvt”。

任务 2.6　创建玻璃斜窗屋顶——木格栅天花装饰造型

任务目标

（1）掌握玻璃斜窗类型屋顶的创建和编辑方法；

（2）掌握木格栅天花装饰造型的创建方法。

任务内容

序号	任务分解	任务驱动
1	创建和编辑玻璃斜窗类型屋顶	(1) 单击屋顶命令，类型选择“玻璃斜窗”，创建玻璃斜窗屋顶； (2) 在绘图区域选择玻璃斜窗，用幕墙网格、竖梃等命令编辑
2	创建木格栅天花装饰造型	(1) 用“玻璃斜窗”类型创建玻璃斜窗屋顶； (2) 在类型属性中，按照木格栅类型设置竖梃，将嵌板设为“无”，以创建木格栅天花造型

任务实施

可以使用屋顶中的“玻璃斜窗”类型创建类似玻璃幕墙的屋顶。

木格栅天花装饰造型

1. 创建玻璃斜窗

方法一：执行“迹线屋顶”或“拉伸屋顶”命令，在“属性”面板选择“玻璃斜窗”类型进行创建。

方法二：选择屋顶，在类型选择器中选择“玻璃斜窗”。

可以在玻璃斜窗的幕墙嵌板上放置幕墙网格（图 2.51），按 Tab 键可在水平和垂直网格之间切换。

2. 编辑玻璃斜窗

玻璃斜窗同时具有屋顶和幕墙的功能，因此也可以用屋顶和幕墙的编辑方法编辑玻璃斜窗。

玻璃斜窗本质上是迹线屋顶的一种类型，因此选择玻璃斜窗后，上下文选项卡显示“修改 | 屋顶”，可以用图元属性、类型选择器、编辑迹线、移动复制镜像等命令编辑，并可以将墙等附着到玻璃斜窗下方。

同时，玻璃斜窗可以用幕墙网格、竖梃等命令编辑，并且当选择玻璃斜窗后，会出现“配置轴网布局”符号（图 2.51），单击即可显示各项设置参数。

可以使用“玻璃斜窗”创建木格栅天花造型，该造型在地下步行街、广场、地铁等很多地方的天花板设计中较为常见。案例如下。

任务描述：创建如图 2.52 所示的木格栅天花装饰造型。

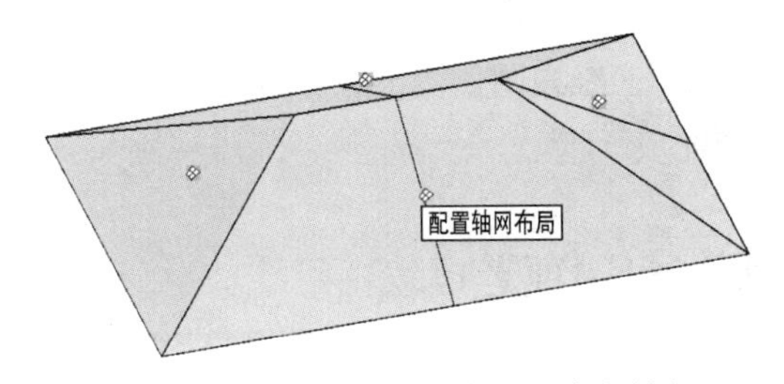

图 2.51　带有竖梃和网格线的玻璃斜窗

图 2.52　木格栅天花装饰造型

工作思路：将该木格栅天花的格栅视为幕墙的“竖梃”，因为是水平放置，所以不能用“幕墙”命令创建，只能用“屋顶”命令创建，类型选择“玻璃斜窗”。

工作步骤

1. 木格栅天花的设置

新建一个 Revit 项目文件，进入标高 1 楼层平面视图。

单击“建筑”选项卡“构建”面板“屋顶”中的“迹线屋顶”命令。

在“属性”面板选择“玻璃斜窗”类型，单击“属性”面板的“编辑类型”选项，复制出“木格栅天花”类型，将“幕墙嵌板”设置为“空系统嵌板：空”，其余参数按照设计要求进行设置，如图 2.53 所示。

单击“确定”，退出“类型属性”对话框。

2. 绘制木格栅天花边界线

根据设计要求，绘制木格栅天花的边界线，如图 2.54 所示。

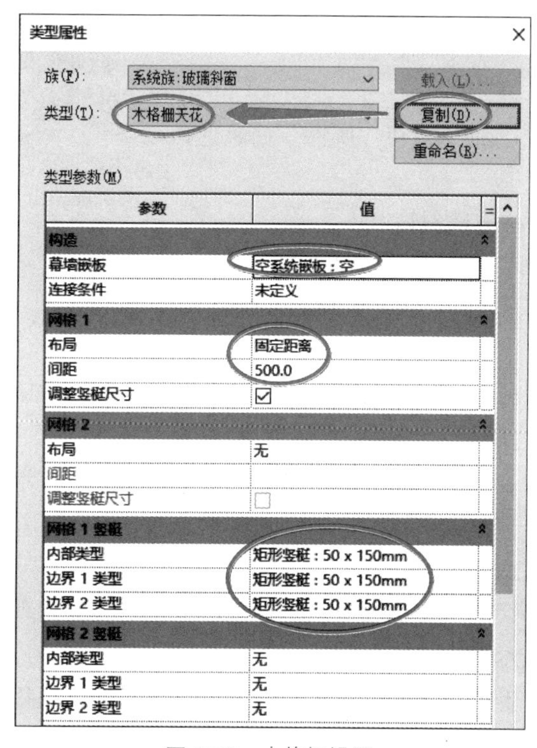

图 2.53 木格栅设置

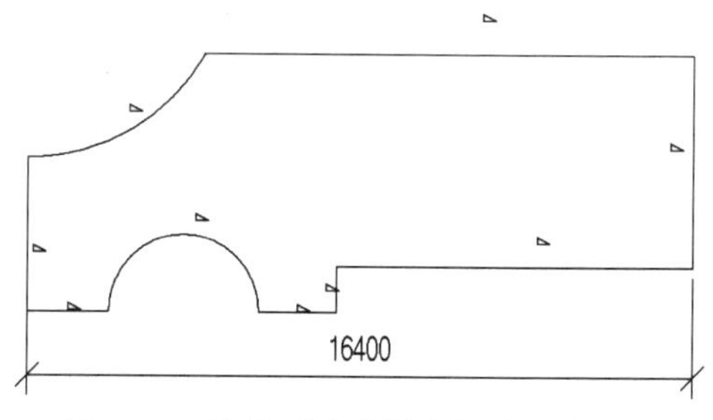

图 2.54 选择“玻璃斜窗”绘制边界线

选择边界线，取消“定义坡度箭头”的勾选。

单击“完成编辑模式”，完成木格栅天花的创建。三维视图如图 2.52 所示。

创建完成的项目文件见“任务 2.6/ 木格栅天花完成 .rvt”。

任务 2.7 创建老虎窗——单屋顶老虎窗与双屋顶老虎窗

任务目标

（1）掌握单屋顶老虎窗的创建方法；

（2）掌握双屋顶老虎窗的创建方法。

任务内容

序号	任务分解	任务驱动
1	创建单屋顶老虎窗	（1）使用参照平面确定老虎窗范围； （2）设置老虎窗的起坡位置和坡度
2	创建双屋顶老虎窗	（1）使用“连接 / 取消连接屋顶”命令； （2）使用“模型线”命令绘制老虎窗在屋顶上的开洞范围； （3）使用“洞口”面板中的“老虎窗”命令进行开洞

任务实施

任务描述：创建如图 2.55 所示的单屋顶老虎窗与双屋顶老虎窗。

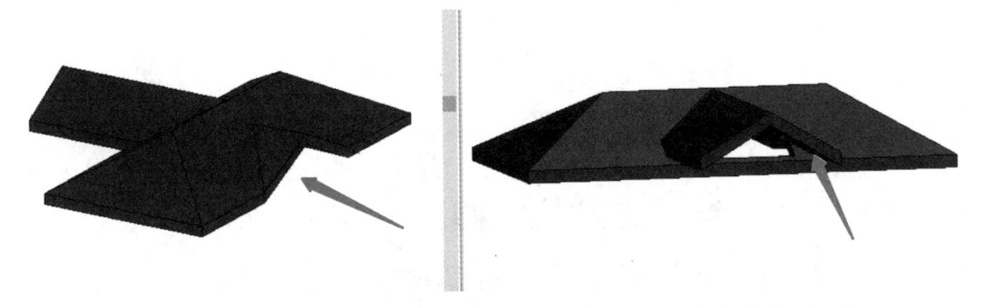

图 2.55 单屋顶老虎窗（左侧图）与双屋顶老虎窗（右侧图）

工作思路：可以使用坡度箭头创建单屋顶老虎窗。使用“连接 / 取消连接屋顶”命令连接两个屋顶，用“模型线”绘制出老虎窗轮廓，再使用“老虎窗”命令进行屋顶开洞，创建双屋顶老虎窗。

工作步骤

1. 单屋顶老虎窗

1）确定老虎窗范围

单屋顶老虎窗与双屋顶老虎窗

创建如图 2.56 所示的长 16m、宽 7.7m、坡度为 30° 的迹线屋顶。

在楼层平面视图中，选择该屋顶，单击“编辑迹线”进入草图模式。

按照图 2.57 所示的位置创建 3 个参照平面。

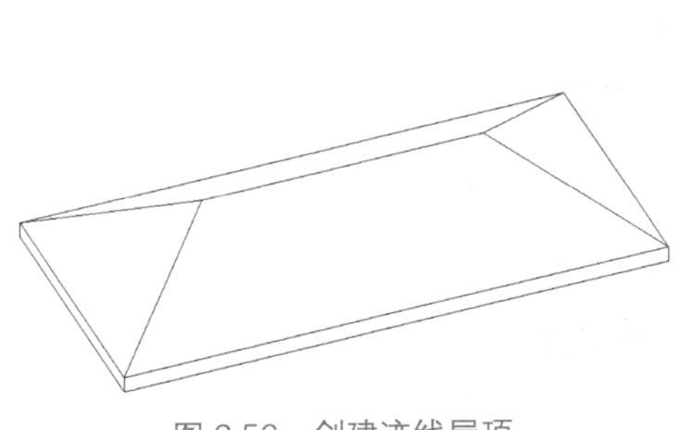

图 2.56 创建迹线屋顶

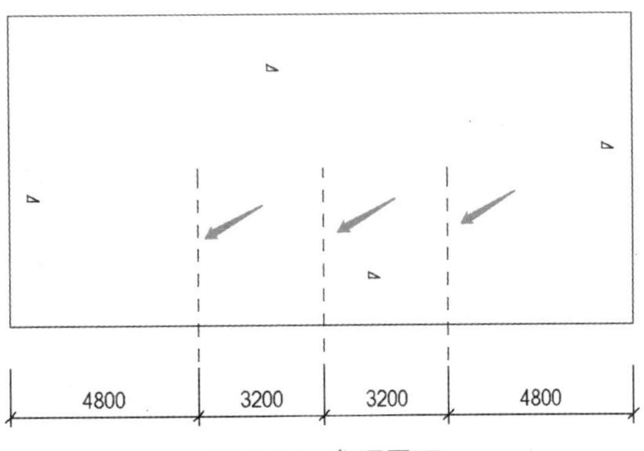

图 2.57 参照平面

单击上下文选项卡下“修改”面板中的“拆分图元”命令（图2.58），在图2.59所示的A点、B点处单击，将底部迹线拆分成三段。

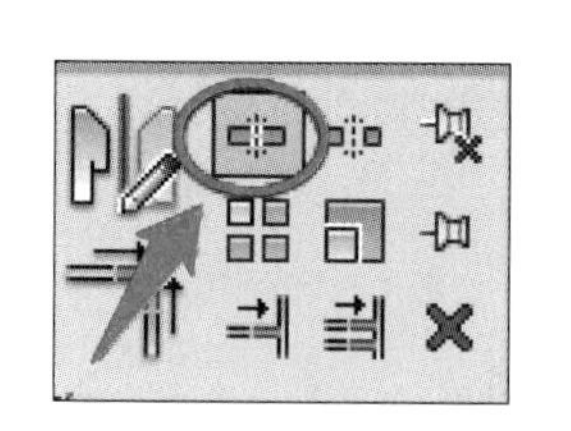

图2.58 “拆分图元”命令

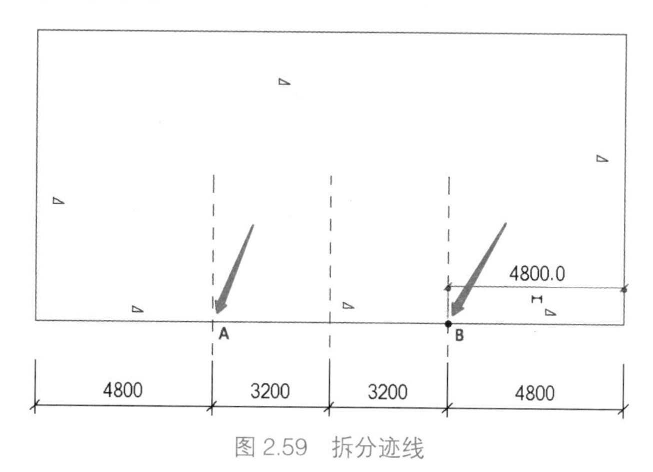

图2.59 拆分迹线

2）创建坡度

选择图2.59中的AB线段，取消其坡度。

单击“上下文”选项卡下“绘制”面板中的“坡度箭头”命令，在图2.60所示的位置绘制两个坡度箭头，并在“属性”选项板设置“头高度偏移值”为“1500.0”。

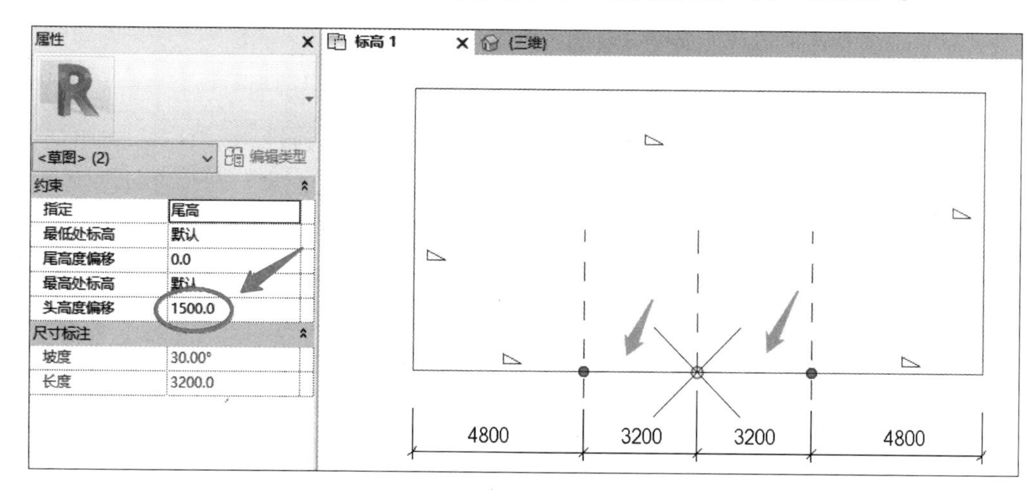

图2.60 两个坡度箭头及其属性

单击“完成编辑模式”，打开三维视图以查看效果（图2.61）。

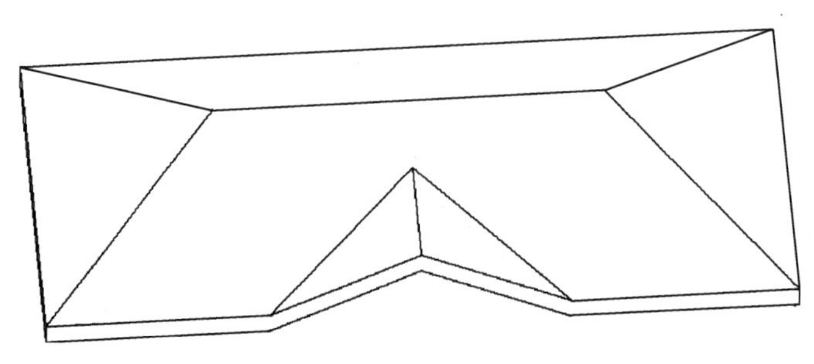

图2.61 老虎窗

2. 双屋顶老虎窗

1）屋顶连接

回到楼层平面视图，在图 2.62 所示位置绘制一个长 5200mm、坡度为 30° 的双屋顶，并设置底部偏移值为“700.0”。

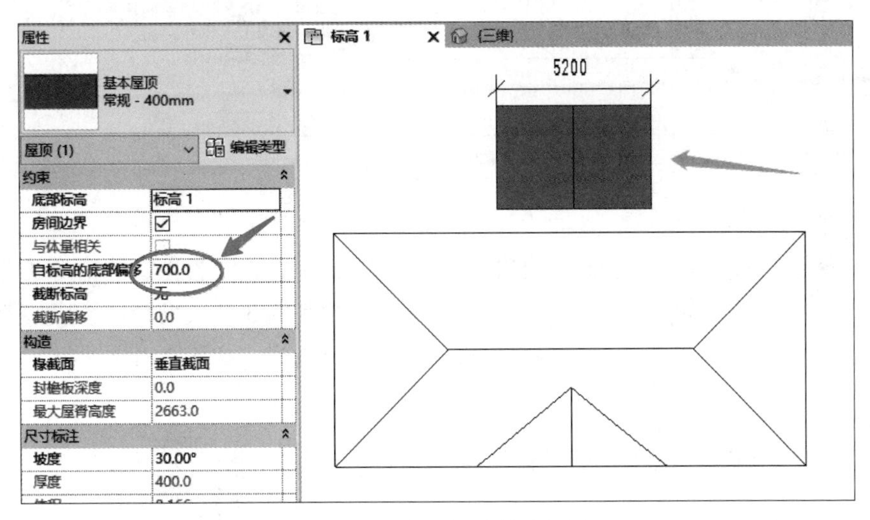

图 2.62　主屋顶上方的小屋顶

在三维视图中，单击“修改”选项卡“几何图形”面板中的“连接 / 取消连接屋顶”命令（图 2.63）。

按照图 2.64 所示，先单击小屋顶的边缘线，再单击主屋顶的边缘线，会将小屋顶连接到主屋顶。

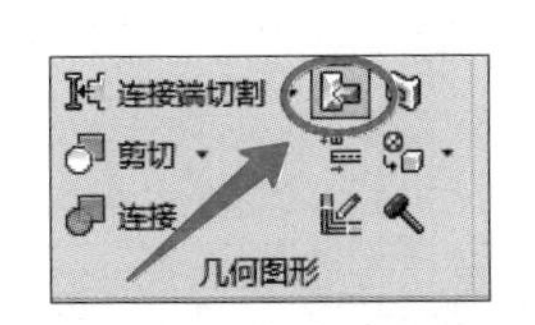

图 2.63　“连接 / 取消连接屋顶”命令

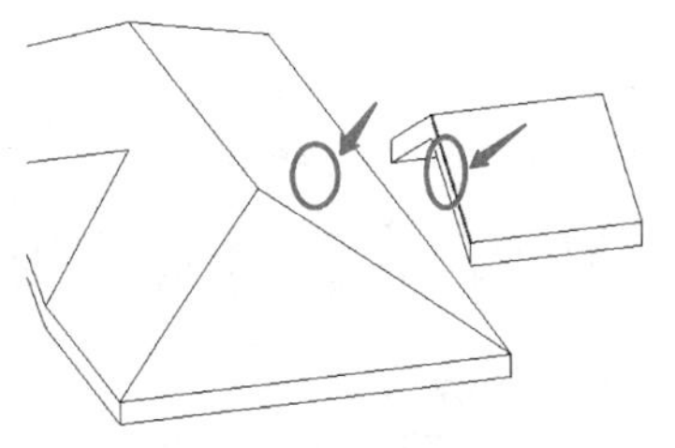

图 2.64　连接屋顶的操作

2）老虎窗边界确定

回到楼层平面视图中，将“视图样式”改为“线框”模式；单击“建筑”选项卡“模型”面板中“模型线”命令（图 2.65），在选项栏中选择“放置平面”为“拾取”（图 2.66），按照图 2.67 所示拾取一个工作平面，选择绘图区域的主屋顶；按照图 2.68 所示的位置绘制 3 条模型线，这 3 条模型线为老虎窗屋顶的开洞范围。

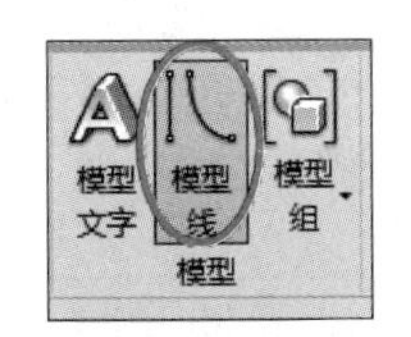

图 2.65　“模型线”命令

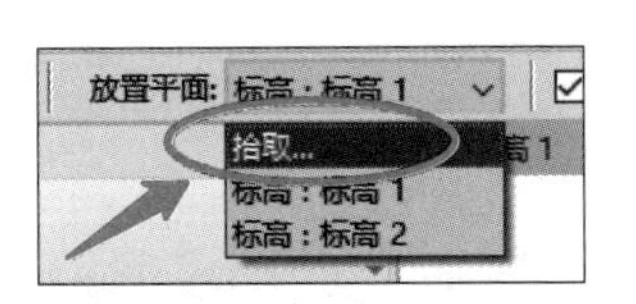

图 2.66　单击“拾取”

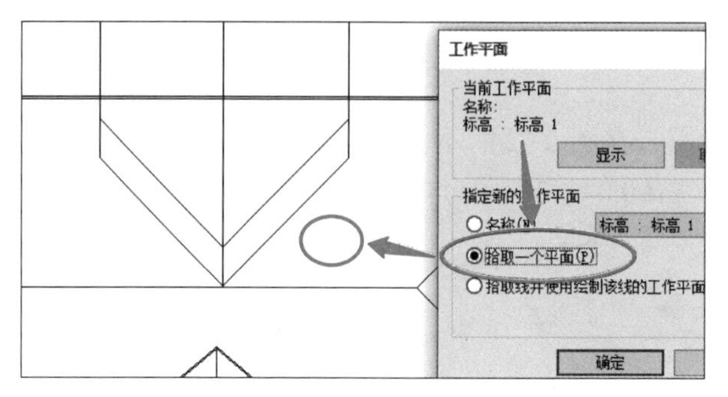

图 2.67　拾取屋面

3）老虎窗开洞

进入三维视图，单击“建筑”选项卡“洞口”面板中的“老虎窗”命令（图 2.69）。先单击主屋顶，进入编辑模式；再单击拾取小屋顶和绘制的 3 条模型线，形成如图 2.70 所示的老虎窗开洞范围，单击“完成编辑模式”命令完成创建，如图 2.71 所示。

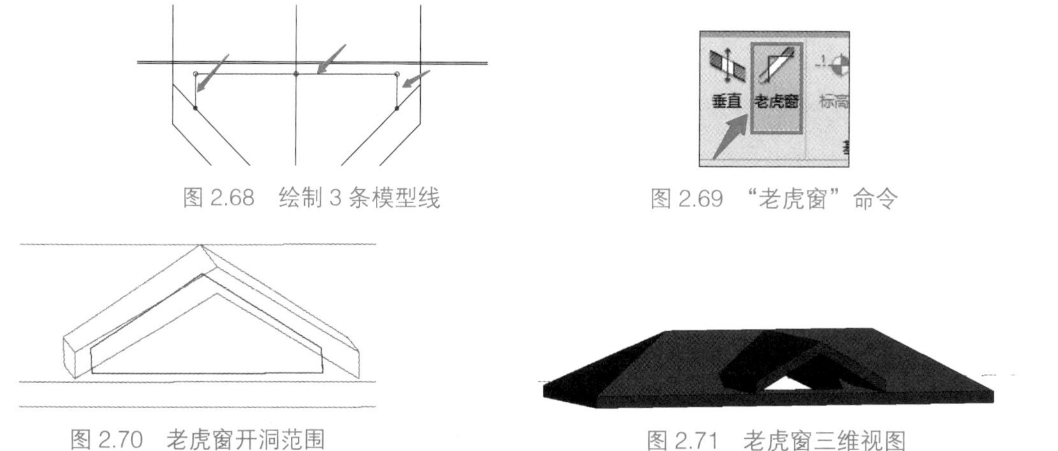

图 2.68　绘制 3 条模型线

图 2.69　“老虎窗”命令

图 2.70　老虎窗开洞范围

图 2.71　老虎窗三维视图

完成的项目文件见“任务 2.7/ 老虎窗屋顶完成 .rvt”。

习题与能力提升

按照图 2.72 创建老虎窗屋顶。

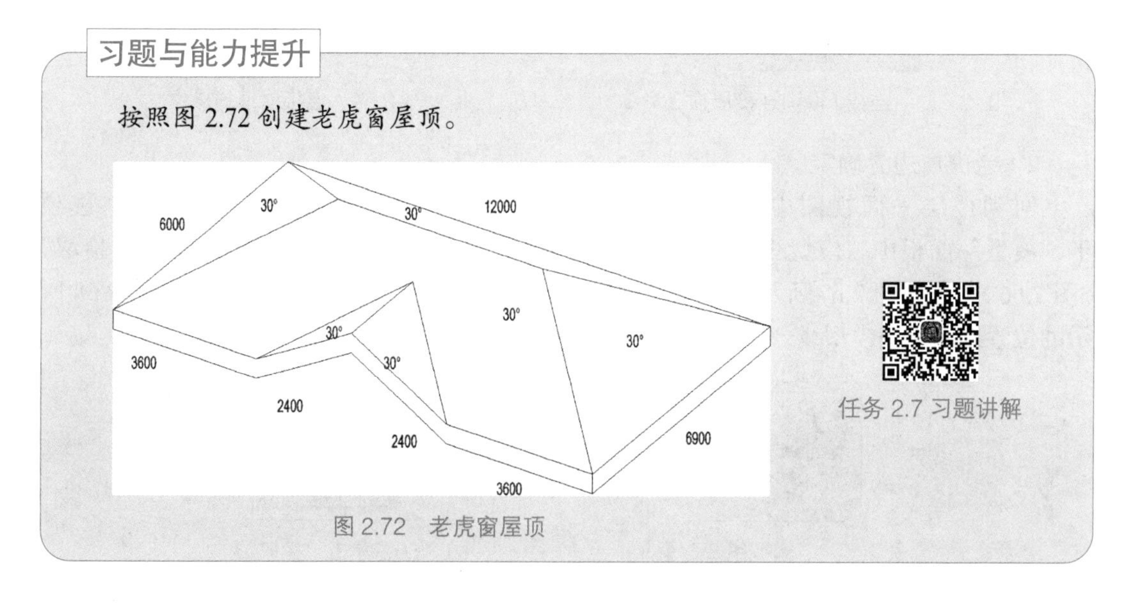

图 2.72　老虎窗屋顶

任务 2.8　自定义材质——创建自定义的瓷砖材质

任务目标

（1）掌握自定义材质“图形”的方法；
（2）掌握自定义材质“外观”的方法。

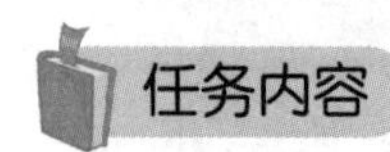

任务内容

序号	任务分解	任务驱动
1	自定义瓷砖材质的“图形”显示	在“图形”面板，“着色”采用“使用渲染外观”，设置“截面填充图案”的“前景”
2	自定义瓷砖材质的“外观”	（1）在“外观”面板中，用“纹理编辑器”设置样例尺寸、填充图案，“外观”设置中，设置颜色、凹凸； （2）返回“图形”面板，使用“纹理对齐”命令，调整填充图案和贴图直至对齐

任务实施

任务描述：按照图 2.73 所示创建瓷砖材质。该瓷砖在“着色”和“真实”下的分隔缝均为 100mm × 100mm，主颜色均为“RGB 189 135 117”，材质具有“凹凸”属性。

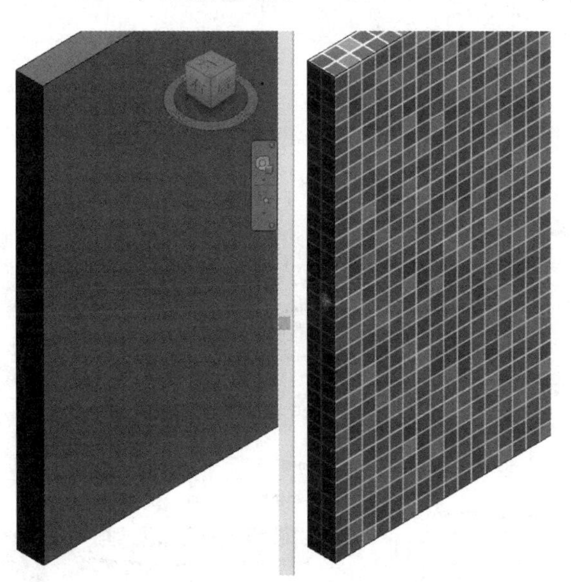

创建自定义的瓷砖材质

图 2.73　瓷砖材质在“着色”和“真实”下的显示

工作思路：新建名为“瓷砖”的材质，在“图形”面板中设置颜色和分隔缝，在“外观”面板设置填充图案、颜色变化、砖缝与凹凸等。

工作步骤

1. 新建名为“瓷砖”的材质

新建一个 Revit 项目文件，进入标高 1 楼层平面视图。

在“常规—200mm”墙体类型的基础上，复制出一个新类型，将其命名为“瓷砖墙”。使用该类型在绘图区域创建一面长 5m、高 3m 的墙。

在绘图区域选中该墙体，单击“编辑类型”，打开“类型属性”对话框，如图 2.74 所示，进入墙体“结构”中的“材质浏览器”。

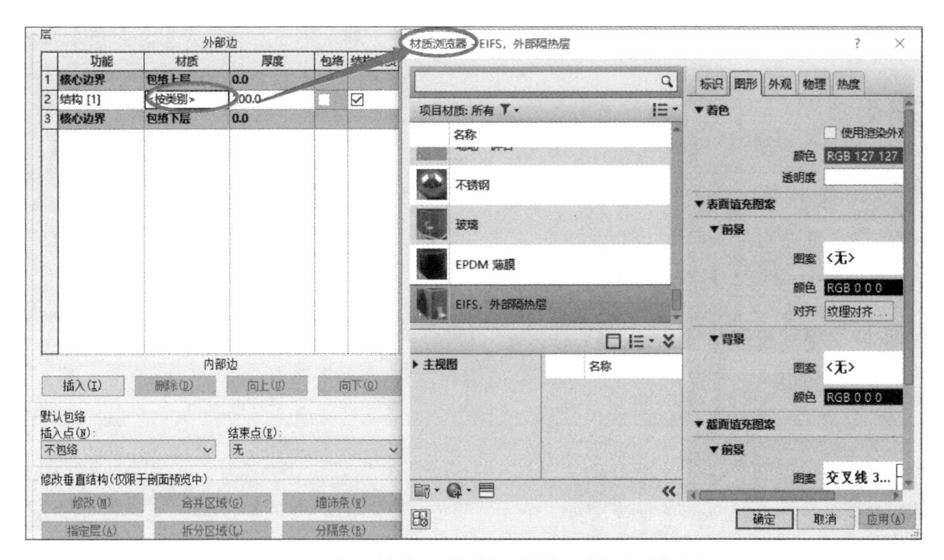

图 2.74 进入墙体“结构”中的“材质浏览器”

新建一个材质，将其命名为“瓷砖”。

2. 材质的“图形”设置

如图 2.75 所示，在“图形”面板中勾选“着色”下的“使用渲染外观”，修改墙体的“截面填充图案”的“前景”为“上对角线 - 1.5mm”“黑色”。

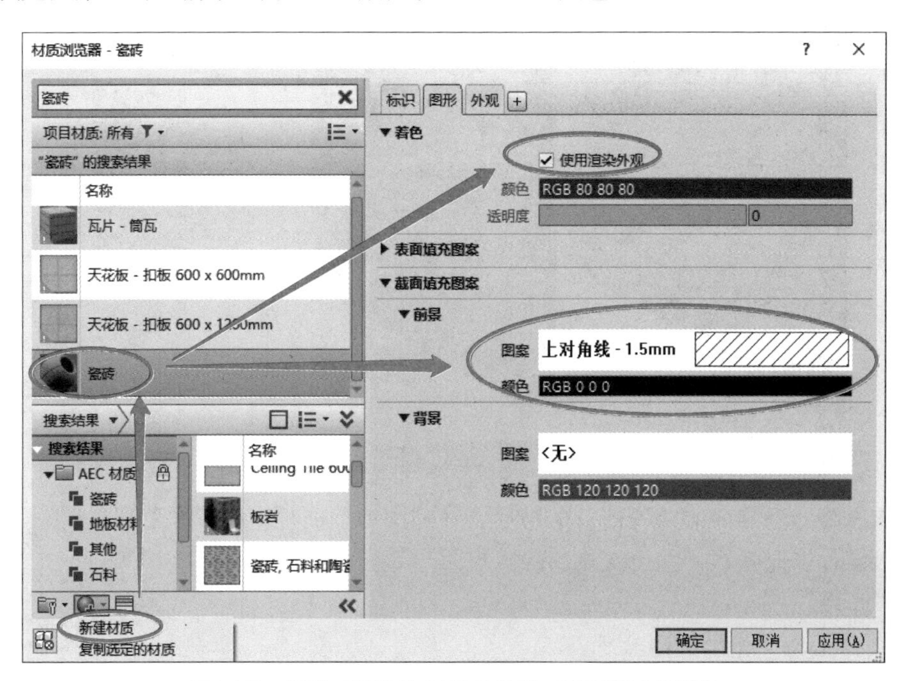

图 2.75 新建“瓷砖”材质并设置“截面填充图案”

如图 2.76 所示，单击“表面填充图案”→“前景”中的“图案”，在弹出的“填充样式”对话框中选择“模型”填充项，并单击“新建”按钮，在弹出的“添加表面填充图案”对话框中定义名称为“瓷砖填充”，选择“交叉填充”，设置“线角度”“线间距1”“线间距 2”分别为“0”“100”“100”，单击“确定”两次退出。

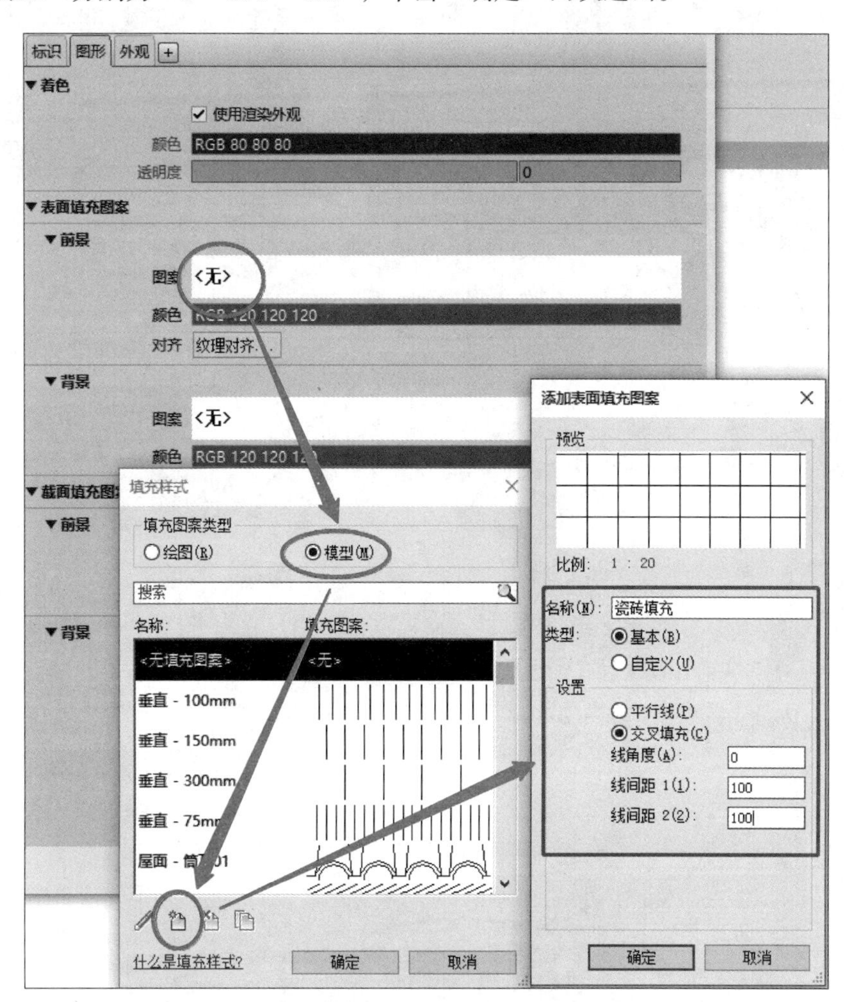

图 2.76 “表面填充图案”的设置

3. 材质的“外观”设置

单击“图形”右侧的“外观”，进入“外观”面板。该“外观”面板对应的是材质的渲染外观。

单击“常规”图像右侧的三角形按钮，选择“平铺”，在打开的“纹理编辑器”中按照图 2.77 所示进行设置。其中，分别设置“样例尺寸”为“1000.00”、“填充图案”中的“类型”为“叠层式砌法”、“瓷砖计数”为“10.00”，则每隔 100mm 为一块瓷砖。设置完成后，单击“完成”，退出纹理编辑器。

返回“外观”设置中，设置“常规”中的“颜色”与瓷砖外观颜色相同“RGB 189 135 117”，如图 2.78 所示。该参数设置完成后，因为“图形”的颜色是勾选“使用渲染外观”，所以“图形”的颜色会自动成为“RGB 189 135 117”。

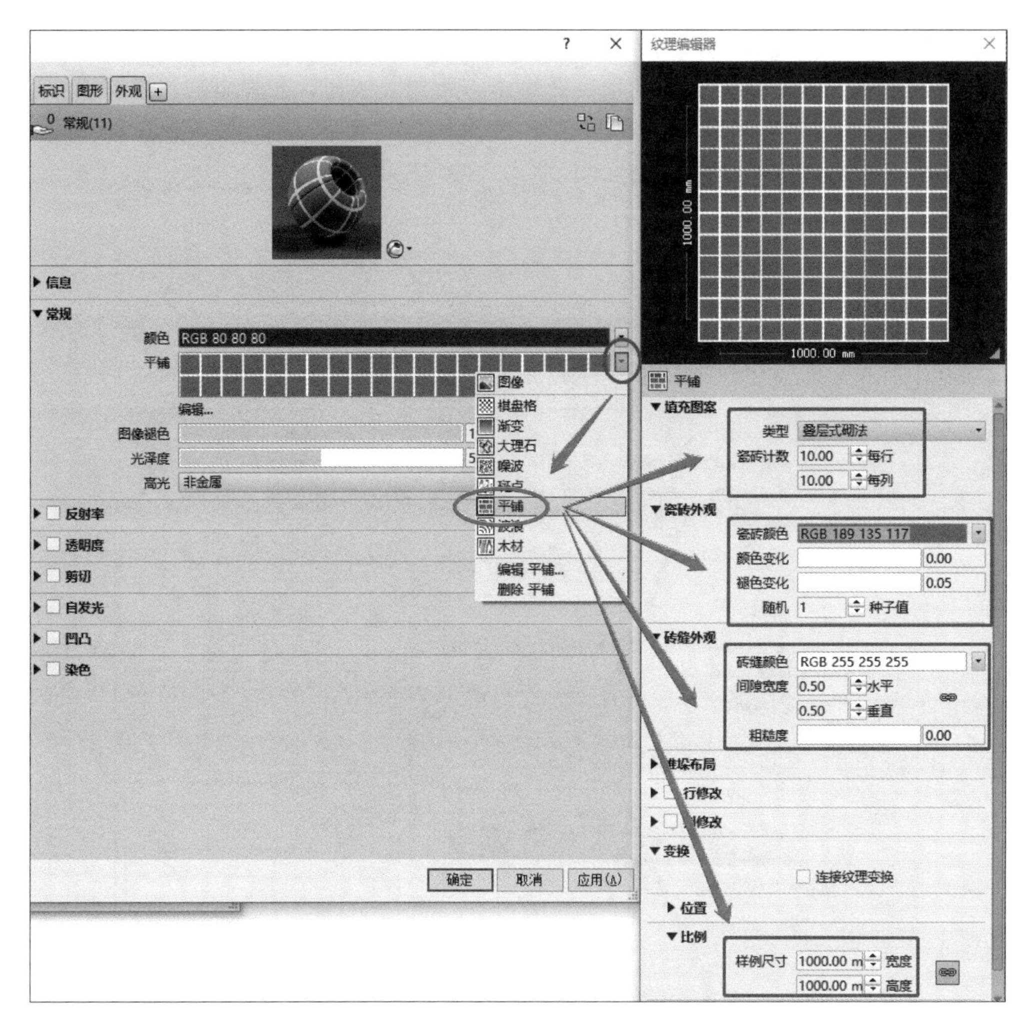

图 2.77 “常规”中的“图像”设置

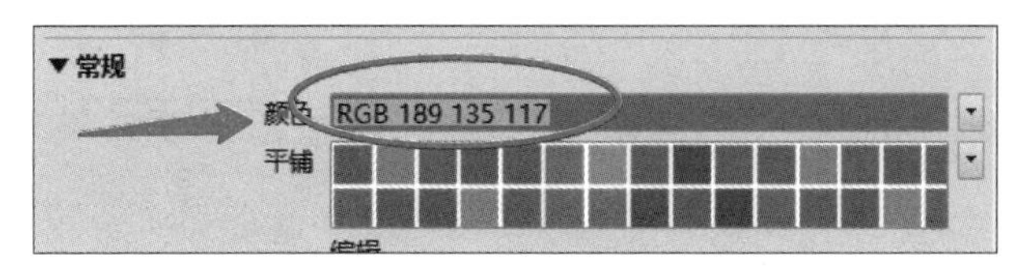

图 2.78 “外观”中的“颜色”设置

如图 2.79 所示，勾选“凹凸”，同样设置其图像为“平铺”，在“纹理编辑器”中修改平铺数据与贴图一致，并设置瓷砖外观为白色（凸）、砖缝外观为黑色（凹）。设置完成后，单击“完成”，确定凹凸纹理。

凹凸的深浅可以通过设置凹凸下方的“数量”来调节，如图 2.80 所示，本书采用默认数量。

4. “图形”设置与“外观”设置的匹配

返回“图形”面板，单击“表面填充图案”→“前景”中的“纹理对齐”命令，在对话框中调整填充图案和贴图，直至对齐，如图 2.81 所示。

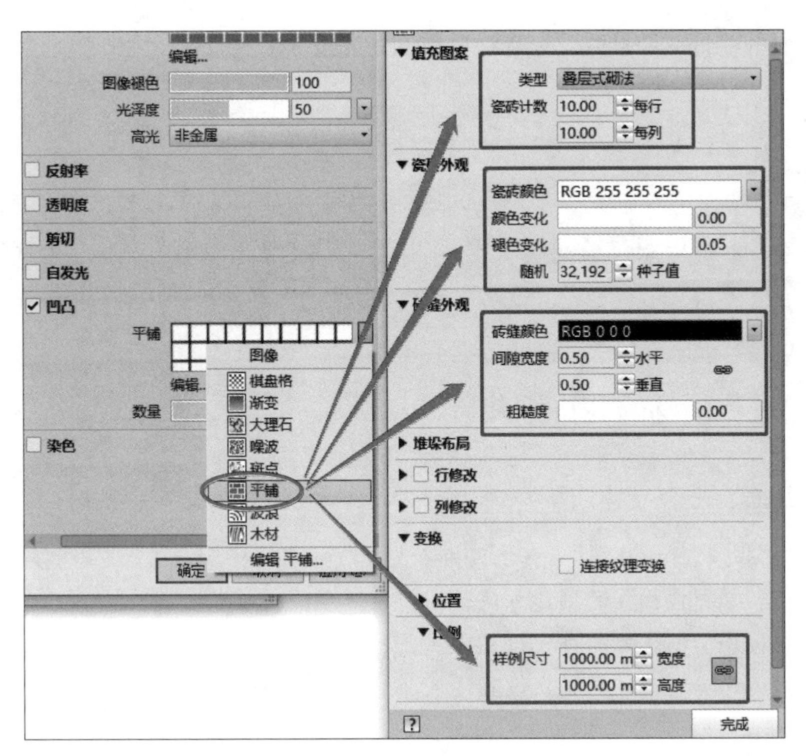

图 2.79　“凹凸”中的“图像”设置

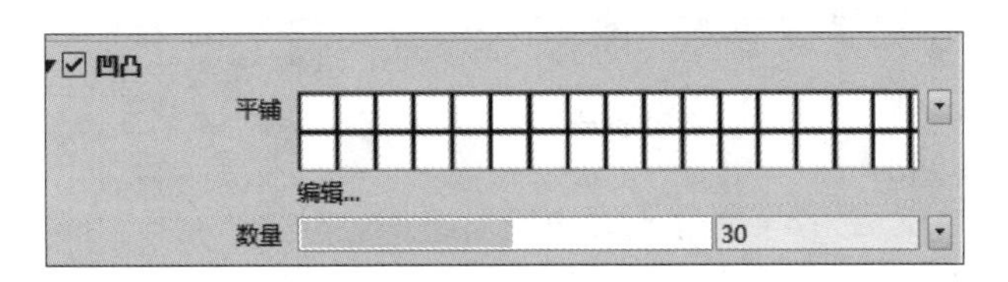

图 2.80　凹凸数量

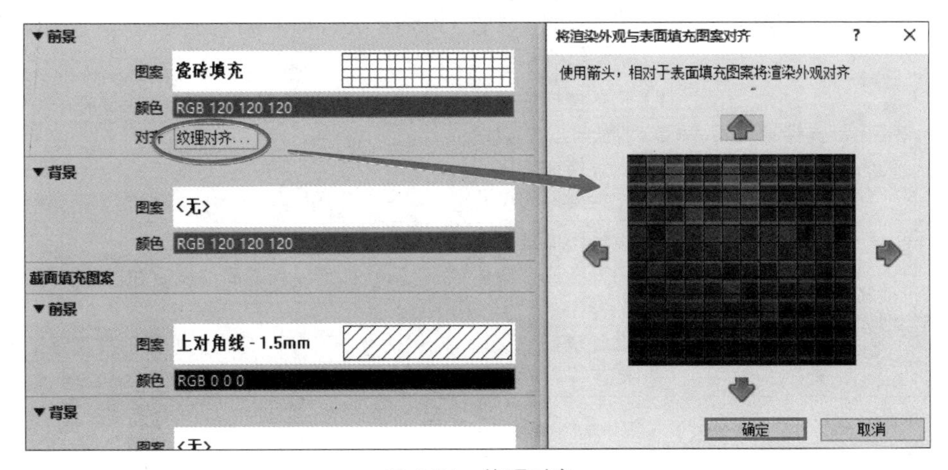

图 2.81　纹理对齐

5. 完成后的显示

完成材质编辑，查看墙体“视觉样式”在“着色”和“真实”下的显示。图 2.73 左侧图为“着色”下的显示，右侧图为“真实”下的显示。

创建完成的项目文件见“任务 2.8/ 材质创建完成 .rvt”。

习题与能力提升

任务 2.8 习题讲解

打开“习题与能力提升资源库”文件夹中“第 6 期全国 BIM 技能等级考试一级试题”，完成第 2 题自定义材质与幕墙模型。

任务 2.9 进行楼梯的装饰细化

任务目标

（1）掌握创建楼梯“梯段”“平台”和“支座”的方法；

（2）掌握“草图楼梯”的创建方法；

（3）掌握楼梯实例属性的细化设置方法；

（4）掌握楼梯类型属性的细化设置方法。

任务内容

序号	学习任务	任务驱动
1	创建楼梯“梯段”“平台”和“支座”	（1）创建“直梯”“全踏步螺旋楼梯”“圆心 - 端点螺旋楼梯”“L 形转角楼梯”“U 形转角楼梯”等不同梯段楼梯； （2）使用“自动生成”和“创建草图”两种方式创建楼梯平台； （3）使用“拾取边”命令拾取梯段生成支座
2	创建“草图楼梯”	（1）手动绘制楼梯的“边界”，形成楼梯边界线； （2）手动绘制楼梯的“踢面”，形成楼梯踢面线； （3）手动绘制楼梯的“楼梯路径”，定义楼梯路径
3	细化设置楼梯的实例属性	（1）选择楼梯的类型； （2）设置楼梯的约束； （3）设置楼梯的构造； （4）设置楼梯的尺寸
4	细化设置楼梯的类型属性	（1）设置楼梯踏步高度、宽度的“计算规则”； （2）设置楼梯“构造”，包括楼梯踏板和踢面的材质和样式属性，以及“平台类型”等； （3）设置楼梯“支撑”，包括右侧支撑、左侧支撑和中部支撑的材质、样式等

任务实施

进行楼梯的装饰细化

1. 创建楼梯前注意事项

创建楼梯前，应先明确楼梯的常规信息，如楼梯起止高度、步数、踏板深度、梯段宽度、材质、用途等。

楼梯一般在平面视图中进行绘制，绘制前，应先双击“项目浏览器”中楼梯所在的楼层平面视图，进入楼梯所在的楼层平面。

使用“参照平面”命令确定楼梯起始的位置点。

2. 创建楼梯

单击“建筑”选项卡“楼梯坡道”面板中的“楼梯”命令，上下文选项卡的“构件”面板中含“梯段”“平台”和“支座”三部分，通过创建这三部分来生成楼梯，如图 2.82 所示。通常“梯段”创建完成后，会自动生成“平台”和“支座”。如果生成的平台和支座样式与设计要求不符，可删除该构件，单击图 2.82 中“构件”面板中的相应命令，根据需要重新绘制。具体操作如下。

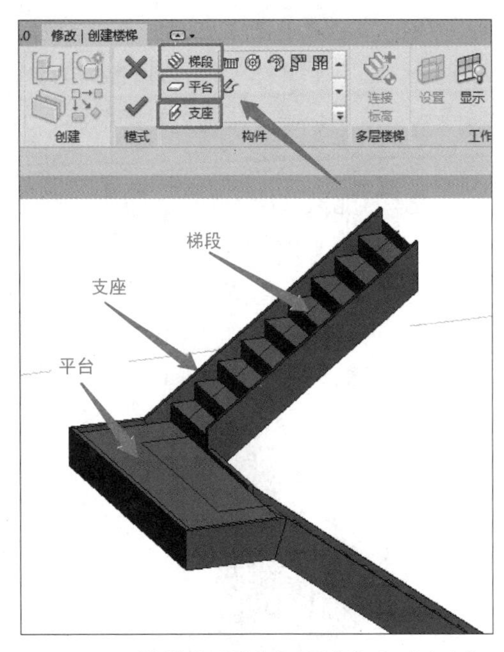

图 2.82　楼梯的“梯段”“平台”和“支座”

1）梯段

单击图 2.82 上下文选项卡中的“梯段”，即可开始绘制楼梯的梯段。在绘制前，需要先在“选项栏”和“属性”面板中对梯段的尺寸或位置参数进行定义，比如梯段宽度和踏板深度可以直接定义，而每一级踢面高度是通过“踢面高度 = 标高差 / 踢面数”间接确定的。

设置完成后，在绘图区域根据楼梯的行进路线单击进行绘制，绘制完成后，单击上下文选项卡中“完成编辑模式”命令，完成楼梯编辑。

梯段命令栏中有“直梯”“全踏步螺旋楼梯”“圆心—端点螺旋楼梯”“L 形转角楼梯”“U 形转角楼梯”等，可以用来绘制各种形态楼梯（图 2.83），其生成的方式与直梯基本相同。

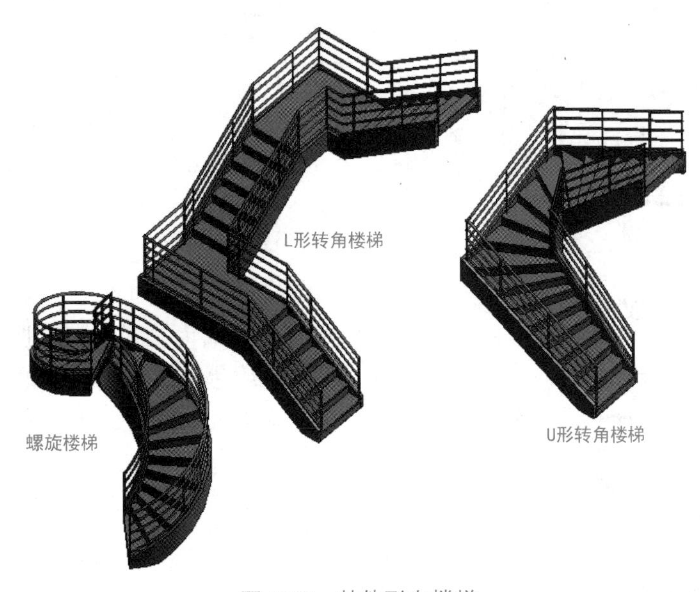

图 2.83　其他形态楼梯

2）平台

单击“构件”面板“平台”中的“拾取两个梯段”命令，依次按照楼梯的走向单击两个梯段，即可自动生成平台。

除了拾取梯段生成平台，对于一些形状较复杂的平台，可以采取“构件”面板“平台”中的“创建草图”方式完成。选择“创建草图”命令后，可激活“修改 | 创建楼梯 > 绘制平台”上下文选项卡，选择合适的命令绘制平台的轮廓边界，完成后，单击“完成编辑模式”命令，即可完成平台的绘制，如图 2.84 所示。

3）支座

支座只能拾取梯段生成，单击“拾取边”命令，在绘图区域拾取梯段，即可生成支座。

3.“梯段”中的“草图楼梯”

使用“梯段”中的“创建草图”命令（图 2.85），即可创建草图楼梯，这是使用草图的方式，通过创建“边界”和“踢面”的方式绘制楼梯。与普通的创建楼梯方式相比，草图方式创建的楼梯更自由，可以是不同的踢面形态、踏板深度以及各种形态的边界等。

图 2.84　绘制复杂平台

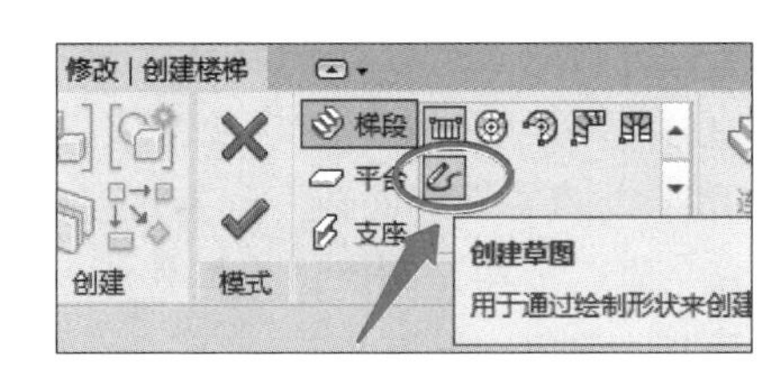

图 2.85　“草图楼梯”命令

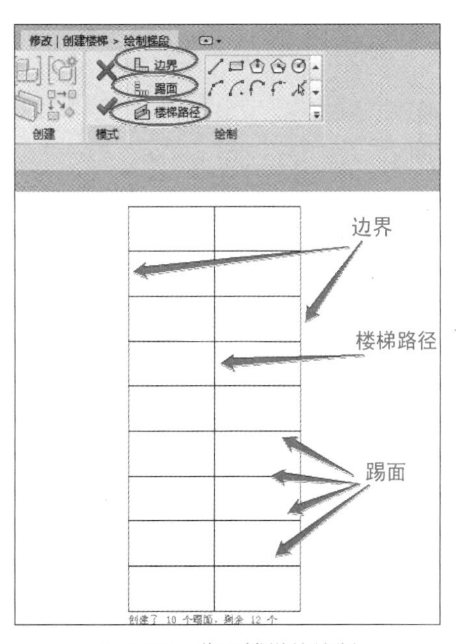

图 2.86　草图楼梯的绘制

单击“创建草图”，进入“绘制梯段”上下文选项卡，其中的“绘制”面板有“边界”“踢面”“楼梯路径”三个命令。如图 2.86 所示，中间平行的线是踢面线，颜色为黑色，可决定楼梯踢面的位置、形态和数量；两边竖向的线是边界线，颜色为绿线，与“踢面”相交，决定了楼梯梯段的宽度、形态；中间竖向的线是“楼梯路径”，表示梯段或平台的楼梯走向。

单击“完成编辑模式”，创建完成楼梯后，在平面视图中选中创建好的楼梯，单击“向上翻转楼梯的方向”命令的小箭头，可以控制楼梯起点和终点的变换，如图 2.87 所示。

草图楼梯的中间休息平台通过踢面线的间距控制，但应注意，在平台处的边界线应做打断处理，如图 2.88 所示。

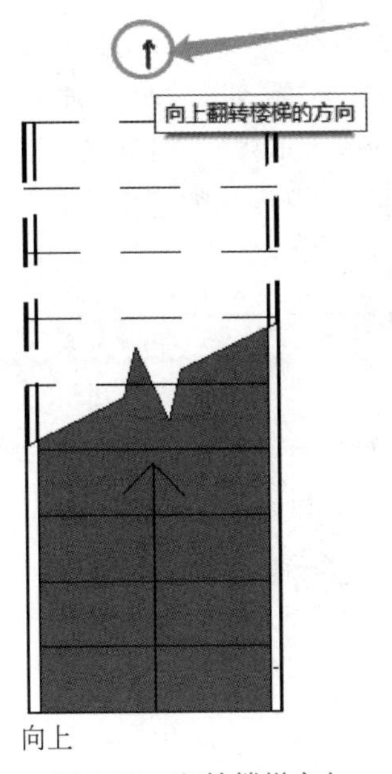

图 2.87　翻转楼梯方向

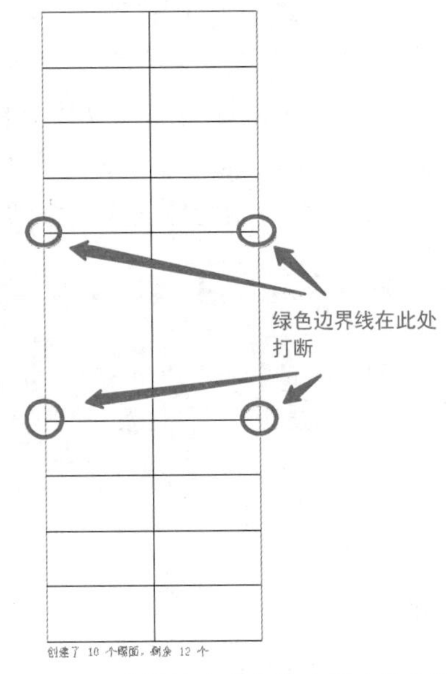

图 2.88　边界线在中间休息平台处打断

4. 楼梯的实例属性

创建的楼梯有“现场浇筑式楼梯”“组合楼梯”“预浇筑楼梯”三种系统族，如图 2.89 所示。它们在构造上有差异，但属性的修改方式相似。

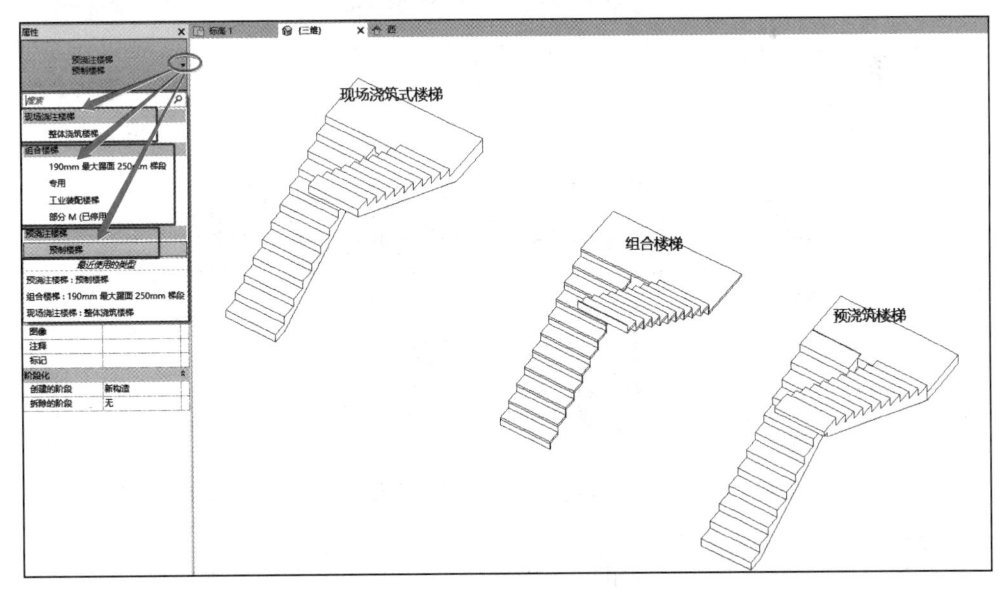

图 2.89　三种楼梯系统族

在构件楼梯左侧“属性”面板，可以对楼梯的实例属性进行编辑。在“族类型”下拉菜单，可以重新选择族类型；通过编辑楼梯的“底部标高”“底部偏移”“顶部标高”“顶部偏移”，可以控制楼梯的起止高度；“所需的楼梯高度”是指符合限制条件的楼梯整体高度；通过设置“所需踢面数”来确定每一级踏步的高度，通过设置“实际踏板深度”来确定每一级踏步的深度。

双击楼梯，进入“修改 | 创建楼梯”状态，再选中楼梯梯段，“属性”面板会出现该梯段的属性，可在“属性”面板中单独编辑所选梯段的实例属性，如图2.90所示。其中，“定位线”指梯段的参照线，“相对基准高度”指本段梯段的起点高度，“相对顶部高度”指本段梯段的终点高度；“以踢面开始”和“以踢面结束”用于设置楼梯的起止位置是踢面还是踏板；“实际梯段宽度”可用于编辑梯段的宽度。

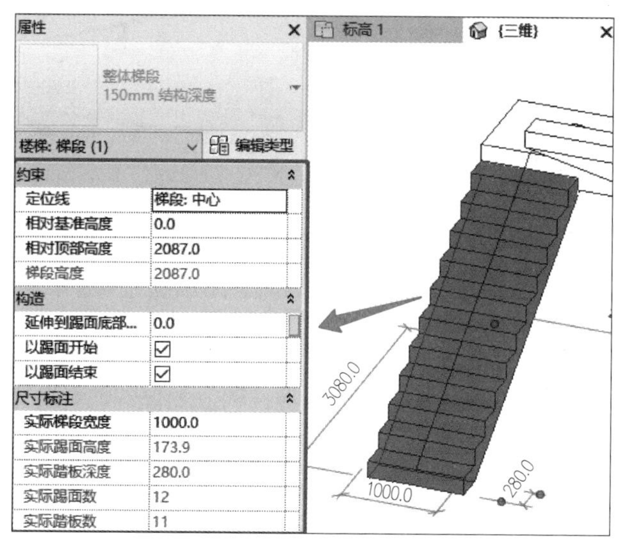

图 2.90　单独编辑某一段楼梯梯段

在“修改 | 创建楼梯”状态下，选中平台，在“属性”面板中可单独编辑所选平台的“相对高度”等实例属性，如图 2.91 所示。

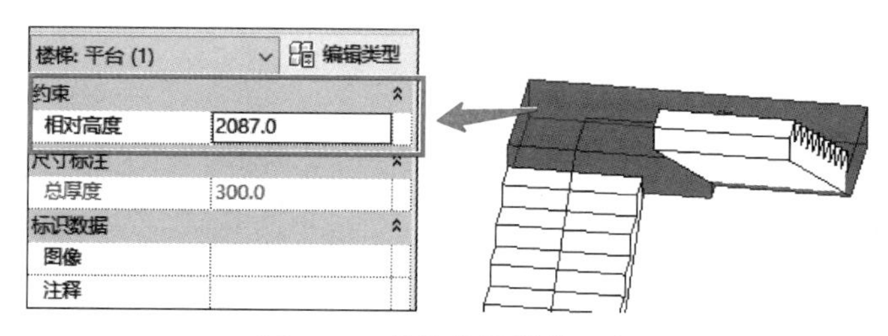

图 2.91　单独编辑楼梯平台

5. 楼梯的类型属性

单击“楼梯”命令，单击楼梯“属性”面板中“编辑类型”按钮，即可“复制”创建名称为“新建楼梯”的楼梯类型。

1）楼梯“类型属性”对话框中的“计算规则”

如图 2.92 所示，在“类型属性”对话框的“计算规则”中，“最大踢面高度”要求楼梯踢面高度小于所设置的数值，“最小踏板深度”要求楼梯踏板深度大于所设置的数值，“最小梯段宽度”要求楼梯梯段宽度大于所设置的数值，可通过“计算规则”设置楼梯坡度的计算规则。

2）楼梯“类型属性”对话框中的“构造”

楼梯“类型属性”对话框中的“构造”含有“楼梯类型”的族类型、“平台类型”的族类型和“功能”。

单击“梯段类型”旁边的“方形”按钮，弹出“梯段类型”的“类型属性”对话框，可复制新的梯段类型。可在梯段“类型属性”对话框中分别设置踏板和踢面的材质和样式属性，如图 2.93 所示。

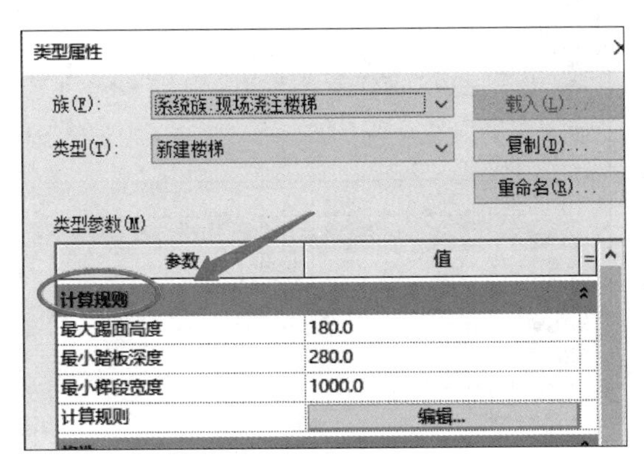

图 2.92 楼梯“类型属性”对话框中的“计算规则”

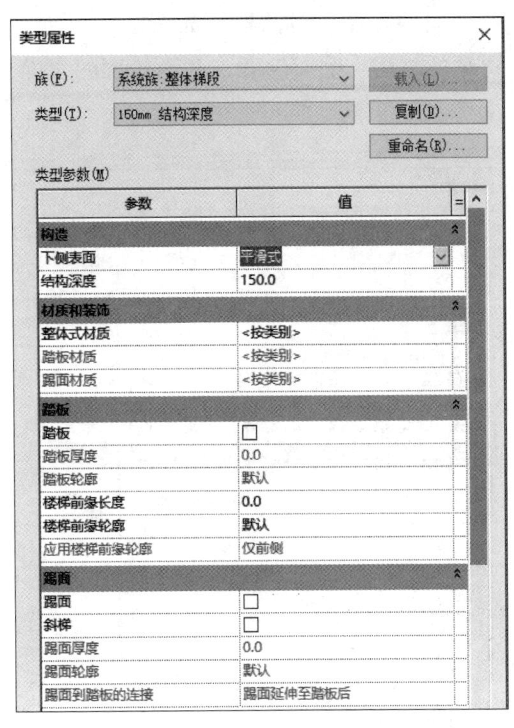

图 2.93“梯段类型”的“类型属性”对话框

单击“平台类型”旁边的“方形”按钮，弹出“平台类型”的“类型属性”对话框。一般情况下，勾选踏板的设置“与梯段相同”，如需单独对平台的踏板进行设置，取消勾选“与梯段相同”，即可对平台的踏板进行材质、厚度、前缘长度、前缘轮廓、前缘轮廓的应用等设置，如图 2.94 所示。

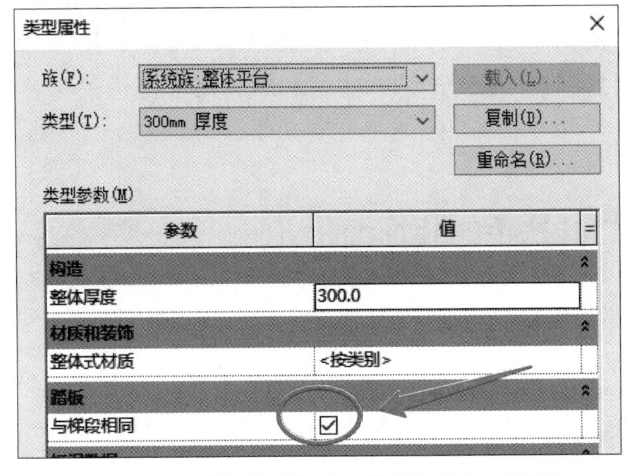

图 2.94 “平台类型”的“类型属性”对话框

3）楼梯“类型属性”对话框中的“支撑”

在楼梯的“类型属性”对话框板中，可通过“支撑”属性设置楼梯的右侧支撑、左侧支撑和中部支撑，如图 2.95 所示。

单击“右侧支撑类型”或“左侧支撑类型”旁边的“方形”按钮，弹出嵌套的梯边梁族“类型属性”对话框，如图 2.96 所示。在梯边梁的“类型属性”对话框中，可设置梯边梁的材质、截面轮廓、截面轮廓的方向、梯段上的结构深度、平台上的结构深度、总深度、宽度等。

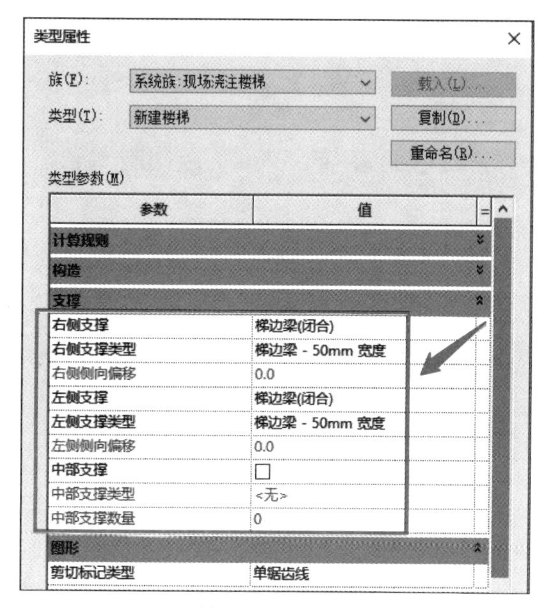

图 2.95　楼梯“类型属性”对话框中的“支撑”设置

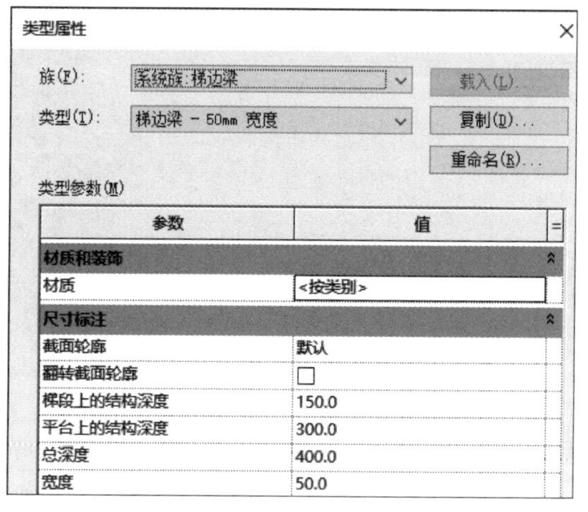

图 2.96　“右侧支撑类型”或“左侧支撑类型”的“类型属性”对话框

6. 剪贴板复制楼梯

在多层及高层建筑中，要将已有的楼梯复制到其他楼层中，可先选中创建的楼梯，单击“剪贴板”面板中“复制到剪贴板”命令，然后单击“与选定的标高对齐”命令，在弹出的对话框中多选需要粘贴的标高，单击“确定”，即可完成楼梯的多楼层复制（此方法也可用于其他构件的复制）。使用这种方法复制时，每个楼梯都是独立的图元，可以单独编辑。

任务 2.10　进行栏杆扶手的装饰细化

（1）掌握扶手的细化设置方法；

（2）掌握栏杆的细化设置方法。

任务内容

序号	任务分解	任务驱动
1	对扶手进行细化建模	（1）细化扶手结构； （2）细化扶手连接； （3）细化扶手高度和坡度
2	对栏杆进行细化建模	（1）对栏杆的“主样式”进行细化设置； （2）对栏杆的“支柱”进行细化设置

任务实施

1. 栏杆和扶手创建

（1）单击“建筑选项卡”下“楼梯坡道”面板中的“栏杆扶手”命令，若不在绘制扶手的视图中，将提示拾取视图，从列表中选择一个视图，并单击“打开视图”。

进行栏杆扶手的装饰细化

（2）要设置扶手的主体，可单击“修改 | 创建扶手路径”选项卡下“工具”面板的“拾取新主体”命令，并将光标放在主体（例如楼板或楼梯）附近。在主体上单击以选择它。

（3）在“绘制面板”绘制扶手。如果正在将扶手添加到一段楼梯上，则必须沿着楼梯的内线绘制扶手，以使扶手可以正确承载和倾斜。

（4）根据需要，在“属性”选项板上对实例属性进行修改，或者单击“编辑类型”以访问并修改类型属性。

（5）单击“完成编辑模式”。

2. 编辑扶手

1）修改扶手结构

（1）在“属性选项板”上单击“编辑类型”。

（2）在“类型属性”对话框中，单击与“扶手结构”对应的“编辑”。在“编辑扶手”对话框中，能为每个扶手指定的属性有高度、偏移、轮廓和材质。

（3）要另外创建扶手，可单击“插入”，并输入新扶手的名称、高度、偏移、轮廓和材质属性。

（4）单击“向上”或“向下”以调整扶手位置。

（5）完成后，单击“确定”。

2）修改扶手连接

（1）打开扶手所在的平面视图或三维视图。

（2）选择扶手，然后单击“修改 | 扶手”选项卡下“模式”面板的“编辑路径”命令。

（3）单击“修改 | 扶手 > 编辑路径”选项卡下“工具”面板的“编辑连接”命令。

（4）沿扶手的路径移动光标。当光标沿路径移动到连接上时，此连接的周围将出现一个框。

（5）单击以选择此连接。选择此连接后，此连接上会显示“×”。

（6）在“选项栏”中为“扶手连接”选择一个连接方法，有“延伸扶手使其相交”“插入垂直 / 水平线段”“无连接件”等选项（图 2.97）。

扶栏连接：按类型
按类型
延伸扶手使其相交
插入垂直/水平线段
无连接件

图 2.97　扶栏连接类型

（7）单击“完成编辑模式”。

3）修改扶手高度和坡度

（1）选择扶手，然后单击“修改 | 扶手”选项卡下“模式”面板“编辑路径”。

（2）选择扶手绘制线。在“选项栏”上，“高度校正”的默认值为“按类型”，这表示高度调整受扶手类型控制；也可选择“自定义”作为“高度校正”，在旁边的文本框中输入值。

（3）在“选项栏”的“坡度”选择中，有“按主体”“水平”“带坡度”三种选项。

- 按主体：扶手段的坡度与其主体（例如楼梯或坡道）相同，见图 2.98（a）。
- 水平：扶手段始终呈水平状。对于图 2.98（b）中类似的扶手，需要进行高度校正或编辑扶手连接，从而在楼梯拐弯处连接扶手。
- 带坡度：扶手段呈倾斜状，以便与相邻扶手段实现不间断的连接，见图 2.98（c）。

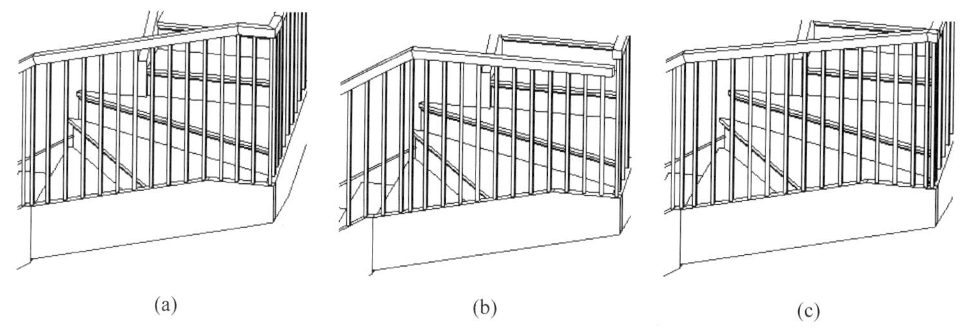

图 2.98　不同坡度选择的楼梯

3. 编辑栏杆

（1）在平面视图中，选择一个扶手。

（2）在“属性”选项板上，单击“编辑类型”。

（3）在“类型属性”对话框中，单击“栏杆位置”对应的“编辑”。

应注意，对类型属性所做的修改会影响项目中同一类型的所有扶手。可以单击“复制”以创建新的扶手类型。

（4）在弹出的“编辑栏杆位置”对话框中，上部为“主样式”框（图 2.99）。

主样式(M)

	名称	栏杆族	底部	底部偏移	顶部	顶部偏移	相对前一栏杆的距离	偏移
1	填充图	N/A	N/A	N/A	N/A	N/A	N/A	N/A
2	常规栏	栏杆 - 圆形 : 2	主体	0.0		0.0	1000.0	0.0
3	填充图	N/A	N/A	N/A	N/A	N/A	0.0	N/A

删除(D)　复制(L)　向上(U)　向下(O)

截断样式位置(B)：每段扶手末端　角度(N)：0.000°　样式长度：1000.0

对齐(J)：起点　超出长度填充(E)：无　间距(I)：0.0

图 2.99　栏杆主样式

“主样式”框内的参数如下。

- “栏杆族”(表 2.1)：

表　2.1

执行的选项	解　释
选择“无”	显示扶手和支柱，但不显示栏杆
在列表中选择一种栏杆	使用图纸中的现有栏杆族

- “底部”：指定栏杆底端的位置：扶手顶端、扶手底端或主体顶端。主体可以是楼层、楼板、楼梯或坡道。
- “底部偏移”：栏杆底端与“底部”之间的垂直距离负值或正值。
- “顶部”(参见“底部”选项)：指定栏杆顶端的位置(常为“顶部栏杆图元”)。
- “顶部偏移”：栏杆的顶端与“顶部”之间的垂直距离负值或正值。
- “相对前一栏杆的距离”：样式起点到第一个栏杆的距离，或(对于后续栏杆)相对于样式中前一栏杆的距离。
- “偏移”：栏杆相对于扶手绘制路径内侧或外侧的距离。
- “截断样式位置”选项(表 2.2)：扶手段上的栏杆样式中断点。

表　2.2

执行的选项	解　释
选择“每段扶手末端”	栏杆沿各扶手段长度展开
选择“角度大于”，然后输入一个“角度”值	如果扶手转角(转角是在平面视图中进行测量的)等于或大于此值，则会截断样式并添加支柱。一般情况下，此值保持为 0。在扶手转角处截断，并放置支柱
选择“从不”	栏杆分布于整个扶手长度。无论扶手有任何分离或转角，始终保持不发生截断

- 指定“对齐”:“起点”表示该样式始自扶手段的始端。如果样式长度不是恰为扶手长度的倍数，则最后一个样式实例和扶手段末端之间则会出现多余间隙;“终点”表示该样式始自扶手段的末端。如果样式长度不是恰为扶手长度的倍数，则最后一个样式实例和扶手段始端之间则会出现多余间隙;“中心”表示第一个栏杆样式位于扶手段中心，所有多余间隙均匀分布于扶手段的始端和末端。

小贴士

如果选择了“起点”“终点”或“中心”，则在“超出长度填充”栏中选择栏杆类型。

“展开样式以匹配”表示沿扶手段长度方向均匀扩展样式。不会出现多余间隙，且样式的实际位置值不同于“样式长度”中指示的值。

（5）选择“楼梯上每个踏板都使用栏杆”（图 2.100），指定每个踏板的栏杆数，指定楼梯的栏杆族。

图 2.100 栏杆数

（6）在“支柱”框中，对栏杆“支柱”进行修改（图 2.101）。

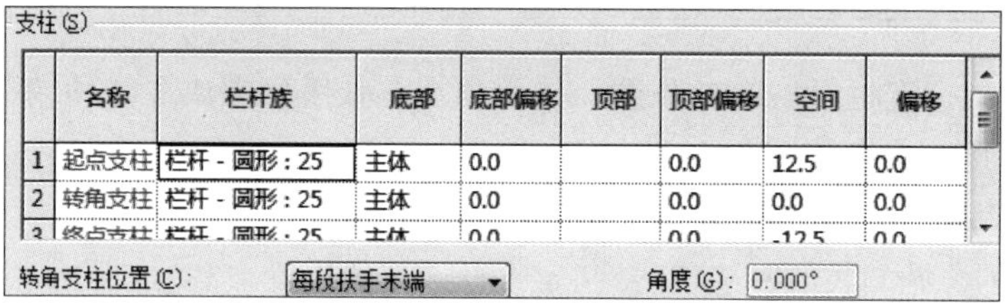

支柱(S)

	名称	栏杆族	底部	底部偏移	顶部	顶部偏移	空间	偏移
1	起点支柱	栏杆 - 圆形 : 25	主体	0.0		0.0	12.5	0.0
2	转角支柱	栏杆 - 圆形 : 25	主体	0.0		0.0	0.0	0.0
3	终点支柱	栏杆 - 圆形 : 25	主体	0.0		0.0	-12.5	0.0

转角支柱位置(C): 每段扶手末端　　角度(G): 0.000°

图 2.101 支柱参数

“支柱”框内的参数如下。

- “名称”：栏杆内特定主体的名称。
- “栏杆族”：指定起点支柱族、转角支柱族和终点支柱族。如果不希望在扶手起点、转角或终点处出现支柱，可选择“无”。
- “底部”：指定支柱底端的位置，如扶手顶端、扶手底端或主体顶端。主体可以是楼层、楼板、楼梯或坡道。
- “底部偏移”：支柱底端与基面之间的垂直距离负值或正值。
- “顶部”：指定支柱顶端的位置（常为扶手）。各值与基面各值相同。
- “顶部偏移”：支柱顶端与顶之间的垂直距离负值或正值。
- “空间”：需要相对于指定位置向左或向右移动支柱的距离。例如，对于起始支柱，可能需要将其向左移动 0.1m，以使其与扶手对齐。在这种情况下，可以将间距设置为 0.1m。
- “偏移”：栏杆相对于扶手路径内侧或外侧的距离。
- “转角支柱位置”选项：指定扶手段上转角支柱的位置。
- “角度”：此值指定添加支柱的角度。如果“转角支柱位置”的选择值是“角度大于”，则使用此属性。

（7）修改完上述内容后，单击“确定”。

任务 2.11 放置装饰构件

（1）掌握放置卫浴装置的方法；
（2）掌握放置室内构件的方法。

任务内容

序号	任务分解	任务驱动
1	放置卫浴装置	（1）载入卫浴设备； （2）放置台盆、坐便器、浴盆等
2	放置室内构件	（1）载入室内构件； （2）放置家具、植物； （3）放置灯具

任务实施

任务描述：按照图 2.102 所示，在卫生间放置浴盆、坐便器、洗手盆等。按照图 2.103 所示，在客厅放置沙发、桌椅、窗帘、灯具、植物等。

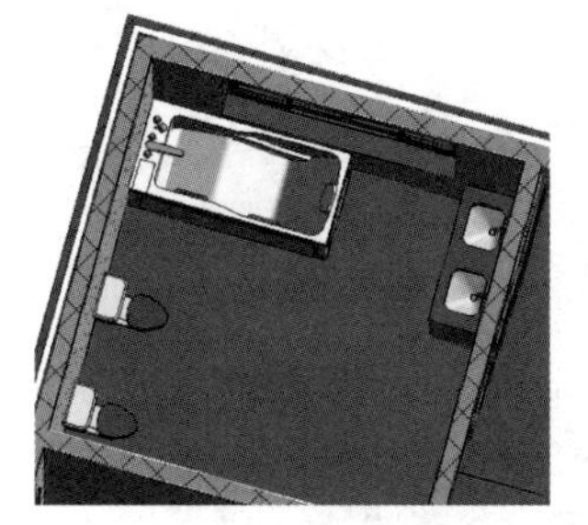

图 2.102　卫生间构件

图 2.103　客厅装饰构件

放置装饰构件

工作思路：使用“载入族”命令载入卫生器具、沙发、桌椅、窗帘、灯具、植物等所需的构件。使用“放置构件”命令进行放置，其中某些灯具需要放置在天花板上，需要首先创建天花板。

工作步骤

打开“任务 1.10/ 楼梯、洞口、栏杆扶手完成 .rvt”，进入标高 1 楼层平面视图。

Revit 自带卫浴装置、家具、照明设备等标准族构件，可以载入项目文件中直接放置。需要注意的是，这些标准族构件中，有些是基于主体放置的，例如小便器、壁灯是基于墙的，即只能放在墙上；顶灯是基于天花板的，即只能放在天花板上；而有些标准族没有主体，可以直接放置。

1. 放置卫浴装置

1）构件载入

单击“插入”选项卡“从库中载入”面板中的“载入族”命令（图 2.104），定位到“Library/China/ 建筑”中的“卫生器具”文件夹，可以从子文件夹中选择需要的卫浴装置族文件，单击“打开”，将其载入项目文件中。

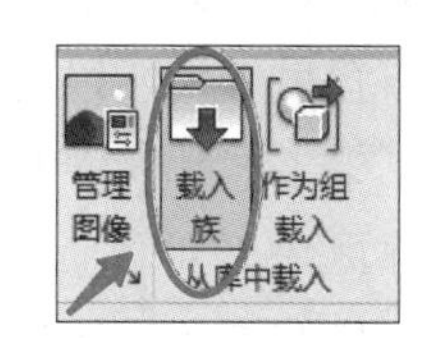

图 2.104　“载入族”命令

本例分别选择“洗脸盆”文件夹中的“台下台盆多个”，“坐便器”文件夹中的“分体坐便器”，以及“浴盆”文件夹中的“浴盆 3 3D”。

2）放置构件

单击“建筑”选项卡“构建”面板“构件”中的“放置构件”命令，从类型选择器中选择载入的族文件，移动光标到需要的位置，单击放置。若放置的构件没有放置到墙边，可以使用“对齐”命令，使其对齐到墙边。

图 2.105 为在标高 1 楼层平面中卫生间的平面布置。

完成的三维视图见图 2.102。

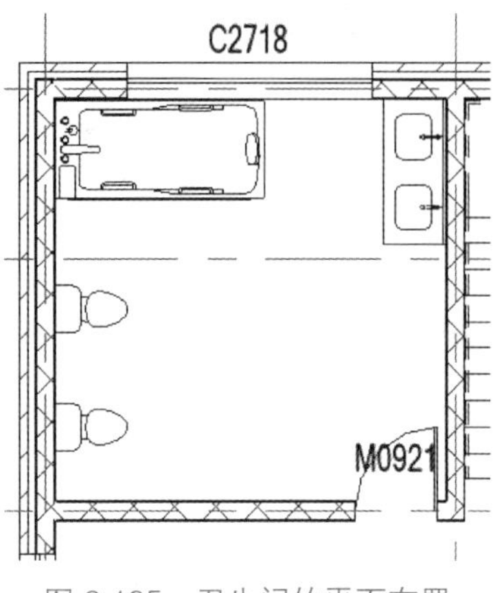

图 2.105 卫生间的平面布置

2. 添加室内构件

同样，单击“插入”选项卡“从库中载入”面板中的“载入族”命令，定位到“Library/China/ 建筑”，其中有“家具”“植物”“照明设备”等文件夹，可以选择需要的构件。

1）放置家具、植物

本例选择“家具”文件夹中的“展开窗帘”“餐桌 - 椭圆形”“三人沙发 7”“单人沙发 8”“双人沙发 1”“边柜 2”，以及“植物”文件夹中的“吊兰 1 3D”。修改“吊兰 1 3D”属性面板中的高程为“650mm”，“展开窗帘”高度为“2500mm”。

图 2.106 为在标高 1 楼层平面中客厅的平面布置和三维布局。

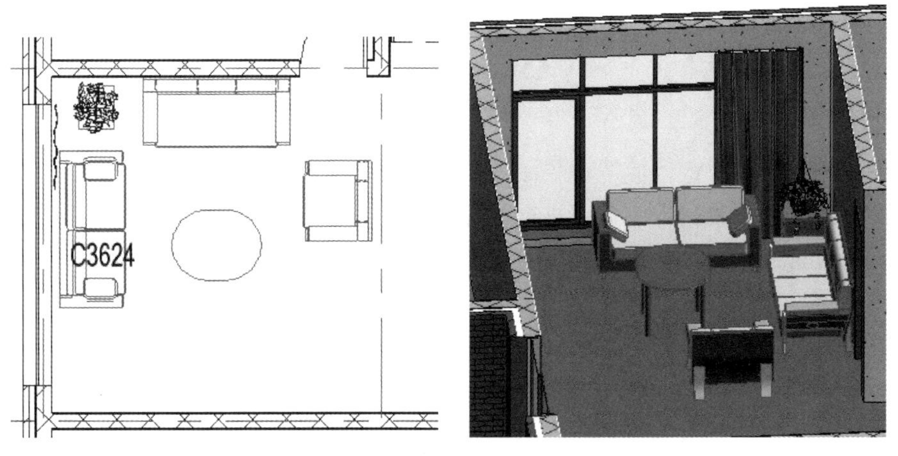

图 2.106 客厅的平面布置和三维布局图

2）放置灯具

很多照明族文件是基于主体的，比如落地灯为“基于楼板的照明设备”，吊灯、吸顶灯为“基于天花板的照明设备”，壁灯为“基于墙的照明设备”。本工作任务中，将在客厅中布置吊灯，所以必须在放置吊灯之前创建天花板，然后把吊灯放置在天花板上。

单击“建筑”选项卡“天花板”命令，默认情况下是“自动创建天花板”，直接单击客厅区域即可放置天花板。单击选择创建的天花板，单击“编辑边界”，按照图 2.107 所示，将右下角的边界线修剪成与二楼楼板相同的范围。

选择“照明设备”中的“古典吊灯 2”，并将其放置于客厅中间。选择“照明设备”中的“壁灯 1”，在三人沙发后的墙上放置两个。

图 2.108 是在标高 1“天花板平面视图”的平面布置。

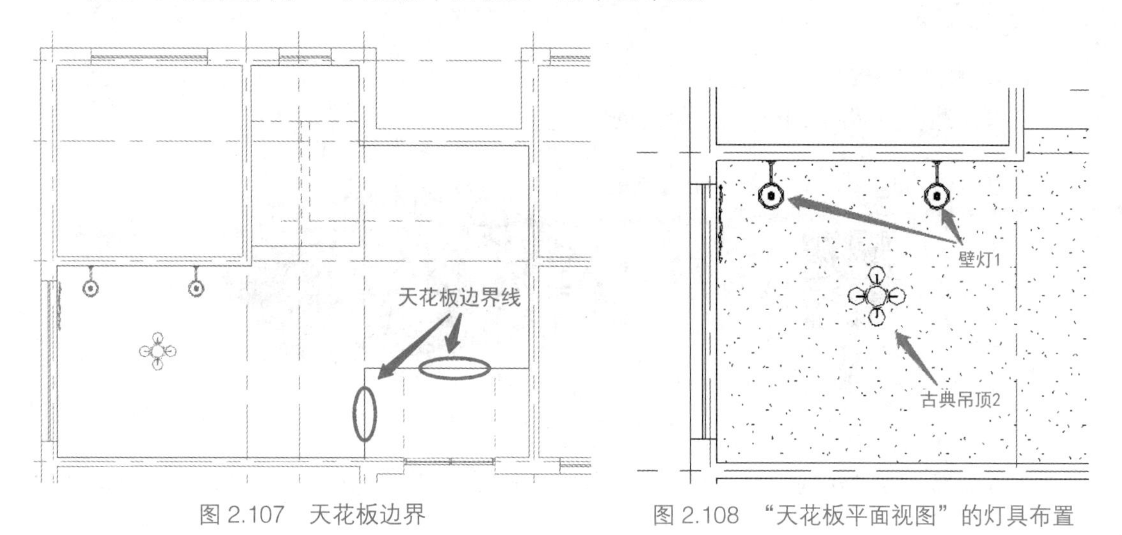

图 2.107　天花板边界　　　图 2.108　“天花板平面视图”的灯具布置

完成的三维视图见图 2.103。

完成的项目文件见“任务 2.11/ 装饰构件放置完成 .rvt”。

习题与能力提升

打开“习题与能力提升资源库”文件夹中“第 14 期全国 BIM 技能等级考试二级建筑试题”，完成第 3 题室内设计模型。

任务 2.11
习题讲解 -1

任务 2.11
习题讲解 -2

任务 2.12　创建建筑场地

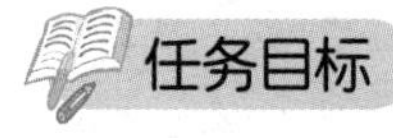

任务目标

（1）掌握任务案例中场地、建筑地坪、子面域的创建方法；

（2）掌握场地构件的载入与放置方法。

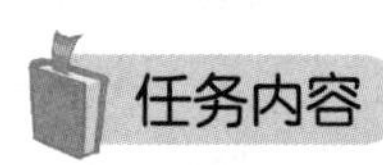

任务内容

序号	任务分解	任务驱动
1	创建建筑场地、建筑地坪、子面域	（1）场地建模； （2）建筑地坪建模； （3）“柏油路”子面域建模
2	放置场地构件	（1）载入场地构件； （2）在“场地”楼层平面放置场地构件

任务实施

1. 场地建模

任务描述：按照图 2.109 创建建筑场地。

创建建筑场地

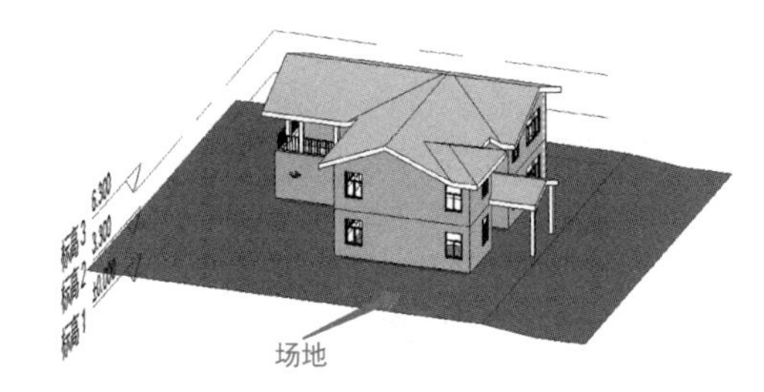

图 2.109　场地

工作思路：在“场地”平面视图中，使用“体量和场地”选项卡“地形表面”命令创建场地，材质改为“C_ 场地 - 草”。

工作步骤

打开项目文件“任务 2.11/ 装饰构件放置完成 .rvt”，双击“项目浏览器”面板“楼层平面”下的“场地”，打开“场地”楼层平面视图。

创建参照平面：单击“建筑”选项卡“工作平面”面板中的“参照平面”命令，创建图 2.110 所示的参照平面，并分别选择东、南、西、北四个立面标记，将其移动至参照平面外。

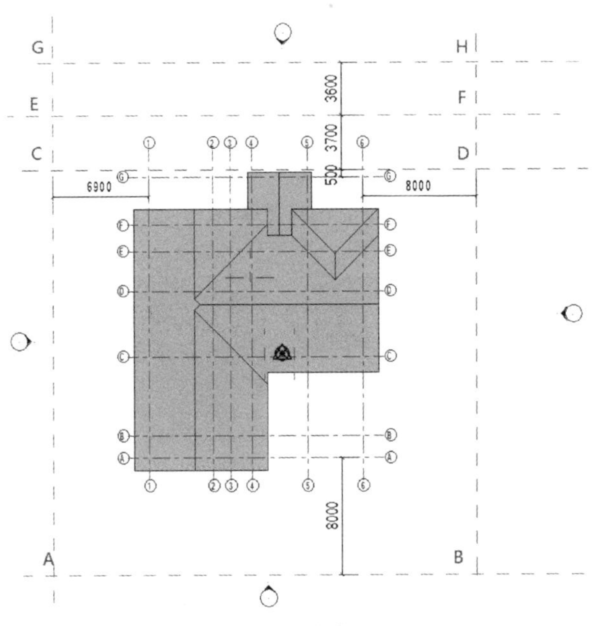

图 2.110　六个参照平面

建地形表面：单击“体量和场地”选项卡“场地建模”面板中的“地形表面”命令，确保选项栏“高程”为“0”(图 2.111)，单击 A、B、C、D 点，以及 CD 线与各轴线的交点（图 2.112)，该操作将使 ABDC 区域的场地高程为“0mm”。

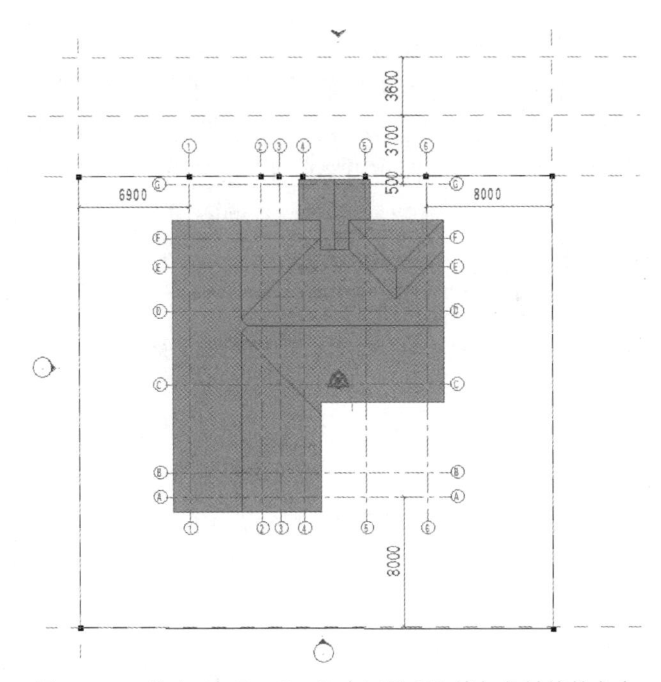

图 2.111　选项栏　　　　图 2.112　单击 A、B、C、D 点以及 CD 线与各轴线的交点

在选项栏输入“高程”为“-450”，单击 E、F、G、H 四点，该操作将使 EFHG 区域的场地高层为“-450mm”。

按 Esc 键退出放置点命令；单击属性面板中的“材质”，搜索“草”进行选择（图 2.113），并将“草”材质“图形”面板中的“使用渲染外观”进行勾选，单击“确定”，确定为场地材质。

单击上下文选项卡“表面”面板的“完成表面”。地形表面创建完毕。

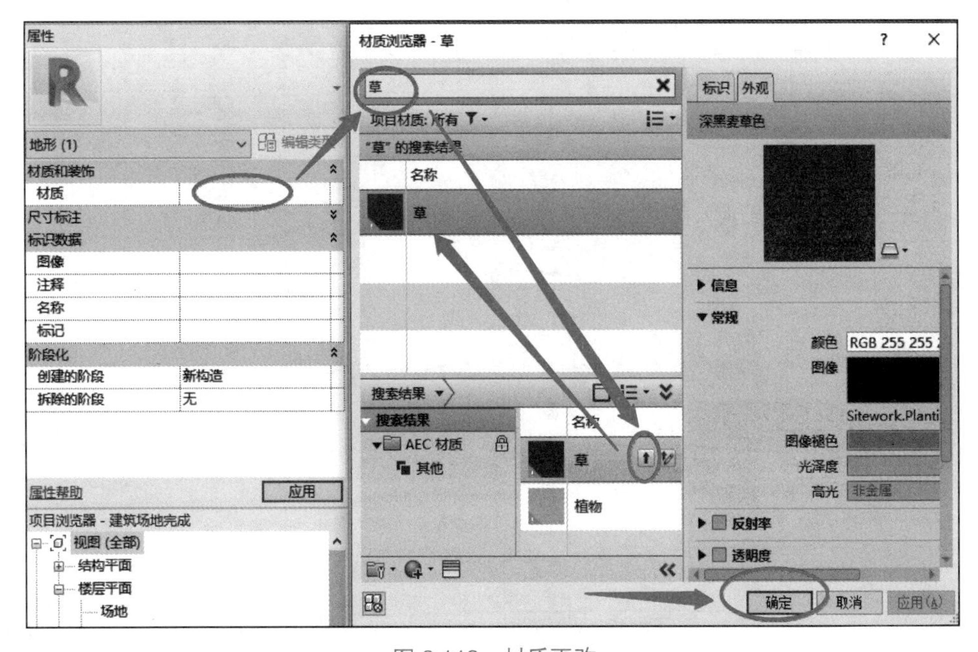

图 2.113　材质更改

2. 建筑地坪

场地的范围与建筑物的范围重合，使用“体量和场地”选项卡“建筑地坪”命令创建“建筑地坪”，该建筑地坪会自动将场地扣减。

任务描述：一楼地面为场地地坪，在该范围创建场地地坪。

工作思路：先删除一楼楼板，再使用“体量和场地”选项卡“建筑地坪”命令创建“建筑地坪”。

工作步骤

删除一楼楼板：进入到标高 1 楼层平面视图。选择一楼楼板，使用“DE”命令删除楼板。

创建地坪：单击“体量和场地”选项卡“场地建模”面板中的“建筑地坪”命令（图 2.114），在类型选择器选择“建筑地坪 1”，按照图 2.115 所示创建“木质面层”构造层，按照图 2.116 所示沿建筑物外墙内侧绘制建筑地坪边界，单击“完成编辑模式”。完成建筑地坪的创建。

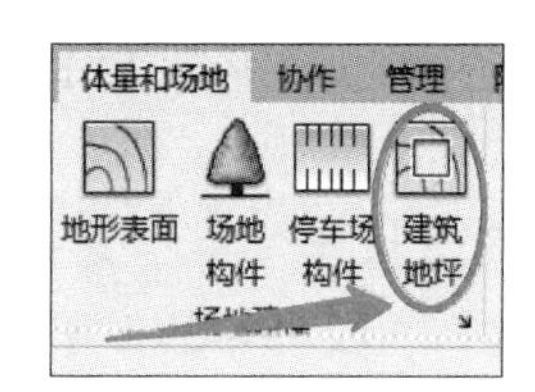

图 2.114 “建筑地坪”命令

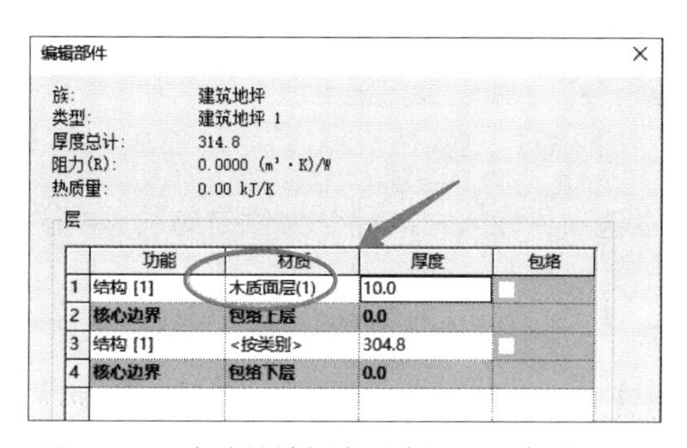
编辑部件

族：建筑地坪
类型：建筑地坪 1
厚度总计：314.8
阻力(R)：0.0000 (m²·K)/W
热质量：0.00 kJ/K

层

	功能	材质	厚度	包络
1	结构 [1]	木质面层(1)	10.0	
2	核心边界	包络上层	0.0	
3	结构 [1]	<按类别>	304.8	
4	核心边界	包络下层	0.0	

图 2.115 在建筑地坪类型中设置“木质面层”

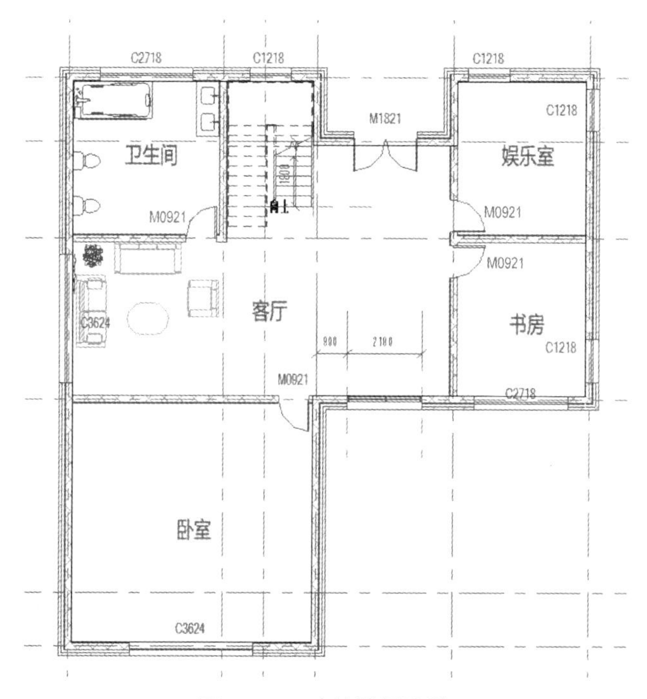

图 2.116 建筑地坪边界

3. 子面域

任务描述：创建图 2.117 中的柏油路。

工作思路：柏油路属于场地的“子面域”，可单击“体量和场地”选项卡“修改场地”面板中的“子面域”命令，进行创建。

工作步骤

进入“场地”楼层平面视图。

单击“体量和场地”选项卡“修改场地”面板中的“子面域”命令，单击属性面板中的“材质”，搜索“沥青混凝土”，并将“沥青混凝土”材质的“图形”面板中的“使用渲染外观”进行勾选，单击“确定”，将子面域材质设置成“沥青混凝土”，如图 2.118 所示。

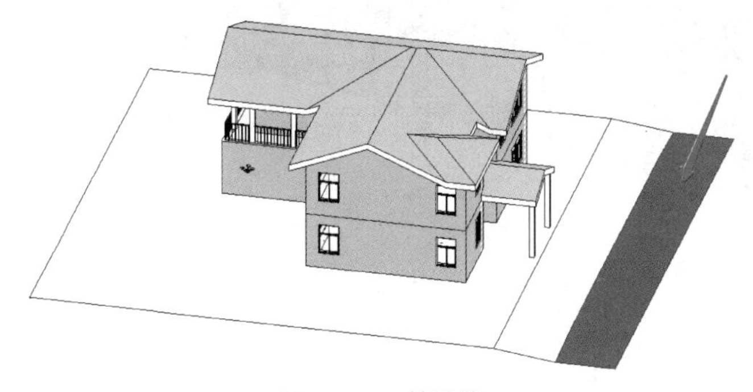

图 2.117　柏油路

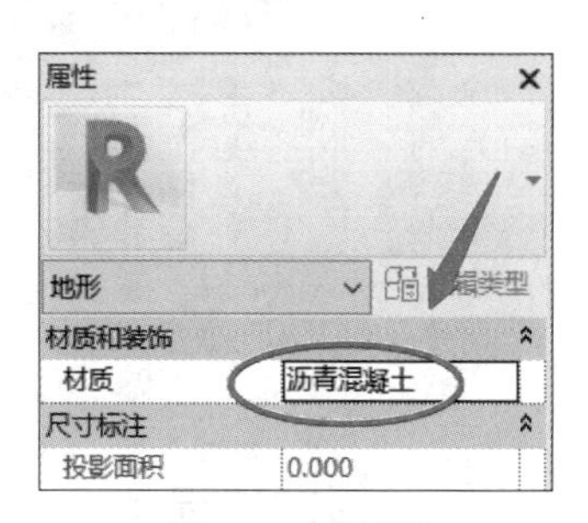

图 2.118　材质

按照图 2.119 中的位置创建子面域边界，单击上下文选项卡“模式”面板中的“完成编辑模式”。柏油路子面域创建完毕。

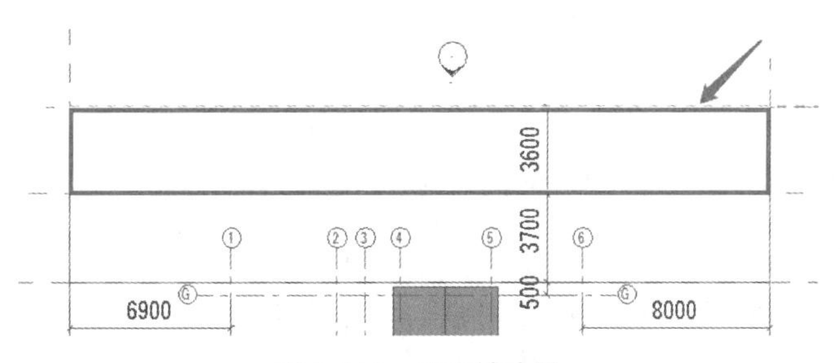

图 2.119　子面域边界

4. 场地构件

任务描述：在场地上放置车、树、人等构件。

工作思路：使用“体量和场地”选项卡中的“场地构件”命令，放置场地构件。若样板文件中没有相应的场地构件，可以通过“载入族”的方式载入外部构件，再进行放置。

工作步骤

进入“场地”楼层平面视图。

单击“体量和场地”选项卡“场地建模”面板中的“场地构件”命令，在属性面板中的类型选择器选择“美洲山毛榉”等植物（图 2.120），放置在场地适当位置。

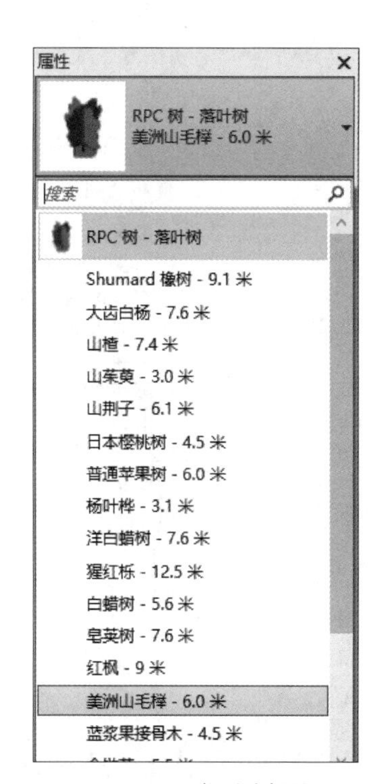

图 2.120　类型选择器

单击上下文选项卡“模式”面板中的“载入族”，选择“植物”“配景”文件夹中的合适构件，并单击“打开”。在类型选择器中进行选择，分别进行放置。

图 2.121 是选择“配景”文件夹中的“RPC 甲虫”“RPC 男性”“RPC 女性”等进行放置的效果。

图 2.121 场地构件放置完成

完成的项目文件见“任务 2.12/ 建筑场地完成 .rvt”。

习题与能力提升

打开“习题与能力提升资源库”文件夹中“场地创建预备文件 .rvt”，按照图 2.122 和图 2.123 创建建筑场地、建筑地坪、柏油路子面域和建筑构件。其中，场地高程为 −450mm。

任务 2.12 习题讲解

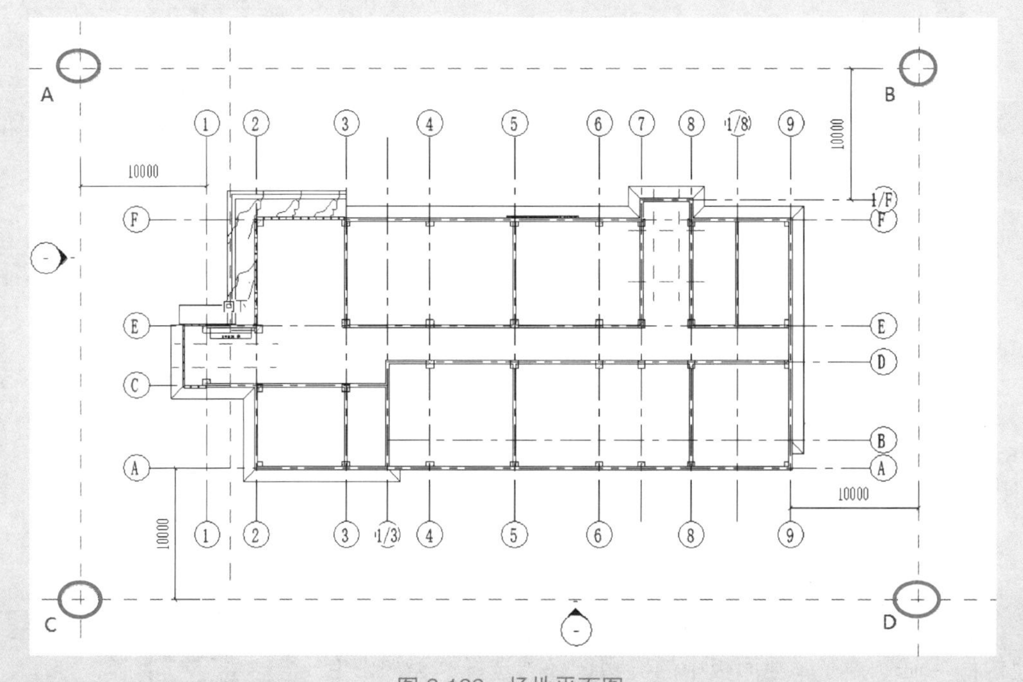

图 2.122 场地平面图

图 2.123　场地与场地构件三维视图

任务 2.13　创建装饰“组”并编辑

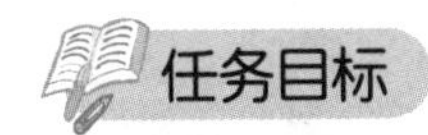

任务目标

掌握创建装饰“组”并编辑的方法。

创建装饰“组”并编辑

任务内容

任务分解	任务驱动
创建组并进行编辑	（1）掌握组的概念； （2）创建组； （3）放置组； （4）编辑组

任务实施

1. 组的概念

Revit 的“组”与 CAD 的“块”功能类似，在设计中，可以将项目或族中的多个图元组成组，然后整体复制、阵列多个组的实例。在后期设计中，当编辑组中的任何一个实例时，其他所有相同的组实例都可以自动更新，提高设计效率。此功能对于布局相同的标准间设备布置、标准户型设计或标准层设计非常有用。

Revit 的“组”有以下三种类型（图 2.124）。

（1）模型组：由墙、门窗、楼板、模型线等“主体图元”或“构件图元”组成的组。

（2）详图组：由文字、填充区域、详图线等“注释图元”组成的组。

（3）附着详图组：由“与特定模型组相关联的注释图元”（如门窗标记等）组成的组。

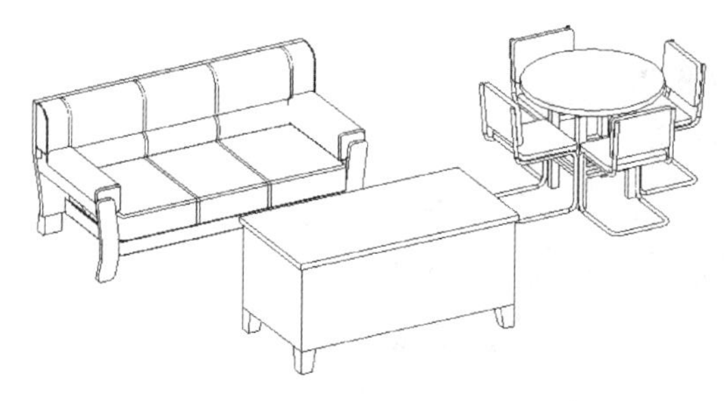

(a) 模型组(桌椅模型图元)

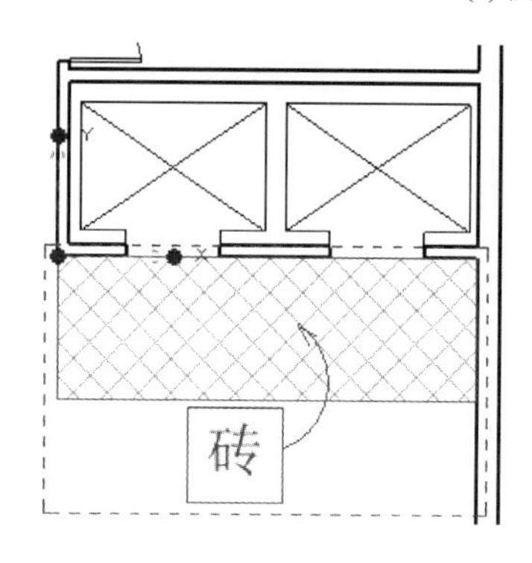

(b) 详图组(文本和填充区域图元)

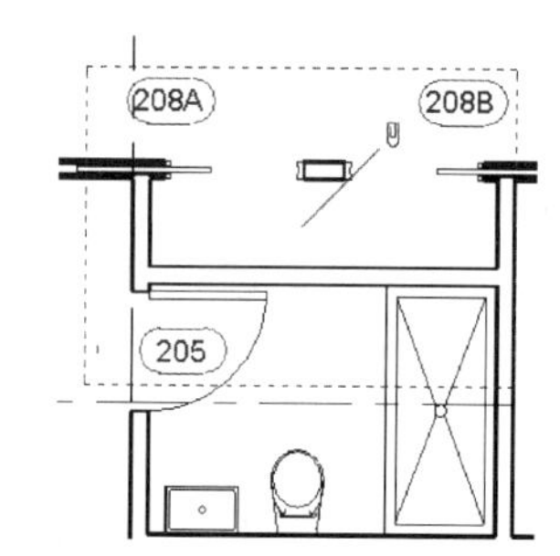

(c) 附着详图组(各种附着于主体的注释图元)

图 2.124　Revit“组”的三种类型

必须先创建模型组，再选择与模型组中的图元相关的视图专有图元创建附着详图组，或在创建模型组时，同时选择相关的视图专有图元后，自动同步创建模型组和附着详图组。一个模型组可以关联多个附着详图组。

2. 创建组

单击“建筑”选项卡→“模型”面板→“模型组”下拉菜单→“创建组”命令，输入“模型组名称”，单击“添加”，选择相应图元，即可创建“模型组”；单击“附着”，输入“附着的详图组”的“名称”，单击“添加”，即可创建“附着的详图组”(图 2.125)。

在绘图区域选中要成组的图元，单击上下文选项卡“创建”中的“创建组”命令(图 2.126)，也可创建组。

图 2.125　组的创建

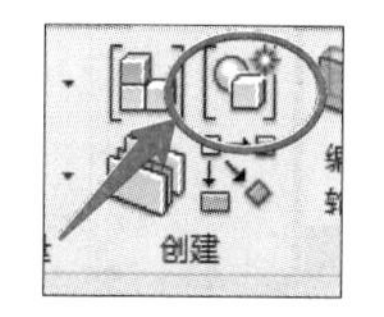

图 2.126　“创建组”命令

3. 放置组

单击“建筑”选项卡→“模型”面板→“模型组”下拉菜单→“放置模型组”命令，可放置模型组。

4. 编辑组

单击放置完成的模型组，单击上下文选项卡“成组”面板中的“编辑组”，可向组中“添加”“删除”图元或“附着详图组”。

同样，单击放置完成的附着详图组，单击上下文选项卡“成组”面板中的“编辑组”，可向组中“添加”或“删除”附着的门窗标记等。

任务 2.14　创建“零件”——压型钢板、石膏板拼缝装饰

任务目标

压型钢板、石膏板拼缝装饰

（1）掌握压型钢板的创建方法；

（2）掌握石膏板拼缝装饰的创建方法。

任务内容

序号	任务分解	任务驱动
1	创建压型钢板	（1）为墙体设置钢构造层，使用“创建零件”使钢构造层分层； （2）使用“分割零件”，将钢构造层分割成压型钢板纹理； （3）使用“排除零件”，形成压型钢板样式； （4）使用“显示零件”，在视图中使零件可见
2	创建石膏板拼缝装饰	（1）为墙体设置石膏板构造层，使用“创建零件”使石膏板构造层分层； （2）使用“分割零件”，使石膏板分缝，并设置缝宽

任务实施

使用“零件”命令，可以把模型深化成更复杂的 Revit 图元，供建模人员用于交付和安装。本节的主要任务是学会生成并编辑零件。

任务描述：按照图 2.127 创建压型钢板和石膏板拼缝装饰效果。

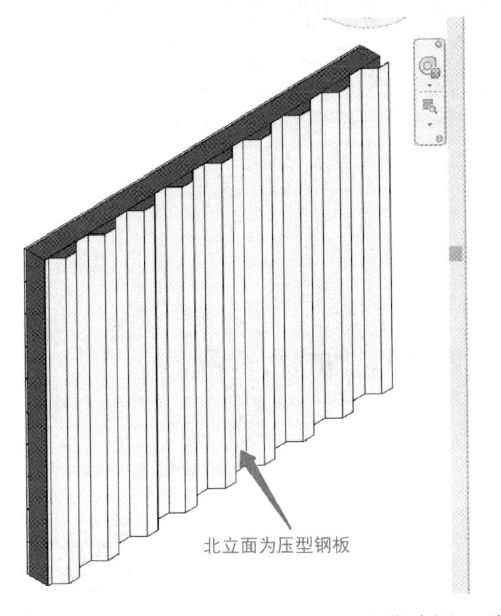

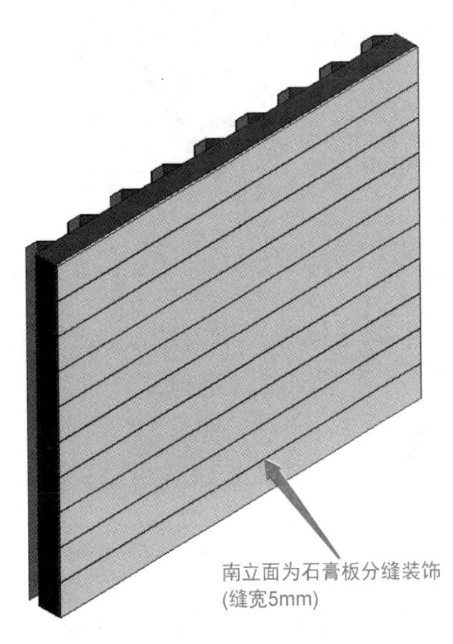

图 2.127　压型钢板和石膏板拼缝装饰效果图

工作思路：利用“零件”命令将墙体构造层分层，使用“零件”中的“分割零件”“排除零件”等命令使构造层形成所需的装饰效果。

工作步骤

1. 压型钢板的创建

1）创建零件

新建一个 Revit 项目文件，进入标高 1 楼层平面视图。

按照图 2.128 墙体构造层新建“压型钢板、石膏板拼缝装饰墙”墙体类型。使用该墙体类型创建一段长 3.7m、高 3m 的墙体。

在绘图区域选中墙体，单击“修改 | 墙”上下文选项卡“创建”面板中的“创建零件”命令（图 2.129），会看到该墙的三个构造层分离，成为各自独立的图元，即转化为零件。

层

外部边

	功能	材质	厚度	包络
1	面层 1 [4]	金属 - 钢 Q390 16	100.0	☑
2	核心边界	包络上层	0.0	
3	结构 [1]	<按类别>	200.0	☐
4	核心边界	包络下层	0.0	
5	面层 2 [5]	松散 - 石膏板	20.0	☑

图 2.128　墙体构造层

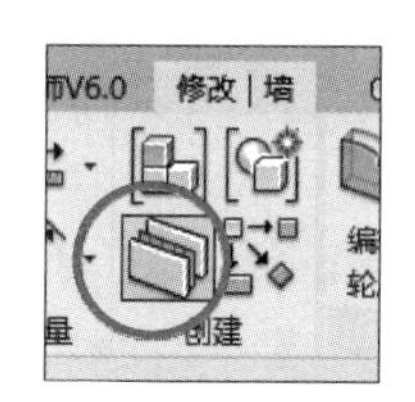

图 2.129　“创建零件”命令

2）分割零件

选中墙体最外层的“钢”零件层，单击“修改 | 组成部分”上下文选项卡中的“分割零件”命令，再单击“编辑草图”命令，绘制如图 2.130 所示的钢板轮廓草图。

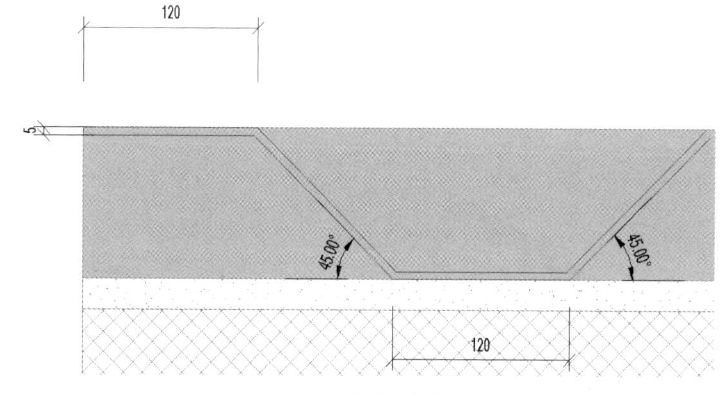

图 2.130　钢板轮廓草图

框选中草图轮廓，单击修改选项卡中的“复制”命令，并勾选中选项栏中的“约束”和“多个”，将轮廓向右复制，以超过墙体长度为宜，如图 2.131 所示。

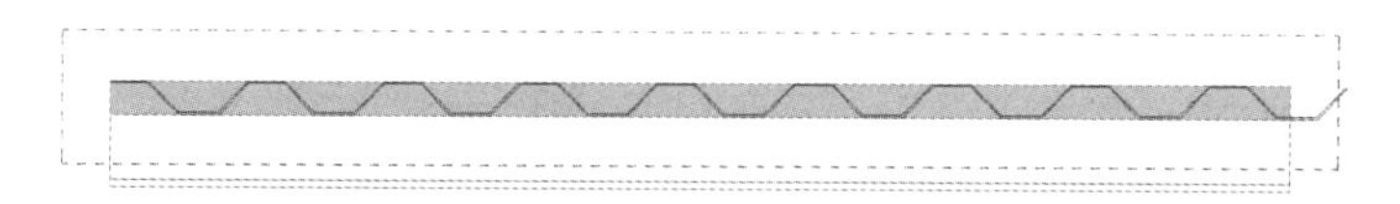

图 2.131　整体的钢板轮廓

如图 2.132 所示，使用绘制“线”和“剪切”“删除”等编辑命令将轮廓封闭，且无多余线条，完成后单击“完成编辑模式”两次，退出分割命令。

3）排除零件

在绘图区域按 Ctrl 键选中除分割完成的钢板以外的钢零件（图 2.133），单击上下文选项卡中“排除零件”命令（图 2.134），完成后墙体如图 2.135 所示。

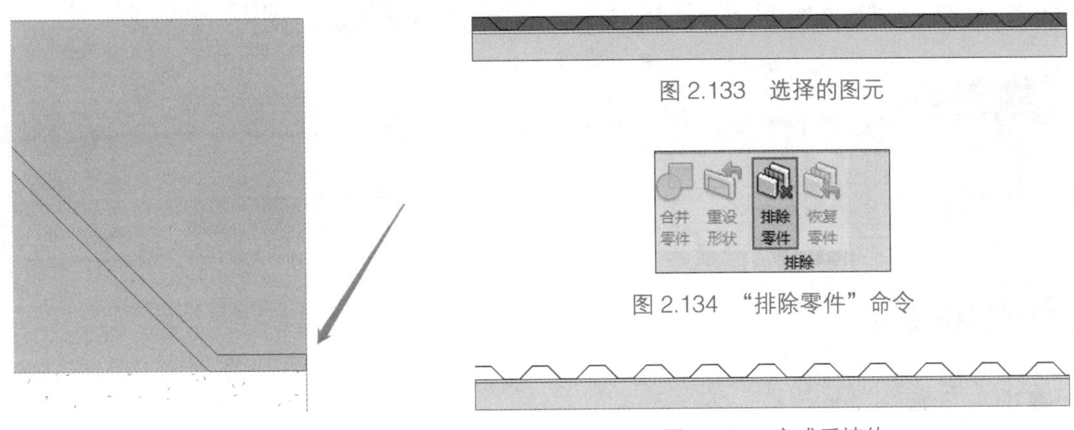

图 2.132 轮廓封闭且无多余线条

图 2.133 选择的图元

图 2.134 “排除零件”命令

图 2.135 完成后墙体

4）显示零件

进入三维视图，在属性面板将“零件可见性”修改为“显示零件”（图 2.136）。此时能看到钢结构的波纹，如图 2.127 左图所示。

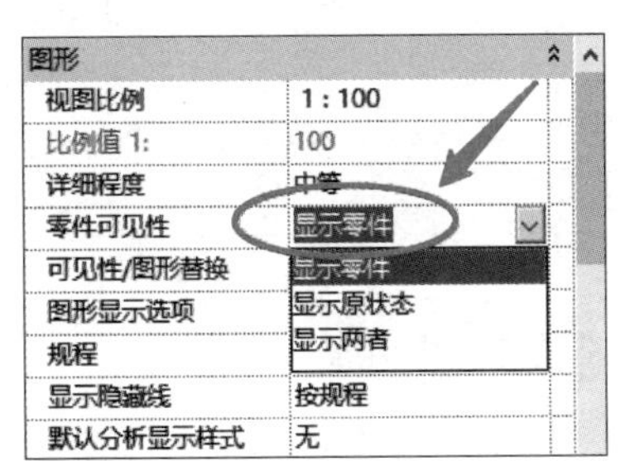

图 2.136 将“零件可见性”修改为“显示零件”

2. 石膏板拼缝装饰的创建

进入南立面视图，属性面板将“零件可见性”修改为“显示零件”。

在绘图区域选中石膏板零件，单击“修改 | 组成部分”上下文选项卡中的“分割零件”命令，弹出“工作平面”面板，拾取该平面为工作平面。

将零件按图 2.137 所示进行分割，并在实例属性面板中修改“间隙”值为“5.0”，完成草图绘制后，单击“确认”。

图 2.137 分割零件

完成后的模型见图 2.127 右图所示。

完成的文件见“任务 2.14/ 压型钢板、石膏板拼缝装饰完成”。

任务 2.15　对模型进行图元置换——移动图元并锁定视图

任务目标

（1）掌握图元置换的方法；

（2）掌握锁定视图的方法；

（3）掌握在锁定视图中创建直线和文字的方法。

移动图元并锁定视图

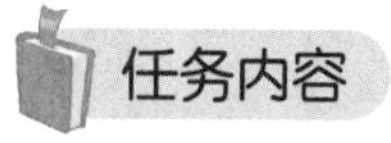

任务内容

序号	任务分解	任务驱动
1	图元置换	进入三维视图，在绘图区域选中要移动的图元，使用“置换图元”命令将其在上、下、左、右移动
2	锁定视图	单击视图选项栏中“解锁的三维视图”命令，选择“保存方向并锁定视图”使视图锁定
3	在锁定视图中创建直线和文字	（1）在锁定视图中使用“注释”选项卡中的“文字”命令创建文字； （2）使用“建筑”选项卡中的“模型线”命令创建标注直线

任务实施

为了展示模型构造，需要将图元拆解开来显示。在 Revit 软件中，各视图是联动显示的，如果在视图中直接移动某一模型图元，将会影响到项目本身，并响应到其他视图中。本节的主要任务是学会在某视图内移动图元、展示模型，而不影响其他视图内的显示。

任务描述：按照图 2.138 做一个各楼层分开展示的视图，并标注文字和直线。该视图为独立的视图，不影响其他视图的显示。

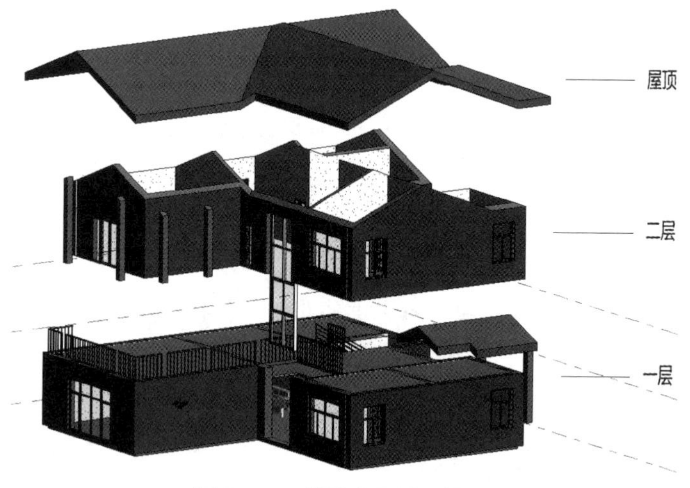

图 2.138　楼层分开展示视图

工作思路：利用“置换图元”命令将图元向上移动，再将该视图锁定。使用“文字”和“模型线”命令标注文字和线段。

工作步骤

1. 移动图元

打开“任务 2.11/ 装饰构件放置完成 .rvt”，进入三维视图。

在绘图区域选中屋顶，单击“修改 | 常规模型”上下文选项“视图”面板中的“置换图元”命令（图 2.139）。鼠标向上拖曳蓝色的向上箭头，将它们移动到合适位置，如图 2.140 所示。

图 2.139　“置换图元”命令

采用按照同样的方式，将二楼墙、柱向上移动，效果如图 2.137 所示。

2. 锁定试图

旋转三维视图到合适位置，如图 2.141 所示，单击视图选项栏中的“解锁的三维视图”命令，选择“保存方向并锁定视图”选项。命名该视图为“楼层分离”。原先的三维视图即成为名为“路层分离”且不可转动的视图。

图 2.140　移动墙图元后的效果

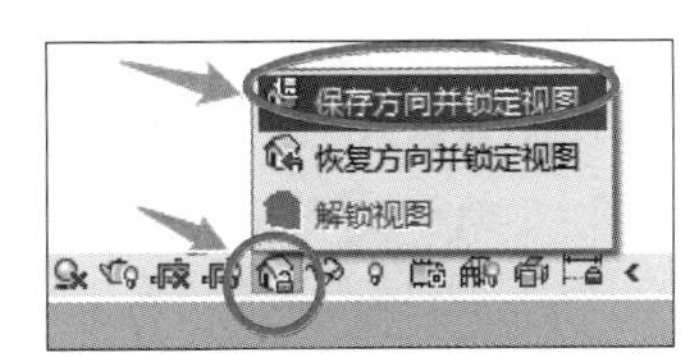

图 2.141　保存视图

分别用“注释”选项卡中的“文字”命令和“建筑”选项卡中的“模型线”命令，对图形进行“一层”“二层”“屋顶”的注释，完成图如图 2.138 所示。

完成的文件见“任务 2.15/ 图元置换完成”。

项目 3　定制化装饰 BIM 族

任务 3.1　掌握“系统族”的概念、创建与编辑

任务目标

（1）掌握系统族的概念；

（2）掌握查看系统族的方法；

（3）掌握创建和修改系统族的方法；

（4）掌握删除系统族的方法；

（5）掌握系统族在不同项目之间传递的方法。

掌握“系统族”的概念、创建与编辑

任务内容

序号	任务分解	任务驱动
1	掌握系统族的概念	软件内的墙、屋顶、天花板、楼板等基本建筑图元均为系统族
2	查看系统族的不同分类	在项目浏览器中，展开“族”即可查看系统族
3	创建和修改系统族	在属性面板进行实例属性和类型属性的编辑
4	删除系统族	（1）在项目浏览器中删除族类型； （2）使用“清除未使用项”命令删除族类型
5	在不同项目之间传递系统族	（1）在不同项目之间传递“族类型”； （2）在不同项目之间传递“项目标准”

任务实施

1. 系统族的概念

系统族包含基本建筑图元，如墙、屋顶、天花板、楼板及其他要在施工场地使用的图元，也包括标高、轴网、图纸和视口类型的项目和系统设置。

系统族已在 Revit Architecture 中预定义且保存在样板和项目中，系统族中至少应包含一个系统族类型，除此之外的其他系统族类型都可以删除。

可以在项目和样板之间复制、粘贴或传递系统族类型。

2. 系统族的查看

在项目浏览器中，展开“族”，可以查看到所有的族。展开“墙”，可以看到“墙”

族有三个系统族，分别为“叠层墙”“基本墙”和“幕墙”（图 3.1）。

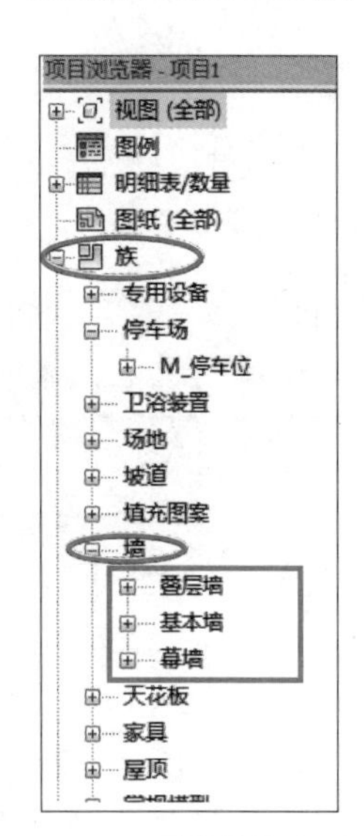

图 3.1　系统族的查看

小贴士

项目浏览器中的“族”包含所有族，含系统族、标准构件族和内建族。

3. 系统族类型的创建和修改

前面的章节已经讲解过系统族类型的创建和修改方法，以“墙”族为例，单击属性面板中的“编辑类型”，复制新的墙体类型进行修改和创建。

4. 系统族的删除

不能删除系统族，但可以删除系统族中包含的某一种系统族类型。删除系统族类型有以下两种方法。

1）在项目浏览器中删除族类型

展开项目浏览器中的“族”，单击选择包含要删除的类型的类别和族，然后进行右击，在弹出的快捷菜单中选择“删除”命令，或按 Delete 键删除某一种系统族类型。

小贴士

若要删除的这种族类型在项目中具有实例，则将会显示一个“警告”。单击“确定”按钮，则既删除该族类型下已经创建的实例，也删除该族类型（图 3.2）。

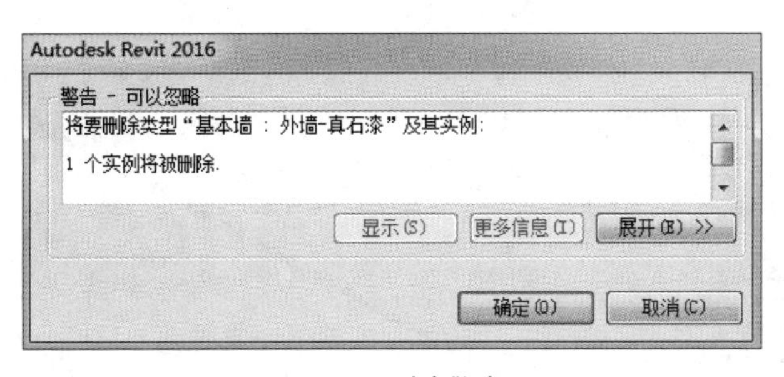

图 3.2　删除警告

2）使用“清除未使用项”命令

单击“管理”选项卡“设置”面板中的“清除未使用项”命令，弹出“清除未使用项”对话框。该对话框中列出了所有可从项目中删除的族和族类型，包括标准构件和内建族。

选择需要清除的类型，单击“放弃全部”按钮，再勾选要清除的族类型，然后单击“确定”按钮（图 3.3）。

5. 系统族在不同项目之间的传递

1）“族类型”在不同项目之间的传递

打开“任务 2.8/ 材质创建完成 .rvt”。

单击左上角“文件”按钮，使用系统自带“建筑样板”重新打开一个项目文件，并将其命名为“项目 1”。

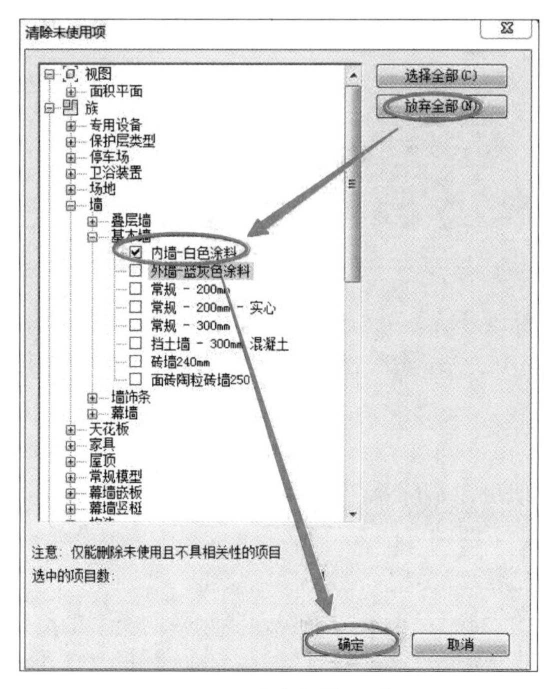

图 3.3　清除未使用项

在绘图区域单击“材质创建完成 .rvt”项目，进入该项目。在项目浏览器“族”中选择要复制的族类型，如墙中的“瓷砖墙”，单击“修改”选项卡“剪贴板”面板中的“复制”(图 3.4)。

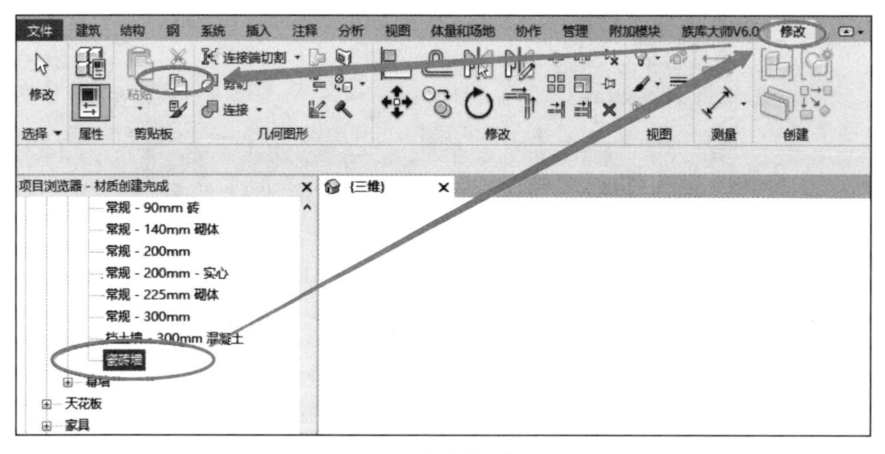

图 3.4　复制族类型

在绘图区域单击“项目 1.rvt”，进入该项目。单击“修改”选项卡“剪贴板”面板中的“粘贴”下拉菜单，选择“从剪贴板粘贴”(图 3.5)。

此时，“瓷砖墙”族类型会从“材质创建完成 .rvt”复制到“项目 1.rvt”。

2)“项目标准”在不同项目之间的传递

在“项目 1.rvt”中，单击“管理”选项卡“设置”面板中的“传递项目标准”命令(图 3.6)，勾选要复制的内容，此处单击“选择全部”，单击“确定”(图 3.7)。在弹出的“重复类型”提示对话框中，可选择“仅传递的新类型”。

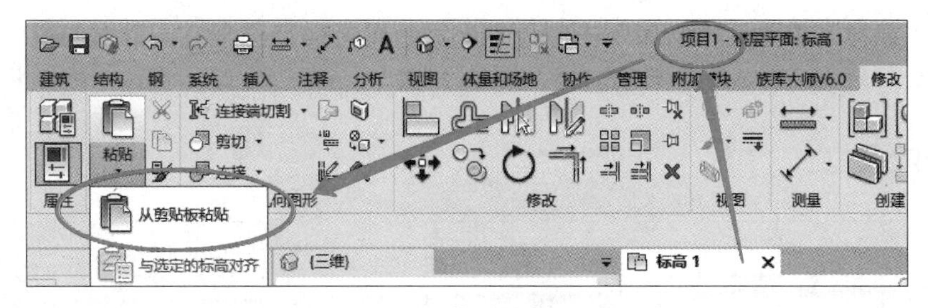

图 3.5　粘贴族类型

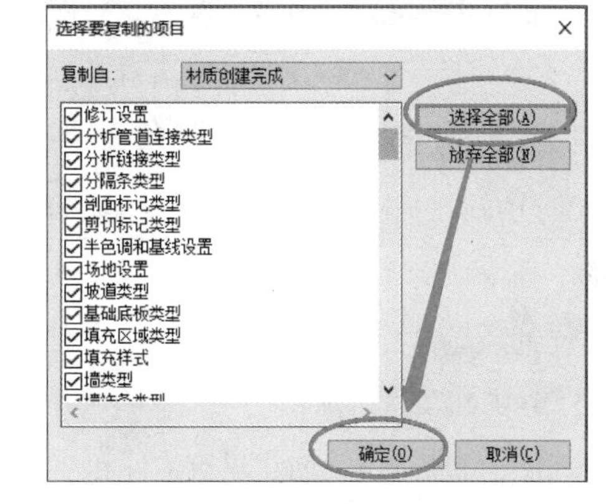

图 3.6　“传递项目标准”命令

图 3.7　项目标准的传递

此时，“装饰构件放置完成 .rvt” 中的所有项目标准都会复制到 “项目 1”。比如，在项目 1 中进入到任何一种材质，打开 “填充样式”，“模型” 中会出现 “瓷砖填充” 样式，如图 3.8 所示。该样式来源于 “装饰构件放置完成 .rvt”。

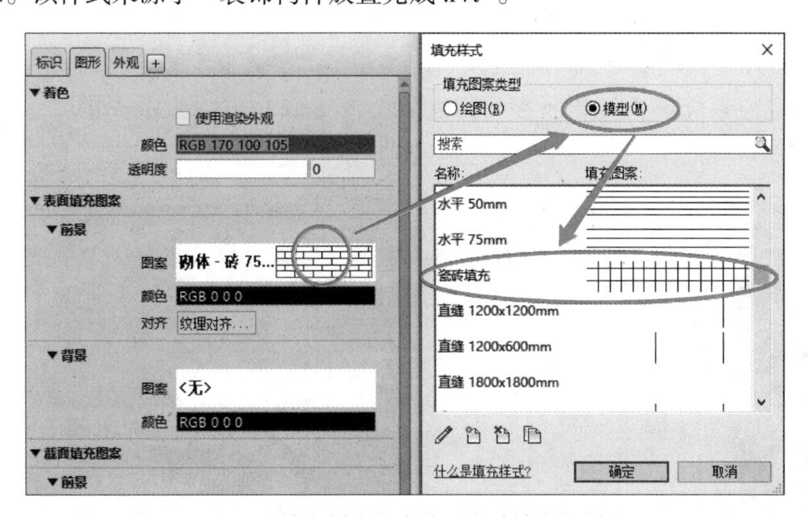

图 3.8　“填充样式” 中的 “瓷砖填充” 样式

任务 3.2　掌握 “标准构件族” 的概念、创建与编辑

（1）掌握标准构件族的概念；

（2）掌握标准构件族的使用方法；

（3）掌握标准构件族的创建方法。

序号	任务分解	任务驱动
1	掌握标准构件族的概念	由外部“.rfa”文件中创建，可导入或载入项目中的族为标准构件族
2	使用不用的标准构件族	使用“载入族”命令，定位到软件安装目录中的“Libraries”文件夹，可选择相应族进行载入
3	创建标准构件族	（1）打开 Revit 软件，选择一个合适的族样板进行新建； （2）使用实心的拉伸、融合、旋转、放样、放样融合命令创建实心族，使用空心的拉伸、融合、旋转、放样、放样融合命令实现对实心形状的剪切

任务实施

1. 标准构件族的概念

标准构件族是用于创建建筑构件和一些注释图元的族。标准构件族包括在建筑内和建筑周围安装的建筑构件（如窗、门、橱柜、装置、家具和植物），也包括一些常规自定义的注释图元（如符号和标题栏）。

掌握“标准构件族”的概念、创建与编辑

标准构件族是在外部“.rfa”文件中创建的，可导入或载入项目中，具有高度可自定义的特征。

2. 标准构件族的使用

单击“插入”选项卡“从库中载入”面板中的“载入族”命令。弹出“载入族”对话框，自动定位到标准构件族所在文件夹“C:/ProgramData/Autodesk/RVT 2020/Libraries/China”（图 3.9）。

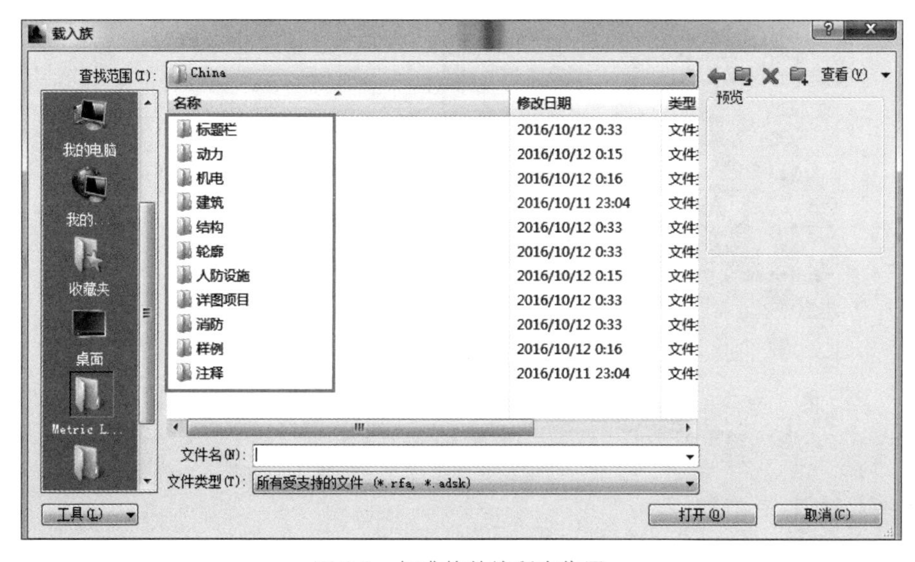

图 3.9　标准构件族所在位置

注意

在"文件"→"选项"→"文件位置"中，单击"放置（P）"，可以设置"标准构件族"文件夹的默认路径，见图 3.10。

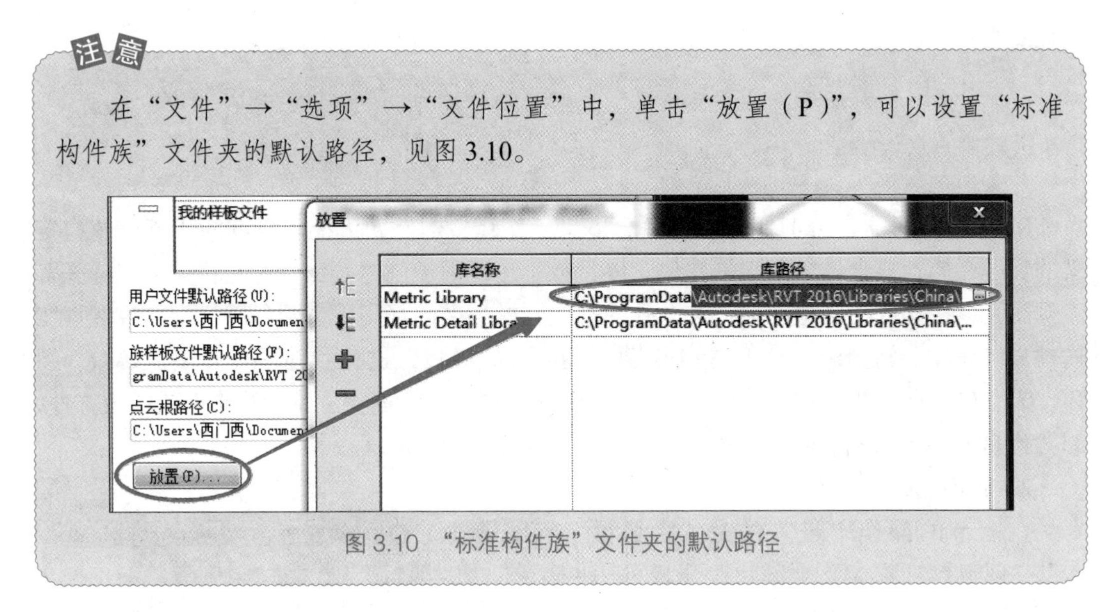

图 3.10　"标准构件族"文件夹的默认路径

如图 3.11 所示，在项目浏览器"族"中的某一族类型上右击，选择"创建实例"。可在项目中创建该实例。

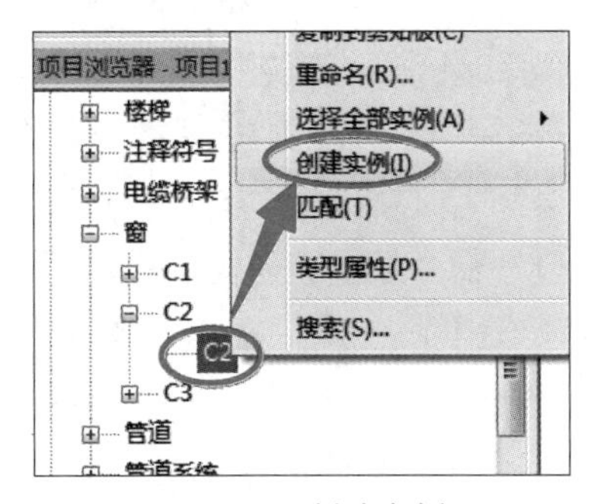

图 3.11　创建实例

3. 标准构件族的创建

1）新建族文件

与新建一个"项目文件"相同，也需要基于某一样板文件，才能新建一个"族文件"。

打开 Revit 软件，进入启动 Revit 时的主界面。

单击"族"下方的"新建"，弹出"新族 - 选择样板文件"对话框（图 3.12）。选择一个族样板，如"公制常规模型"，单击"打开"。

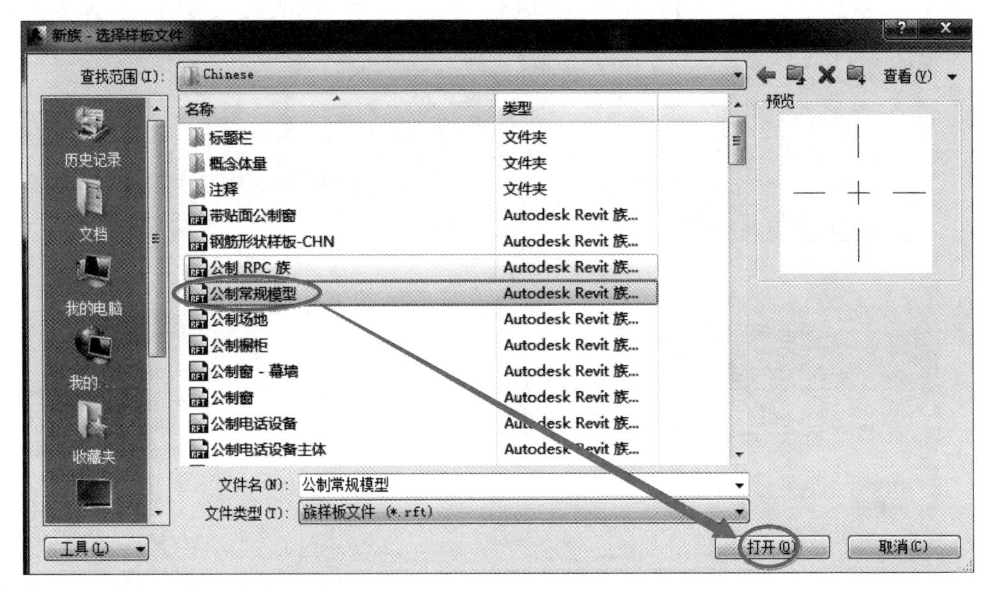

图 3.12　族样板文件

注意

在“选项”对话框→“文件位置”选项卡→“族样板文件默认路径”中，设置族样板文件的默认路径。

Revit 的样板文件分为标题栏、概念体量、注释、构件四大类。标题栏用于创建自定义的标题栏族；概念体量用于创建概念体量族；注释用于创建门窗标记、详图索引标头等注释图元族；构件则是指除前三类之外的其他族样板文件都用于创建各种模型构件和详图构件族。其中，“基于 ***.rft” 是基于某一主体的族样板，这些主体可以是墙、楼板、屋顶、天花板、面、线等；“公制 ***. rft” 族样板文件都是没有 “主体” 的构件族样板文件，如 “公制窗 .rft”“公制门 .rft” 属于自带墙主体的常规构件族样板。

2）族创建的一般方法

在上节的操作中进入的是“族编辑器”,“创建”选项卡下“形状”面板可用于创建实心模型和空心模型。其中,“拉伸”“融合”“旋转”“放样”“放样融合”命令是实心建模方法,“空心拉伸”“空心融合”“空心旋转”“空心放样”“空心放样融合”命令是空心建模方法（图 3.13）。

图 3.13　族建模命令

（1）拉伸。在组编辑器界面，单击“创建”选项卡“形状”面板中的“拉伸”。

在“参照标高”楼层平面视图中，在“绘制”面板选择一种绘制方式，在绘图区域绘制想要创建的拉伸轮廓。

在属性面板里设置好拉伸的起点和终点。

在模式面板单击“完成编辑模式”，完成创建（图 3.14）。创建完成的模型见图 3.15。

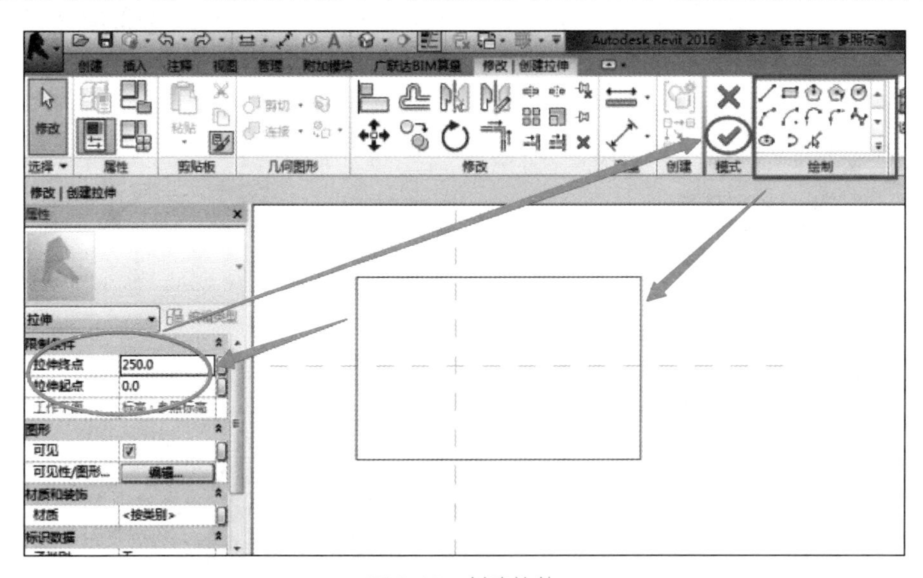

图 3.14　创建拉伸

（2）融合。在组编辑器界面，单击“创建”选项卡“形状”面板中的“融合”。

在“参照标高”楼层平面视图中，在“绘制”面板中选择一种绘制方式，在绘图区域绘制想要创建的“底部”轮廓（图 3.16）。注意到此时上下文选项卡为“修改 | 创建融合底部边界”，即此时是在创建“底部边界”的操作中。

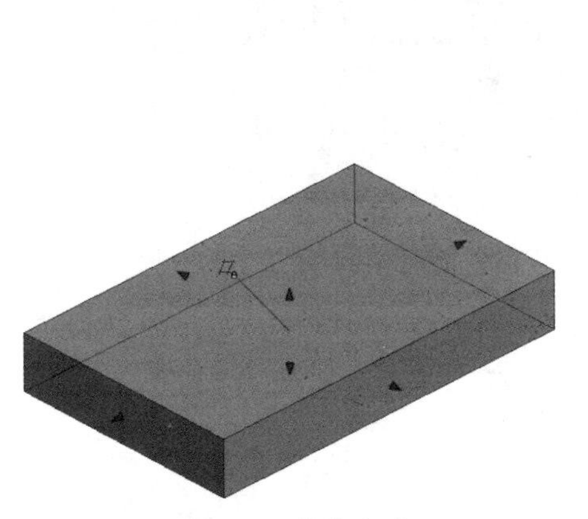

图 3.15　拉伸完成

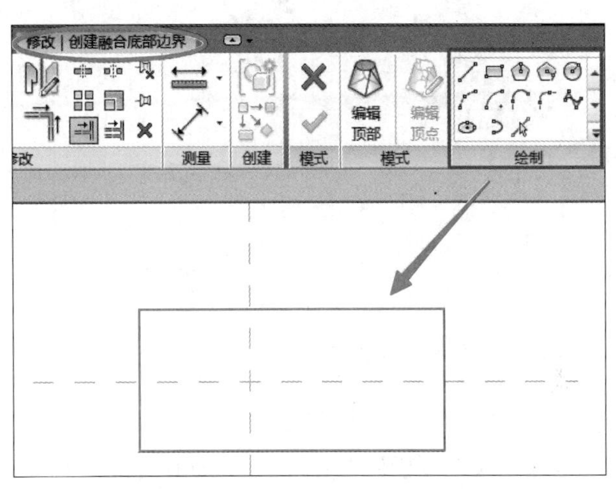

图 3.16　底部轮廓

绘制完底部轮廓后，在“模式”面板选择“编辑顶部”（图 3.17）。

在“绘制”面板中选择一种绘制方式，在绘图区域绘制想要创建的“顶部”轮廓（图 3.18）。注意到此时上下文选项卡为“修改 | 创建融合顶部边界”，即此时是在创建“顶部边界”的操作中。

在“属性”面板里设置好底部和顶部的高度，即“第一端点”值和“第二端点”值。

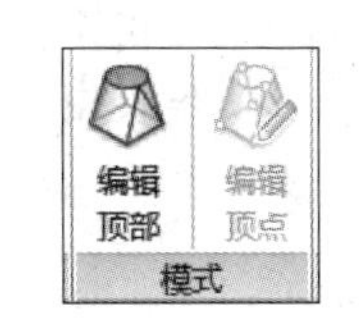

图 3.17　编辑顶部

单击“模式”面板中的“完成编辑模式”，完成融合的创建。创建完成的模型见图 3.19。

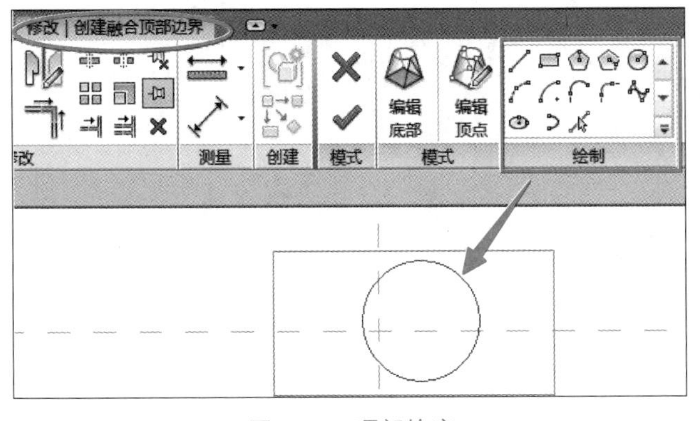

图 3.18　顶部轮廓

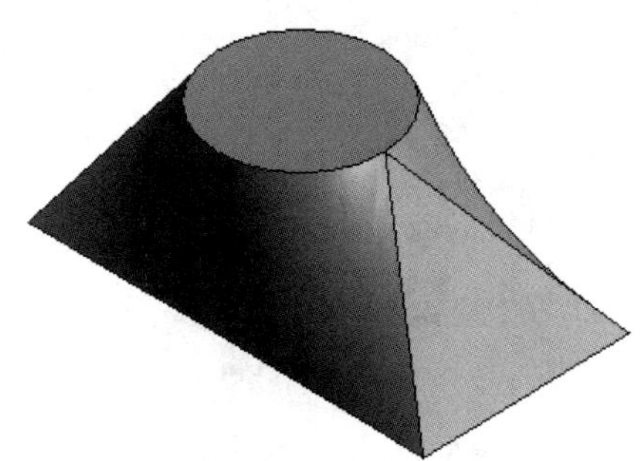

图 3.19　融合完成

（3）旋转。在组编辑器界面，单击“创建”选项卡“形状”面板中的“旋转”。

在“参照标高”楼层平面视图中，在“绘制”面板默认值是绘制“边界线”命令，在“绘制”面板选择一种绘制方式，在绘图区域绘制旋转轮廓的边界线（图 3.20）。

在“绘制”面板单击“轴线”，选择“直线”绘制方式，在绘图区域绘制旋转轴线（图 3.21）。

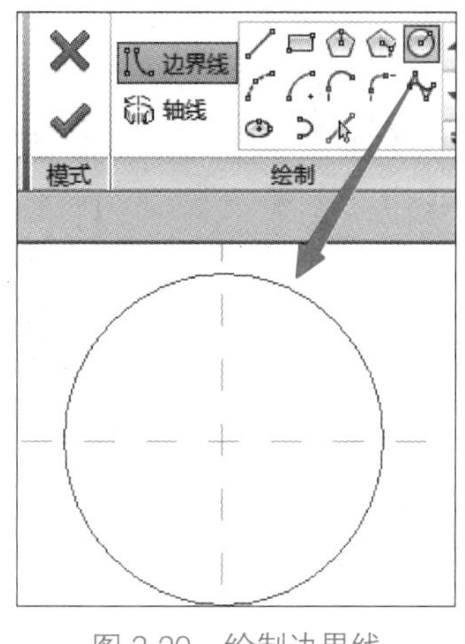

图 3.20　绘制边界线

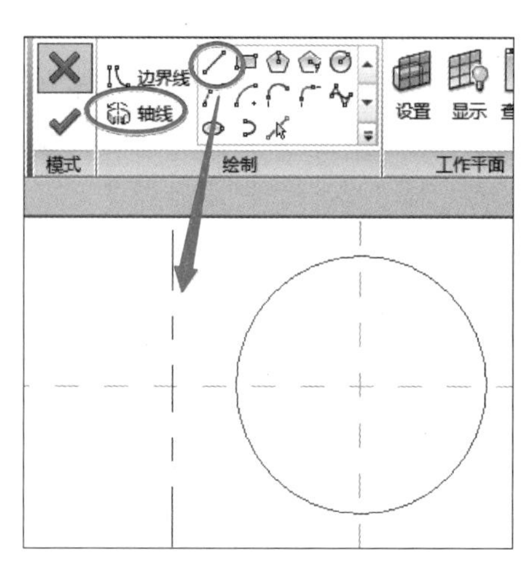

图 3.21　绘制旋转轴线

在“属性”栏设置旋转的起始角度和结束角度。

单击“模式”面板中的“完成编辑模式”，完成旋转的创建。创建完成的模型见图 3.22。

（4）放样。在组编辑器界面，单击“创建”选项卡“形状”面板中的“放样”。

在“参照标高”楼层平面视图中，单击“放样”面板“绘制路径”或“拾取路径”。若选择“绘制路径”，则在“绘制”面板选择一种绘制方式，在绘图区域绘制放样路径（图 3.23）。注意到此时上下文选项卡为“修改 | 放样 > 绘制路径”，即此时是在“绘制放样路径”的操作中。

图 3.22　旋转完成

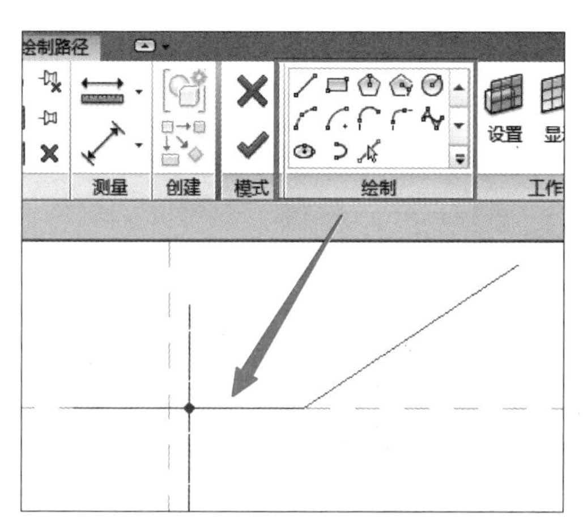

图 3.23　创建路径

单击“模式”面板中的“完成编辑模式”，完成放样路径的创建。

单击“放样”面板中的“编辑轮廓”（图 3.24），在弹出的“转到视图”对话框中选择“立面：左”，单击“打开视图”（图 3.25）。

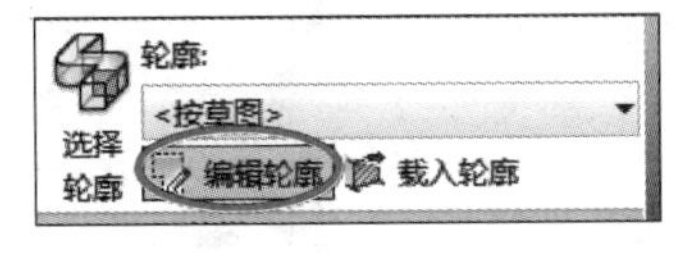

图 3.24　编辑轮廓

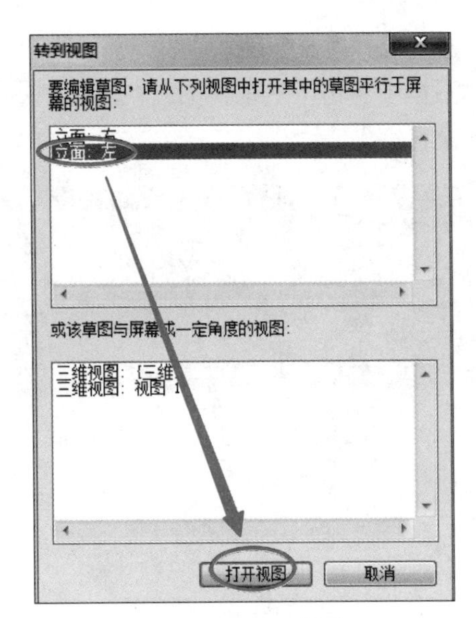

图 3.25　转到视图

在“绘制”面板选择相应的绘制方式，在绘图区域绘制旋转轮廓的边界线（图 3.26）。注意到此时上下文选项卡为“修改 | 放样 > 编辑轮廓”，即此时是在“编辑放样轮廓”的操作中。

单击“模式”面板中的“完成编辑模式”，完成放样轮廓的创建。

再单击“模式”面板中的“完成编辑模式”，完成放样的创建。创建完成的模型见图 3.27。

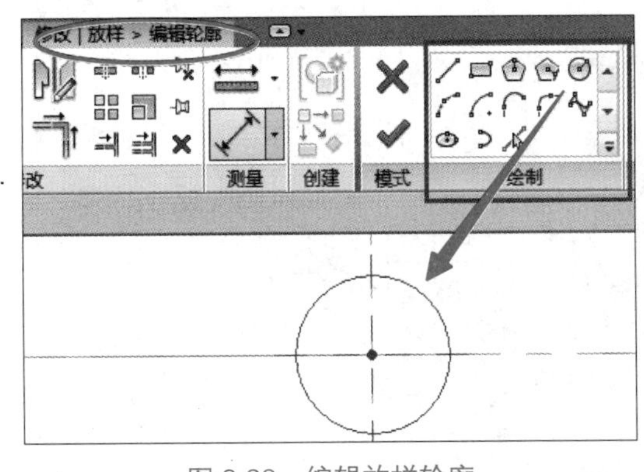

图 3.26　编辑放样轮廓

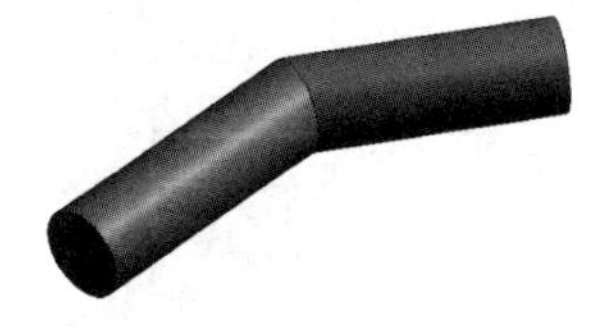

图 3.27　放样模型

（5）放样融合。在组编辑器界面，单击“创建”选项卡“形状”面板中的“放样融合”。

在“参照标高”楼层平面视图中，单击“放样融合”面板中的“绘制路径”。若选择“绘制路径”，则在“绘制”面板选择一种绘制方式，在绘图区域绘制放样路径（图 3.28）。注意到此时上下文选项卡为“修改 | 放样融合 > 绘制路径”，即此时是在“绘制放样融合路径”的操作中。

单击“模式”面板中的“完成编辑模式”，完成放样融合路径的创建。

单击“放样融合”面板中的“选择轮廓 1”，并单击“编辑轮廓”。在弹出的“转到视图”对话框中单击“三维视图：{ 三维 }”，单击“打开视图”(图 3.29)，进入编辑轮廓 1 的草图模式。

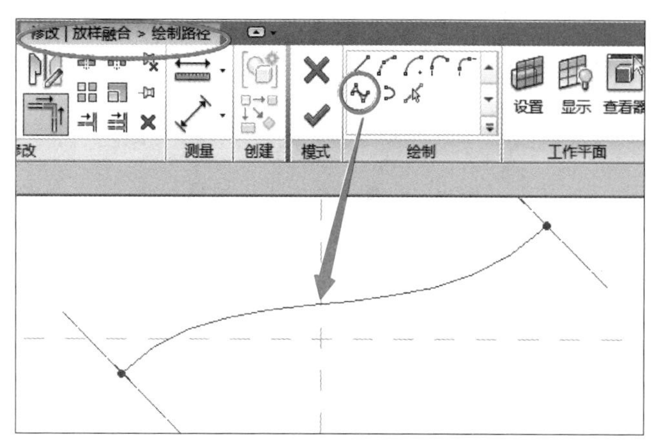

图 3.28　放样融合路径

图 3.29　转到视图

在“绘制”面板选择相应的一种绘制方式，在绘图区域绘制轮廓 1 的边界线。注意：绘制轮廓是所在的视图可以是三维视图，可以打开“工作平面”中的“查看器”进行轮廓绘制（图 3.30）。

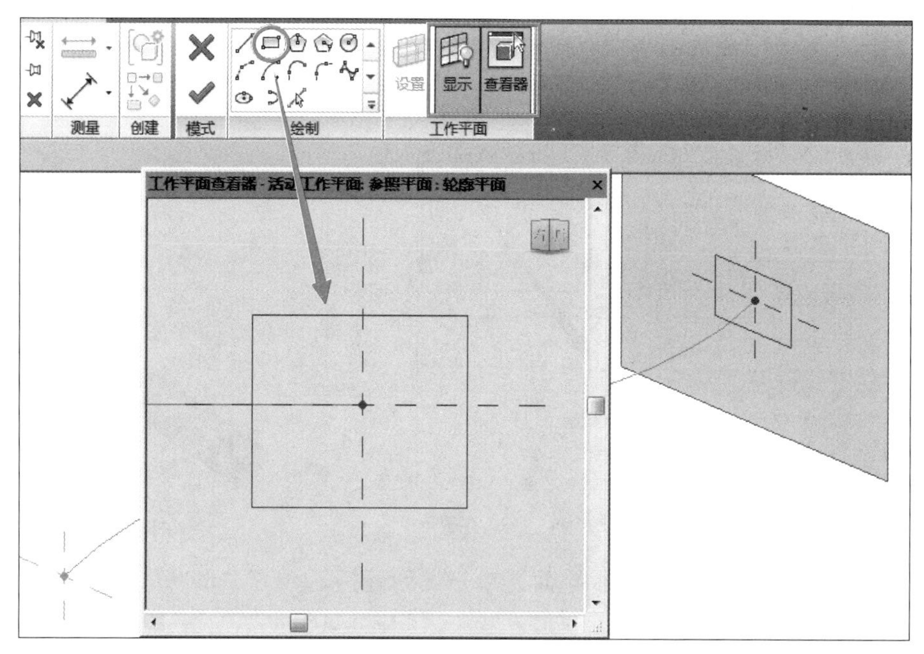

图 3.30　绘制轮廓 1

单击“模式”面板中的“完成编辑模式”，完成轮廓 1 的创建。

单击“放样融合”面板中的“选择轮廓 2”，并单击“编辑轮廓”。同轮廓 1 的绘制方式，绘制轮廓 2（图 3.31）。

单击“模式”面板中的“完成编辑模式”，完成轮廓 2 的创建。

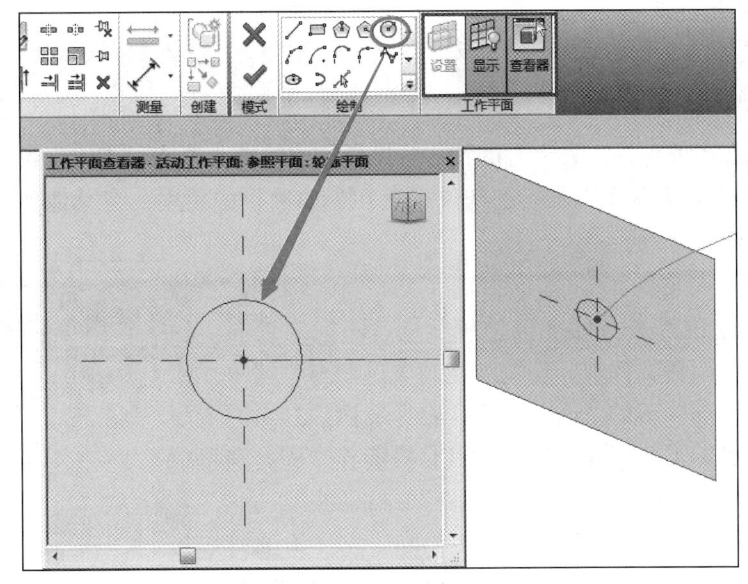

图 3.31　绘制轮廓 2

再单击“模式”面板中的“完成编辑模式”，完成放样融合的创建。创建完成的模型见图 3.32。

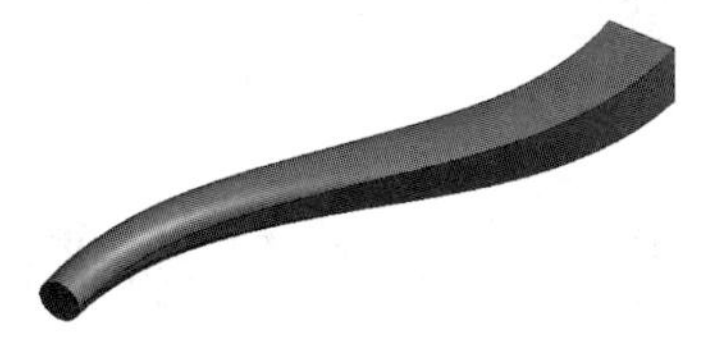

图 3.32　创建完成的模型

（6）空心形状。空心形状的创建基本方法与实心形状的创建方式相同。空心形状用于剪切实心形状，以得到想要的形体。

注意

通过以上命令，可以创建“族”模型。当一个几何图形比较复杂时，用上述某种创建方法可能无法一次创建完成，需要使用几个实心形状“合并”，或再和几个空心形状“剪切”后才能完成。“合并”和“剪切”命令位于“修改”选项卡中的“几何图形”面板。

任务 3.3　掌握“内建族”的概念、创建与编辑

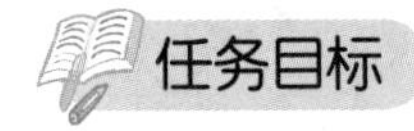

任务目标

（1）掌握内建族的概念；

（2）掌握进入内建族创建界面的方法。

掌握“内建族”的概念、创建与编辑

任务内容

序号	任务分解	任务驱动
1	掌握内建族的概念	掌握内建族是在当前项目中为专有的特殊构件所创建的族，只能用于当前项目文件
2	进入内建族创建界面	在项目文件中，单击“建筑”选项卡“构件”下的“内建模型”命令，即可进入内建族创建界面

任务实施

1. 内建族的概念

内建族是在当前项目中为专有的特殊构件所创建的族，该族只能用于当前项目文件。

对于一些通用性不高的非标准构件，只在当前项目中使用，在其他项目中很少使用时，可以用内建族进行创建。

2. 内建族的创建

内建族的创建方法与标准构件族相同，不同之处在于，内建族是在项目文件中，使用“建筑”选项卡→“构件”面板→“构件”下的“内建模型”命令（图 3.33）进行创建，创建时不需要选择族样板文件，只要在“族类别和族参数”对话框中选择一个“族类别”。

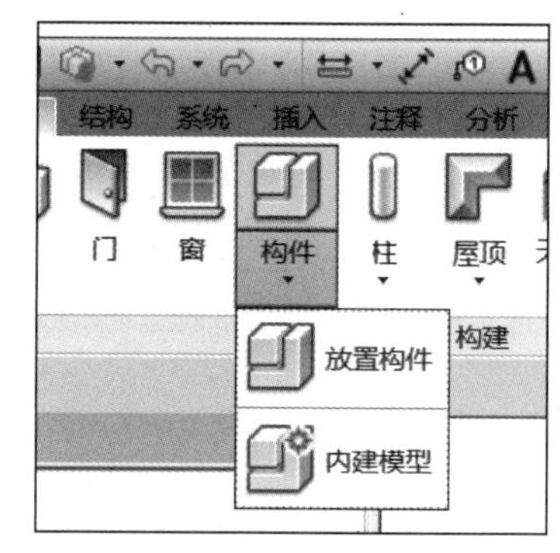

图 3.33 “内建模型”命令

内建族与标准构件族的创建方法相同，在“族编辑器”中，使用实心或空心的“拉伸”“融合”“旋转”“放样”“放样融合”命令创建模型。

模型创建完成，单击“完成模型”命令，回到项目文件。

任务 3.4 创建古城墙内建族

任务目标

掌握古城墙内建族的创建方法。

创建古城墙内建族

任务内容

任务分解	任务驱动
创建古城墙内建族	（1）新建墙类别； （2）绘制定位线； （3）用“拉伸”命令创建墙体； （4）用“空心拉伸”命令剪切出墙垛； （5）完成创建返回到项目文件

任务实施

任务描述：按照图 3.34 创建古城墙内建族。

工作思路：针对古城墙的截面轮廓进行拉伸，在另一个立面做空心拉伸剪切出孔洞。

工作步骤

1. 新建墙类别

新建一个项目文件，在 F1 平面视图中，单击“建筑”选项卡→“构建”面板→“构件”下的“内建模型”命令。

在弹出的“族类别与族参数”对话框中，选择族类别“墙”，单击“确定”。在弹出的“名称”对话框中输入“古城墙”为墙体名称，单击“确定”，打开族编辑器。

2. 绘制定位线

单击“创建”选项卡“基准”面板中的“参照平面”命令，在“标高 1”楼层平面的绘图区域绘制一条水平和垂直的参照平面（图 3.35）。

图 3.34　古城墙

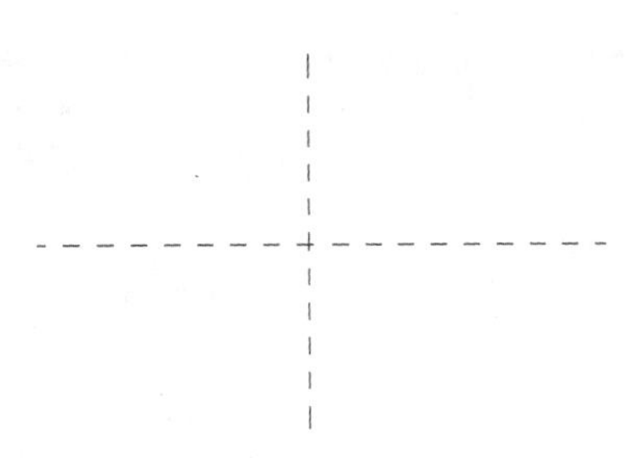

图 3.35　参照平面

3.“拉伸”命令创建墙体

单击“创建”选项卡“形状”面板中的“拉伸”命令，进入“修改 | 创建拉伸”子选项卡。

设置工作平面：按照图 3.36 单击“工作平面”面板中的“设置”命令；在“工作平面”对话框中勾选“拾取一个平面（P）”，单击“确定”；移动光标，单击拾取“竖直”的参照平面。

在弹出的“转到视图”对话框中选择“立面：东”，单击“打开视图”，进入东立面视图。

绘制轮廓：在“绘制”面板中选择“线”绘制命令，以参照平面为中心，按图 3.37 所示尺寸绘制封闭的城墙轮廓线。

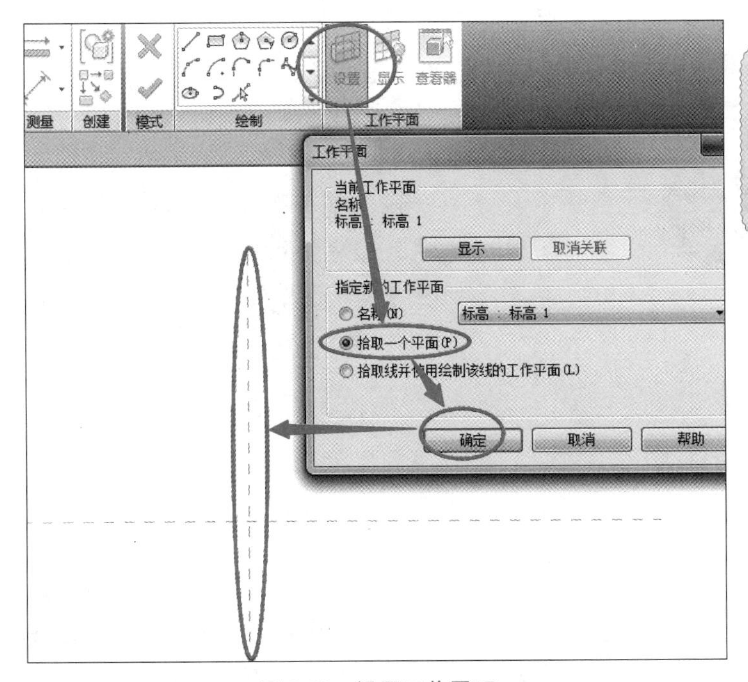

图 3.36　设置工作平面

注意

城墙的拉伸轮廓需要到立面视图中绘制，因此要先选择一个立面作为绘制轮廓线的工作平面。

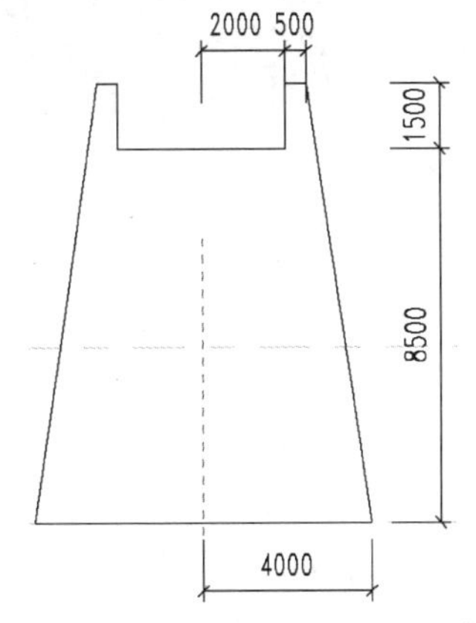

图 3.37　城墙轮廓线

拉伸属性设置：在左侧“属性”选项板中，设置参数“拉伸终点”值为“10000.0mm”，“拉伸起点”值为“-10000.0”(即：城墙总长 20m，从中心向两边各拉伸 10m)。单击参数“材质”的值“按类别”，右侧出现一个小按钮，单击打开“材质”对话框，从弹出的“材质浏览器”中选择“砌体 - 普通砖 75×225mm”，单击“确定”(图 3.38)。

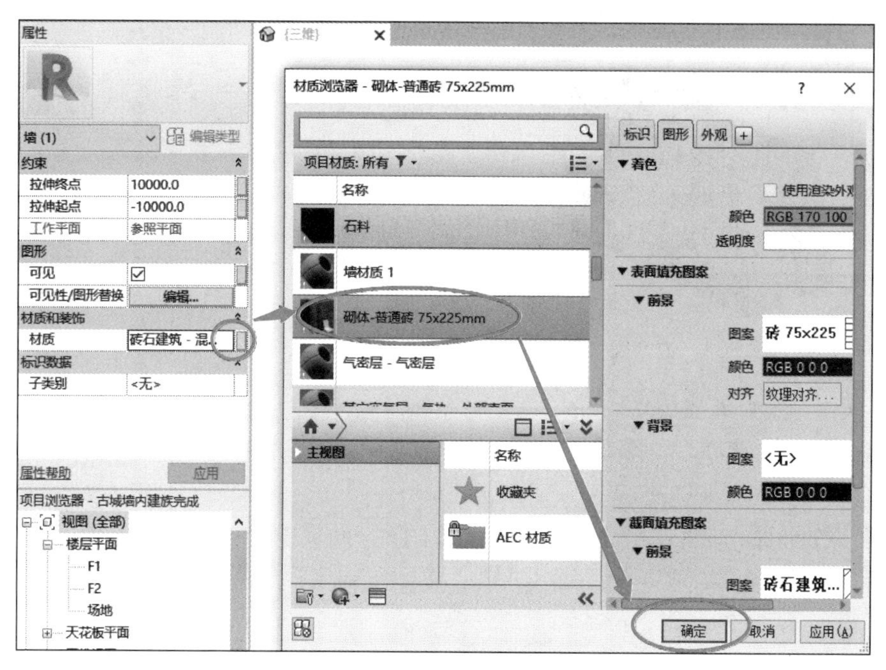

图 3.38　材质属性

单击“模式”面板中的“完成编辑模式”命令，完成“拉伸”命令。初步创建的城墙模型如图 3.39 所示。

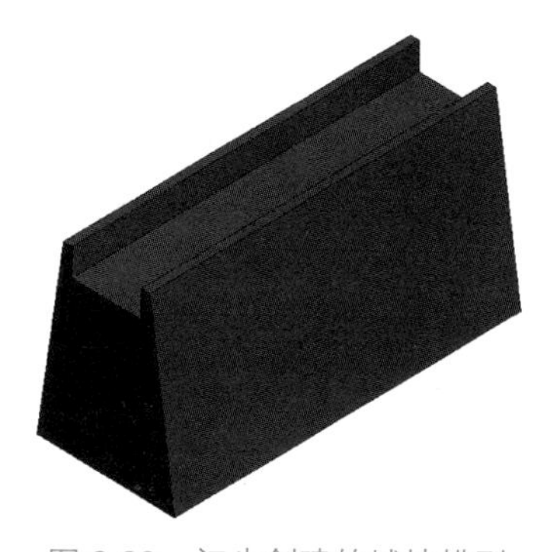

图 3.39　初步创建的城墙模型

注意

此时是“拉伸”命令完成，内建模型并未完成，尚在族编辑器界面中。

4. “空心拉伸”命令剪切出墙垛

切换窗口到“标高 1”平面视图。单击“创建”选项卡→“形状”面板→“空心形状”下的“空心拉伸”命令，进入“修改 | 创建空心拉伸”子选项卡。

设置工作平面：采用同样方法，单击“工作平面”面板中的“设置”命令，勾选“拾取一个平面”，单击“确定”，拾取图 3.40 中创建的“水平”参照平面为工作平面，在弹出的“转到视图”对话框中选择“立面：南”，单击“打开视图”，即可绘制轮廓视图。

绘制轮廓：按照图 3.40 绘制空心拉伸轮廓。左侧“属性”选项板中，设置参数“拉伸终点”值为“4000”，“拉伸起点”值为“-4000”。

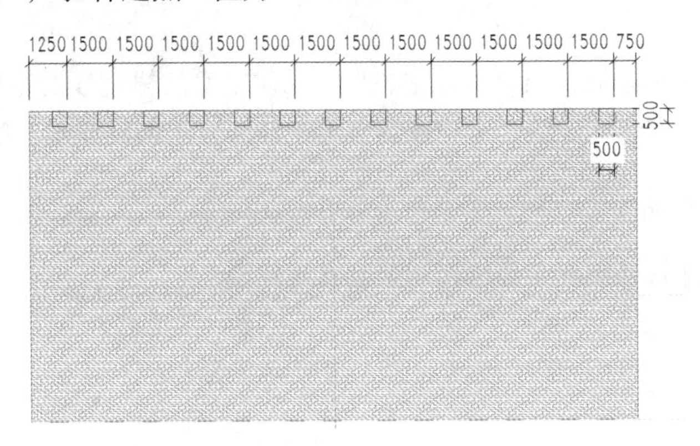

图 3.40　空心拉伸轮廓

单击“模式”面板中的“完成编辑模式”命令，完成“空心拉伸”命令。空心拉伸后的城墙模型见图 3.34。

5. 完成创建返回到项目文件

单击“修改”选项卡“在位编辑器”面板中的“完成模型”命令，关闭族编辑器。回到项目文件中，古城墙创建完毕。

完成的项目文件见“任务 3.4/ 古城墙内建族完成 .rvt”。

习题与能力提升

打开“习题与能力提升资源库”文件夹中“2021 年第 1 期‘1+X’BIM 初级实操实操题”，完成第 1 题“椅子”族。

任务 3.4 习题讲解

任务 3.5　创建沙发族

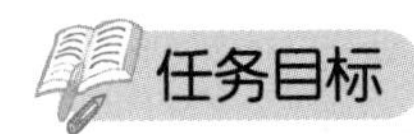

任务目标

掌握沙发族的创建方法。

创建沙发族

任务内容

任务分解	任务驱动
创建沙发族	（1）创建沙发主轮廓； （2）对沙发边角进行圆弧处理； （3）创建沙发垫； （4）创建沙发支架； （5）创建材质参数； （6）族测试

任务实施

任务描述：按照图 3.41 创建沙发族。

工作思路：采用实心放样绘制沙发主轮廓，采用空心放样使沙发边角处圆滑。采用在侧立面上拉伸的方法创建沙发垫。采用在侧立面拉伸的方法创建沙发支架。

工作步骤

1. 沙发主轮廓

新建一个族文件，族样板文件选择“公制常规模型”。

进入模型编辑状态后，单击“创建”选项卡“形状”面板中的“放样”命令，单击“绘制路径”命令，在平面视图中绘制如图 3.42 所示的放样路径尺寸，单击“完成编辑模式”完成路径的绘制。

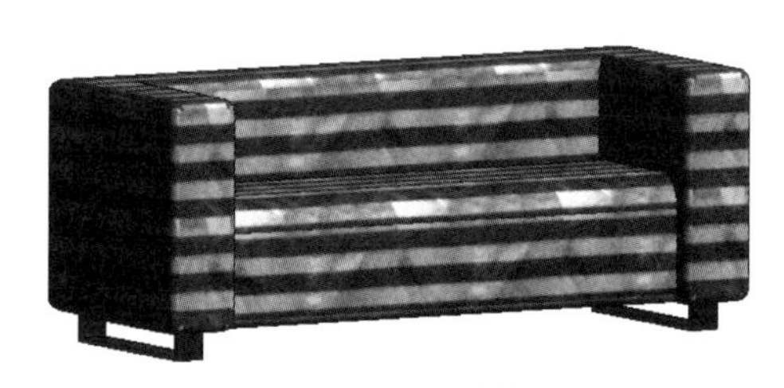

图 3.41 沙发族

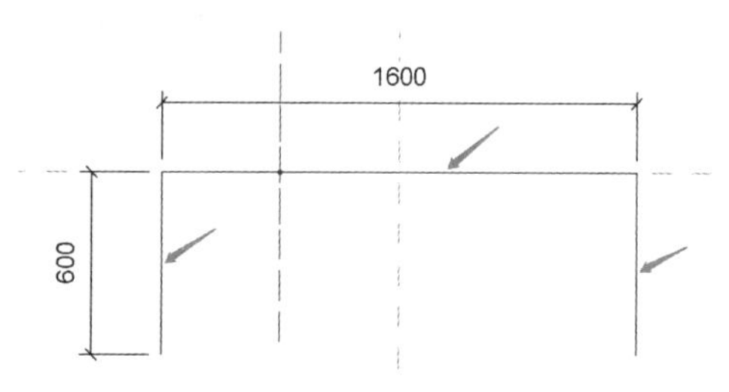

图 3.42 放样路径

单击“修改 | 放样”上下文选项卡“放样”面板中的“编辑轮廓”命令，弹出“转到视图”面板。在图 3.43 中能看出参照平面垂直于水平线，所以“转到视图”面板中只能选择“立面：右”或“立面：左”。单击“立面：右”会进入右立面图，按照图 3.43 绘制一个轮廓，单击“完成编辑模式”完成轮廓的绘制。

再单击“完成编辑模式”完成放样命令。

打开三维视图查看形体，如图 3.44 所示。

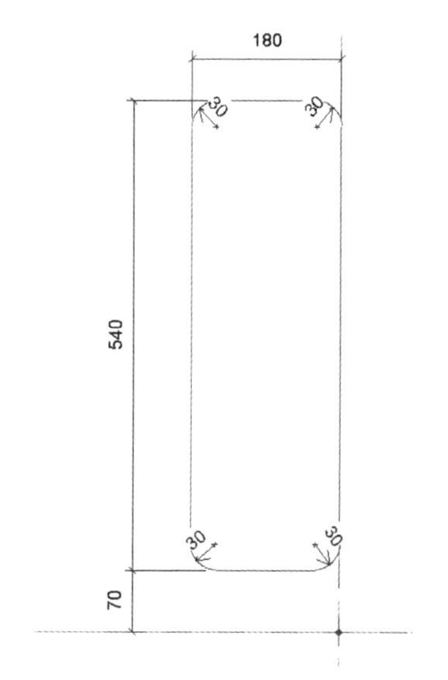

图 3.43 放样轮廓

图 3.44 沙发主轮廓三维视图

2. 沙发边角处理

在三维视图中，单击“创建”选项卡→“形状”面板→“空心形状”中的“空心放样”命令，单击“拾取路径”命令（图 3.45），按照图 3.46 所示位置拾取沙发端面轮廓作为空心放样的路径，并在路径上绘制轮廓。完成后，该轮廓将剪切实心放样形成圆角。

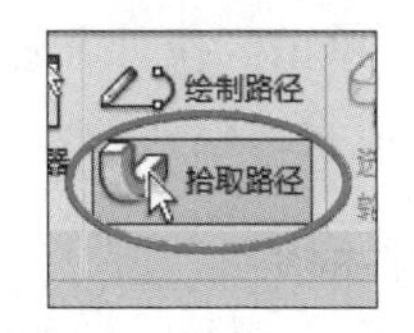

图 3.45 “拾取路径”命令

按照相同的方式为实心放样另一端面切出圆角，结果如图 3.47 所示。

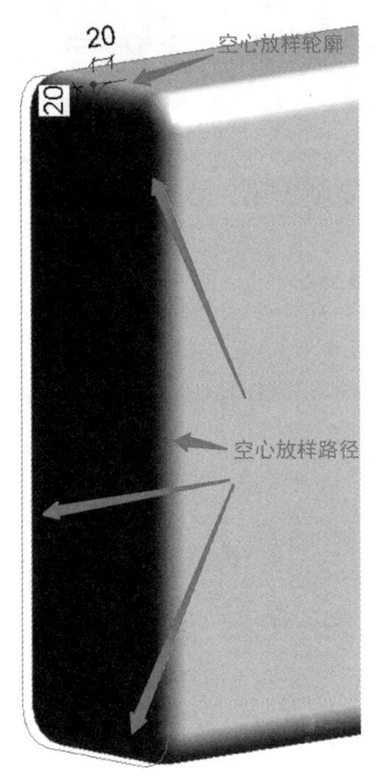

图 3.46 拾取的路径与绘制的轮廓

图 3.47 边角处理后的沙发

3. 沙发垫

单击“拉伸”命令，拾取沙发内侧面作为工作平面（图 3.48）。

如图 3.49 所示，在右立面视图中绘制拉伸轮廓，在“属性”面板设置“拉伸终点”为“1240”。

沙发垫创建完毕。

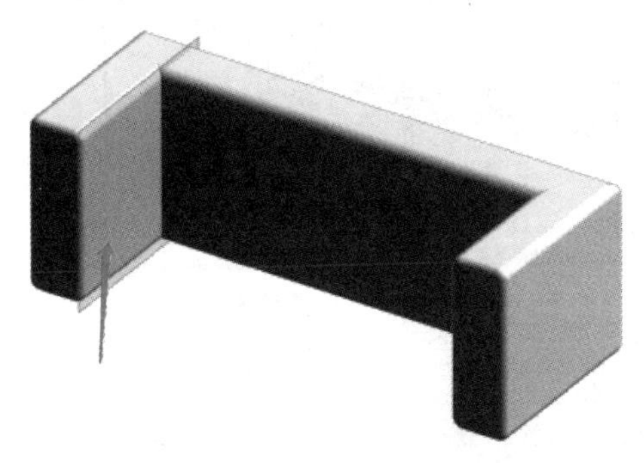
图 3.48 拾取沙发内侧面

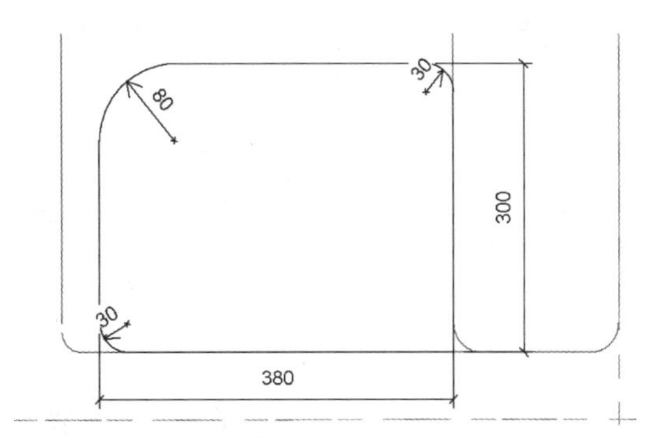

图 3.49 拉伸轮廓

4. 沙发支架

单击“拉伸”命令，在右立面图为沙发创建支架，其拉伸轮廓如图 3.50 所示，单击“完成编辑模式”。

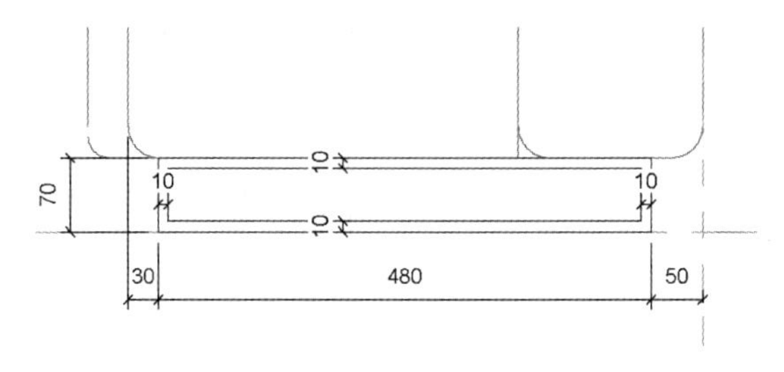

图 3.50　拉伸轮廓

在前立面图中选择支架，拖动到图 3.51 所示的位置。复制出第二个支架，同样拖动到图 3.51 所示的位置。

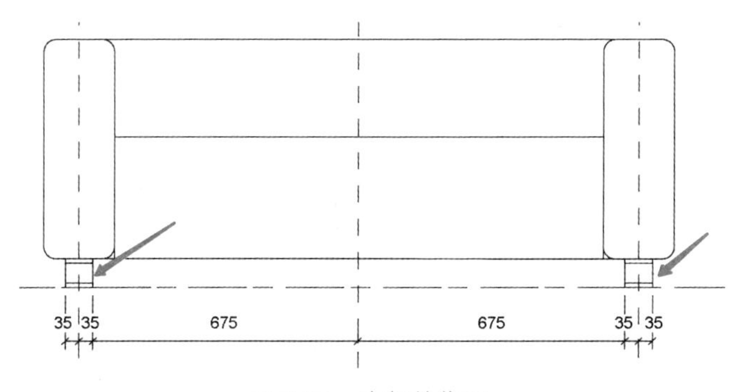

图 3.51　支架的位置

5. 材质参数

在绘图区域选择沙发靠背，按照图 3.52 所示，单击属性面板“材质”选项右边的“关联族参数”命令，在弹出的“关联族参数”对话框中单击 ，在“参数属性”对话框中输入“沙发材质”作为参数名称，确定其为类型属性，单击“确定”两次退出。

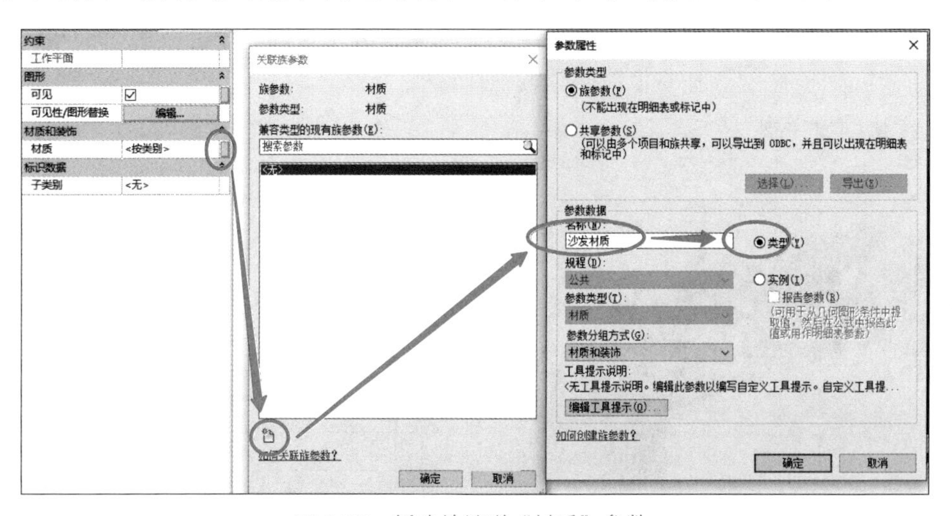

图 3.52　新建并关联“材质”参数

采用同样的操作，在绘图区域选择沙发坐垫，单击“属性”面板中“材质”选项右边的“关联族参数”命令，在弹出的“关联族参数”对话框中选择之前创建的“沙发材质”作为相同参数。

选中所有凳脚，在“属性”面板中设置凳脚的“材质”为“不锈钢”。

6. 族测试

在三维视图下观察沙发，单击“族类型”，修改“沙发材质”进行族调试。

完成的项目文件见“任务 3.5/ 沙发族完成 .rvt”。

习题与能力提升

1. 打开“习题与能力提升资源库”文件夹中“2021 年第 2 期“1+X”BIM 中级结构工程实操题”，完成第 2 题“混凝土空心板”族。

2. 打开“习题与能力提升资源库”文件夹中“2019 年第 2 期“1+X”BIM 中级结构工程实操题”，完成第 2 题“牛腿柱”族。

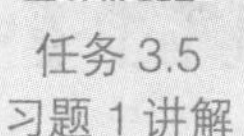

任务 3.5 习题 1 讲解

任务 3.5 习题 2 讲解

任务 3.6　创建参数化门族

任务目标

创建参数化门族

掌握参数化门族的创建方法。

任务内容

任务分解	任务驱动
使用“基于墙的公制常规模型”族样板文件创建参数化门族	（1）选择“基于墙的公制常规模型”样板，新建族文件； （2）添加族参数； （3）创建模型； （4）关联厚度参数； （5）关联材质参数； （6）族测试； （7）族应用

任务实施

任务描述：做一个参数化门族，其中门的高度、宽度以及门框、门扇尺寸使用参数驱动。

工作思路：采用实心放样绘制沙发主轮廓，采用空心放样使沙发边角处变圆滑。采用在侧立面上拉伸的方法创建沙发垫。采用在侧立面拉伸的方法创建沙发支架。

工作步骤

采用“基于墙的公制常规模型”族样板文件，完成本项工作。

1. 新建族文件

打开 Revit 软件，在族栏目中单击“新建”，选择“基于墙的公制常规模型”样板，进入族编辑页面，如图 3.53 所示。

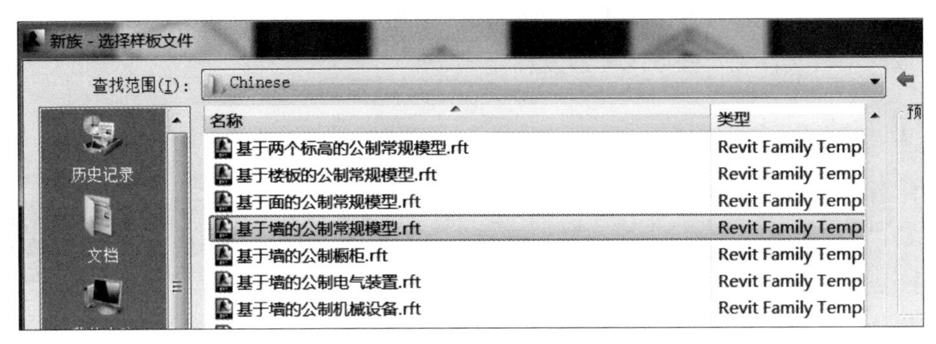

图 3.53　基于墙的公制常规模型

指定族类别：单击“创建”选项卡“属性”面板中的“族类别和族参数”命令，选择“门”，单击“确定”。

2. 添加族参数

尺寸参数：进入“立面”→“放置边”视图。按照图 3.54，使用参照平面命令，确定门的高度、宽度以及门框、门扇的尺寸和位置，并添加参数。

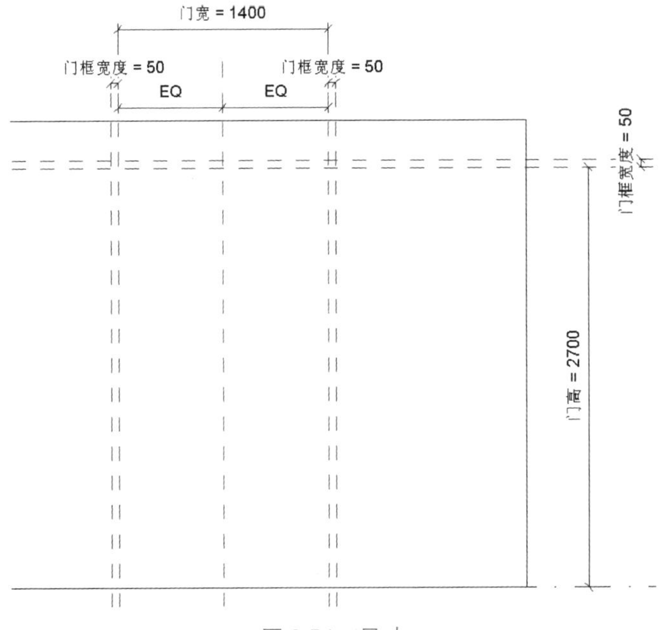

图 3.54　尺寸

材质参数：单击“参数属性”面板中的“族参数”，按照图 3.55，单击“参数”栏下的“添加”按钮，分别添加“门框材质”和“门材质”材质参数。添加完成的参数如图 3.56 所示。

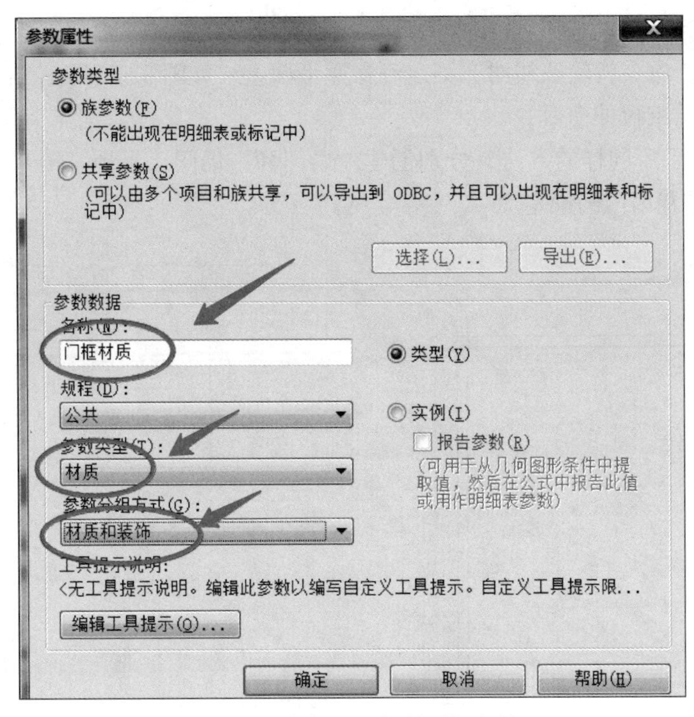

图 3.55　添加“门框材质”参数

3. 创建模型

墙上开洞：单击“创建”选项卡→“模型”面板→“洞口”命令，按照图 3.57 采用“矩形”方式创建洞口边界，单击出现的“锁”标记，将四条洞口边界锁定在参照平面上，以此来达到参照平面变化驱动洞口变化的目的。单击“完成”，结束洞口命令。

族类型

名称(N)：类型 1

参数	值	公式	锁定
构造			
构造类型		=	
功能		=	
材质和装饰			
门材质	<按类别>	=	
门框材质	<按类别>	=	
尺寸标注			
粗略宽度		=	☐
粗略高度		=	☐
厚度		=	☐
宽度		=	☐
门宽	1400.0	=	☐
门框宽度	50.0	=	☐
门高	2700.0	=	☐
高度		=	☐

图 3.56　参数完成

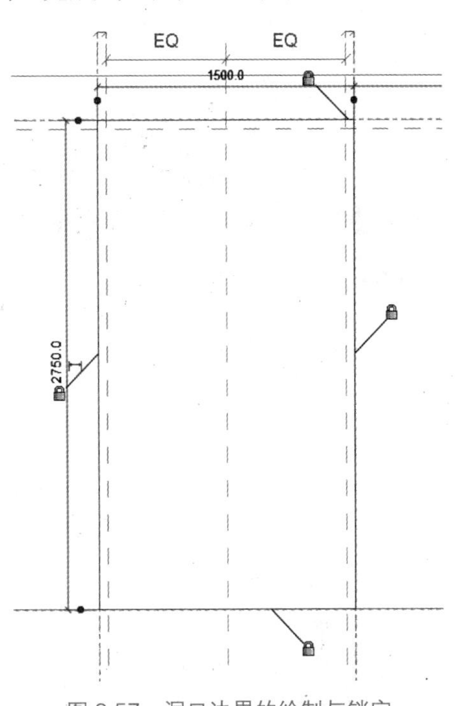

图 3.57　洞口边界的绘制与锁定

门框创建：使用“创建”选项卡→“形状”面板→“拉伸”命令，绘制门框轮廓，使用“AL”（对齐）命令将轮廓线对齐锁定到参照平面上，如图 3.58 所示，需要锁定 6 条线。单击“完成”，结束拉伸命令。

门扇创建：采用同样的方法，分别创建左扇门和右扇门，出现“锁”标记时，一定要锁定。图 3.59 是左扇门的锁定。

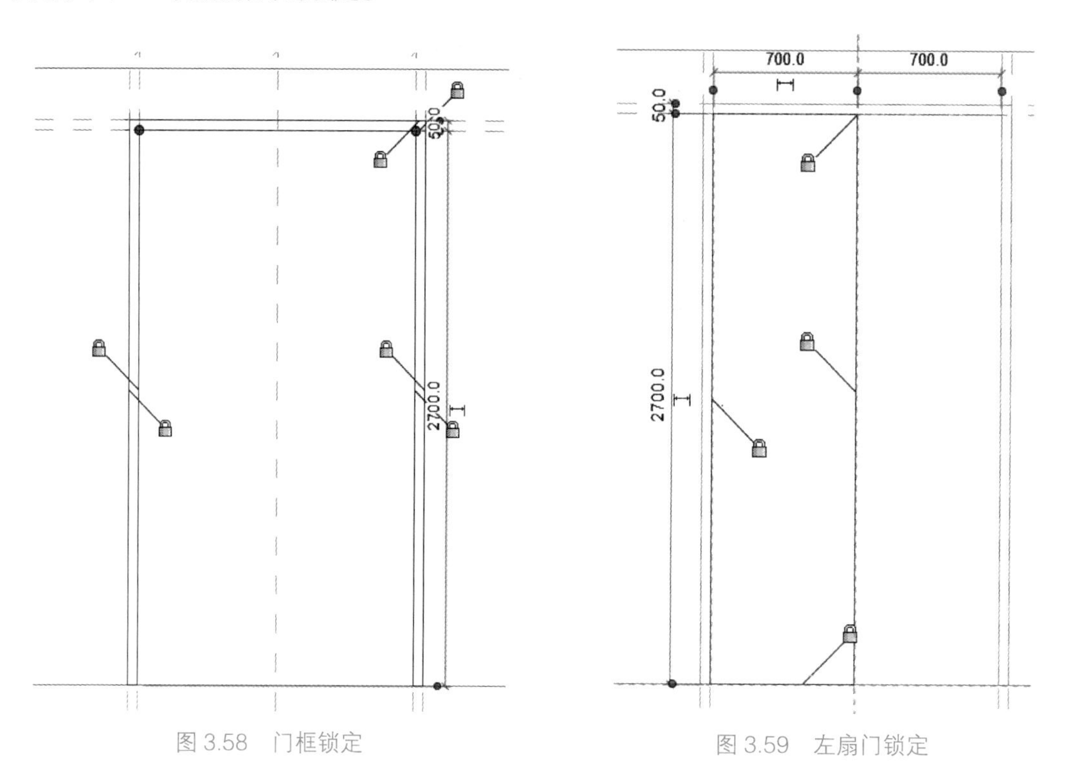

图 3.58　门框锁定　　图 3.59　左扇门锁定

4. 关联厚度参数

进入“参照平面”楼层平面视图，按照图 3.60 创建门框厚度参照平面，添加尺寸、均分约束，并关联门框厚度参数。选择门框模型，拉动上、下箭头分别拖曳至门框厚度上、下两个参照平面，并锁定，即完成门框厚度的参数化设置。

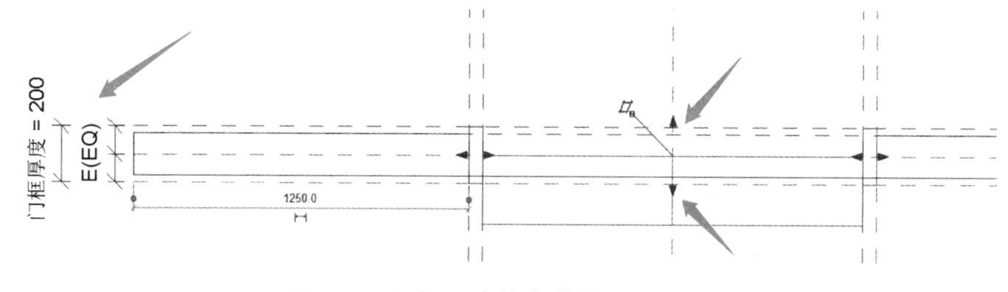

图 3.60　门框厚度的参数化设置与关联

采用同样方法，完成左、右门扇厚度的参数化设置，如图 3.61 所示。

5. 关联材质参数

选中门框，单击属性栏“材质”后的方框，选择“门框材质”参数进行关联，如图 3.62 所示。

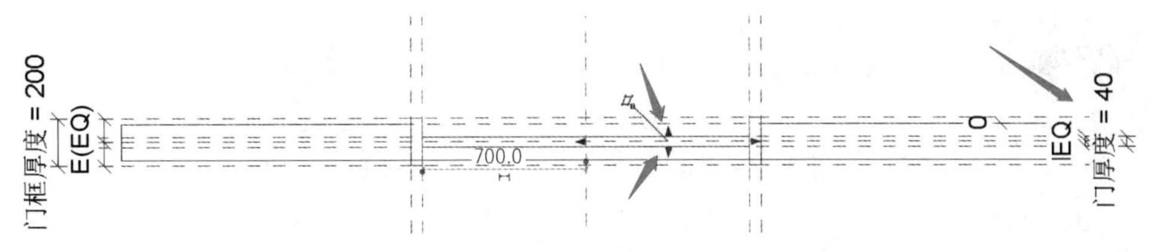

图 3.61　门扇厚度的参数化设置与关联

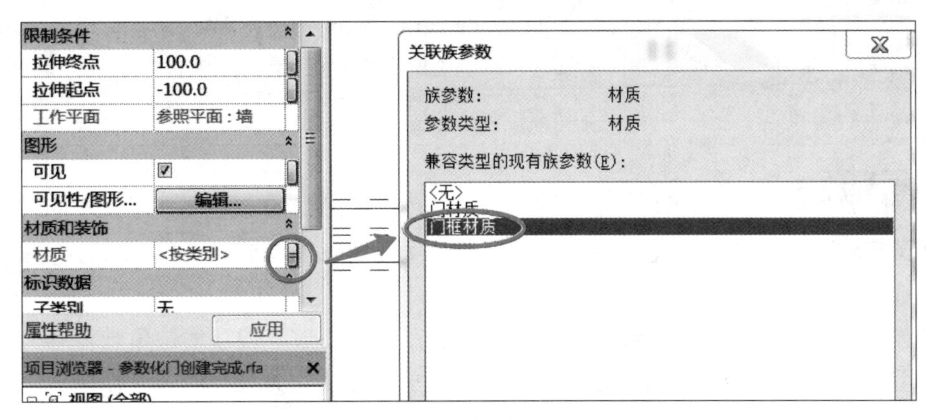

图 3.62　“门框材质”关联

采用同样方法，选择左、右门扇，关联“门材质”参数。

6. 族测试

打开“族类型”对话框，修改各参数值，测试门的变化。

7. 族应用

新建一个 Revit 项目文件，创建墙，载入新创建的门族，进行放置。

完成的文件见“任务 3.6/ 参数门族完成 .rfa”。

习题与能力提升

1. 打开“习题与能力提升资源库”文件夹中“第 10 期全国 BIM 技能等级考试一级试题”，完成第 4 题“陶立克柱”模型。

2. 打开“习题与能力提升资源库”文件夹中“第 10 期全国 BIM 技能等级考试一级试题”，完成第 2 题“台阶”族。

任务 3.6
习题 1 讲解

任务 3.6
习题 2 讲解

任务 3.7　创建参数化窗族

任务目标

掌握参数化窗族的创建方法。

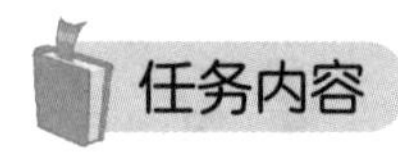

任务分解	任务驱动
使用“公制窗”族样板文件创建参数化窗族	（1）选择“公制窗”样板，新建族文件； （2）添加族参数； （3）创建窗框模型； （4）创建窗扇模型； （5）创建窗玻璃模型； （6）测试族

任务实施

任务描述：做一个参数化窗族，其中窗的高度、宽度以及窗框、窗扇尺寸使用参数驱动。

创建参数化窗族

工作思路：采用实心放样绘制沙发主轮廓，采用空心放样使沙发边角处变圆滑。采用在侧立面上拉伸的方法创建沙发垫。采用在侧立面拉伸的方法创建沙发支架。

工作步骤

采用“公制窗”族样板文件，完成本项工作。

1. 新建族文件

进入 Revit 软件，单击族栏目中的“新建”项目，双击“公制窗”样板，进入族的编辑界面，如图 3.63 所示。

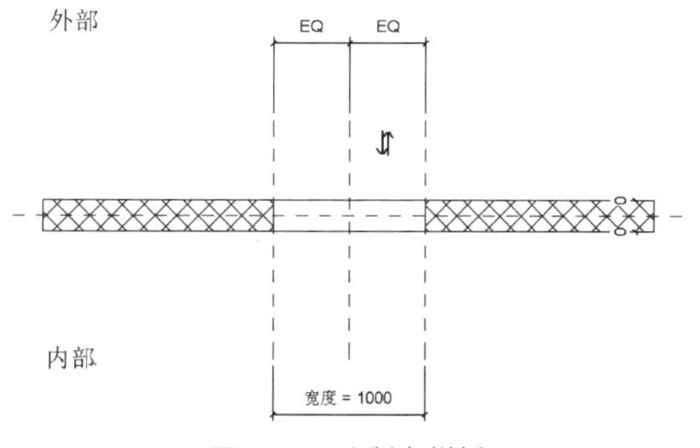

图 3.63 公制窗样板

2. 添加族参数

单击“创建”选项卡“属性”面板中的“族类型”命令，按照图 3.64 所示，在弹出的“族类型”对话框中单击右侧“参数”的“添加”按钮，分别添加“材质”类型的三个参数：“窗框材质”“窗扇框材质”和“窗玻璃材质”，分别添加“长度”类型的尺寸参数：“窗框宽度”“窗框厚度”“窗扇框宽度”“窗扇框厚度”；分别设置公式：“粗略宽度 = 宽度”“粗略高度 = 高度”，并分别设置初始尺寸：“窗框厚度 = 50”“窗扇框宽度 = 50”“窗框厚度 = 200”“窗框宽度 = 50”。

3. 创建窗框模型

与参数化门族的操作过程类似，转到“外部”立面，在高度和宽度各向添加两个参照平面，关联窗框宽度参数；连续两次使用矩形“拉伸”命令，出现的锁头均锁住，如图 3.65 所示。

转到“参照标高”楼层平面视图，与参数化窗族类似，创建两条参照平面，添加尺寸并关联“窗框厚度”参数，并将窗框上、下两个面与参照平面锁定，如图 3.66 所示。

选中窗框，关联“窗框材质”参数，即完成窗框的创建。

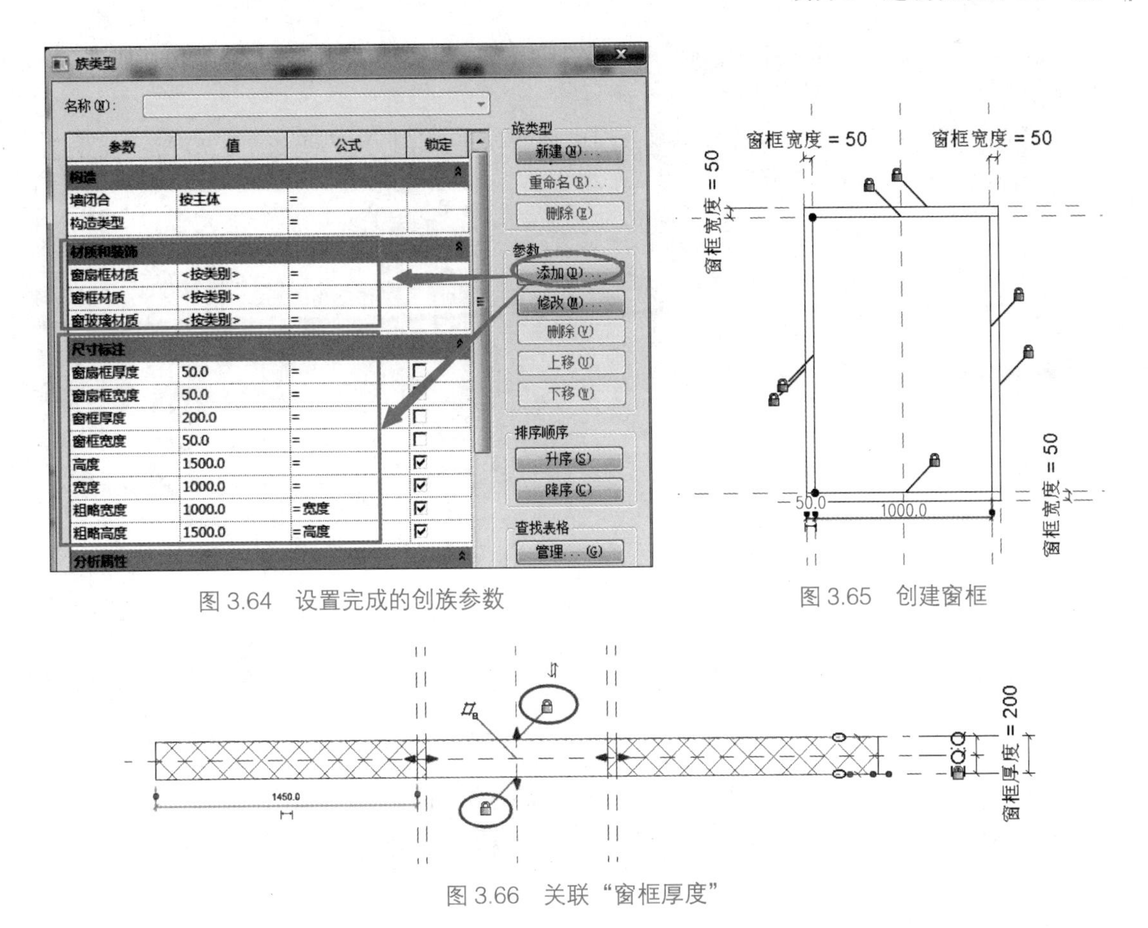

图 3.64　设置完成的创族参数

图 3.65　创建窗框

图 3.66　关联“窗框厚度”

4. 创建窗扇模型

转到“外部”立面视图，按照图 3.67 创建参照平面，添加“窗扇框宽度”标签，使用“拉伸”命令完成左侧窗扇框创建。完成后的左侧窗扇框见图 3.68。

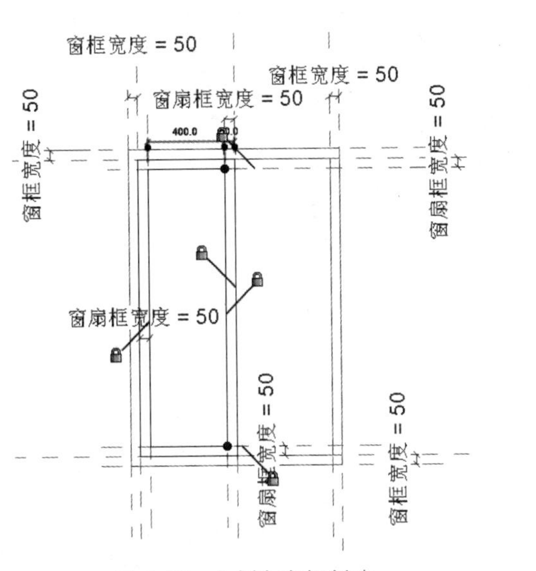

图 3.67　左侧窗扇框创建

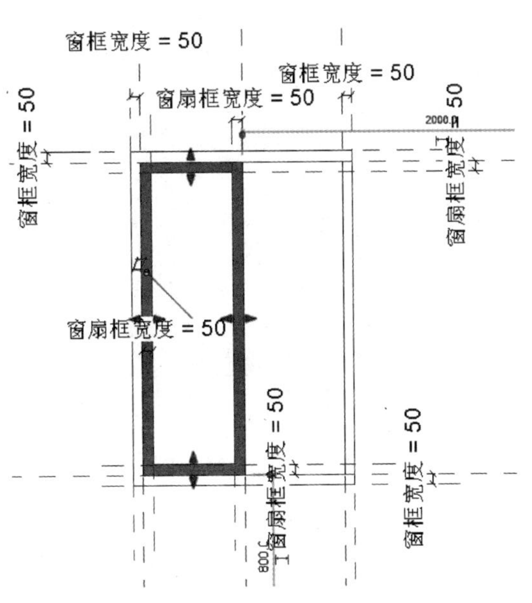

图 3.68　完成后的左侧窗扇框

回到“参照标高”楼层平面，按照图3.69创建窗扇框厚度标签，拖动创建的窗扇框进行锁定。

采取同样的方法，即可完成另一侧窗扇模型的创建，拉伸边界线如图3.70所示，并进行窗扇框厚度参数关联。

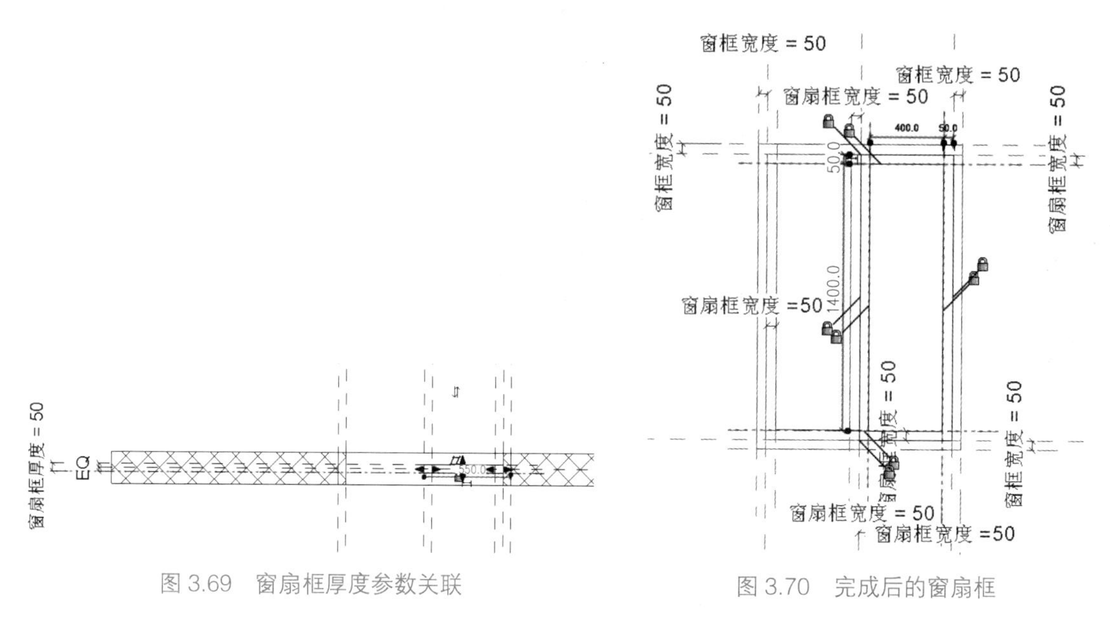

图3.69 窗扇框厚度参数关联

图3.70 完成后的窗扇框

选中窗扇框，关联“窗扇框材质”参数。完成窗扇框的创建。

5. 创建窗玻璃模型

创建方法与创建窗扇框类似，此处设置墙厚度中心线为工作平面，在工作平面内执行“拉伸命令”，设置拉伸起点为“2.5”，拉伸终点为“−2.5”，如图3.71所示，即玻璃厚度为固定数值5mm，此处对于玻璃厚度不再有参数化要求。

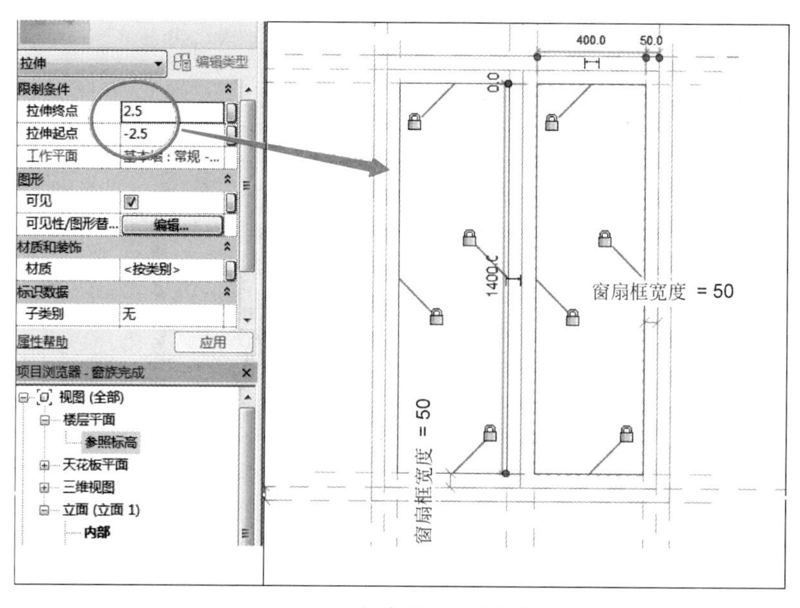

图3.71 窗玻璃拉伸边界线

选中玻璃，关联“窗玻璃材质”参数。完成窗玻璃的创建。

6. 测试族

完成模型后，打开“族类型”对话框，修改各参数值，测试窗的变化，检验窗模型是否正确。图 3.72 是“窗框材质”为“白蜡木”，“窗扇框材质”为“红木”，“窗玻璃材质”为“玻璃”下的显示。

图 3.72　完成后的窗族

完成的项目文件见“任务 3.7/ 参数化窗族完成 .rvt”。

习题与能力提升

打开“习题与能力提升资源库”文件夹中“第 11 期全国 BIM 技能等级考试一级试题”，完成第 3 题“鸟居”族。

任务 3.7 习题讲解

项目 4　装饰 BIM 模型应用

任务 4.1　房间（空间）创建与颜色填充视图

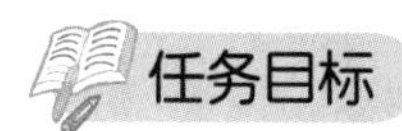

（1）掌握带面积数值房间的创建方法；

（2）掌握总建筑面积的创建方法；

（3）掌握房间颜色填充的创建方法。

房间（空间）创建与颜色填充视图

序号	任务分解	任务驱动
1	创建带面积数值的房间	利用“房间”命令，创建“卧室”“卫生间”“书房”“娱乐室”房间
2	创建总建筑面积	（1）利用“面积平面”命令，创建 F3 层“面积平面（总建筑面积）”视图； （2）标注三层的建筑面积
3	创建房间颜色填充图例与视图	（1）创建颜色填充视图； （2）应用颜色方案； （3）放置颜色方案图例

任务实施

房间（空间）是基于图元（例如，墙、楼板、屋顶和天花板）对建筑模型中的空间进行细分的部分。只可在平面视图中放置房间。

1. 创建带面积数值的房间

打开“任务 2.11/ 装饰构件放置完成 .rvt”，进入标高 1 楼层平面视图。

单击“建筑”选项卡“房间和面积”面板中的“房间”命令。按照图 4.1 所示，在“属性”面板选择“标记_房间—有面积—方案—黑体— 4 - 5mm—0 - 8”类型，在“名称”栏输入“客厅”，将光标移至客厅区域单击放置，生成“客厅”房间。

采用上述同样的操作方法，放置“卫生间”“卧室”“书房”“娱乐室”，如图 4.2 所示。

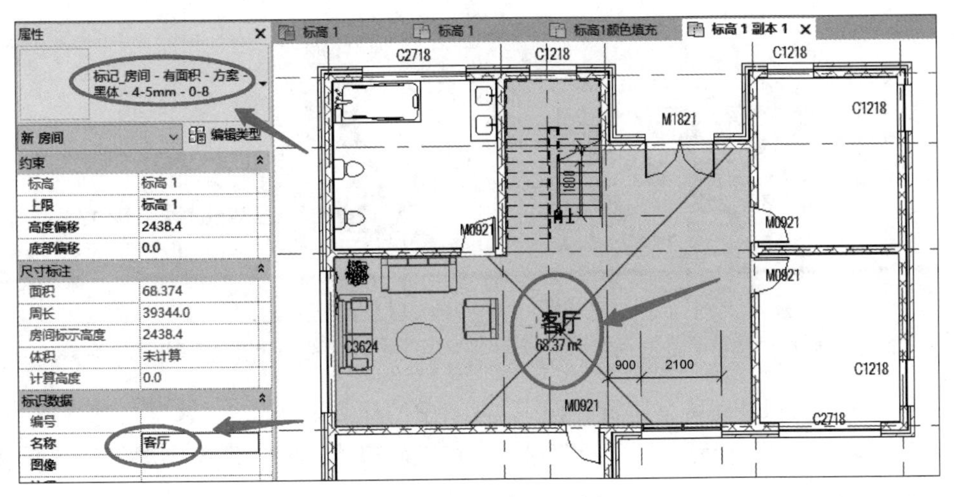

图 4.1 创建“客厅”房间

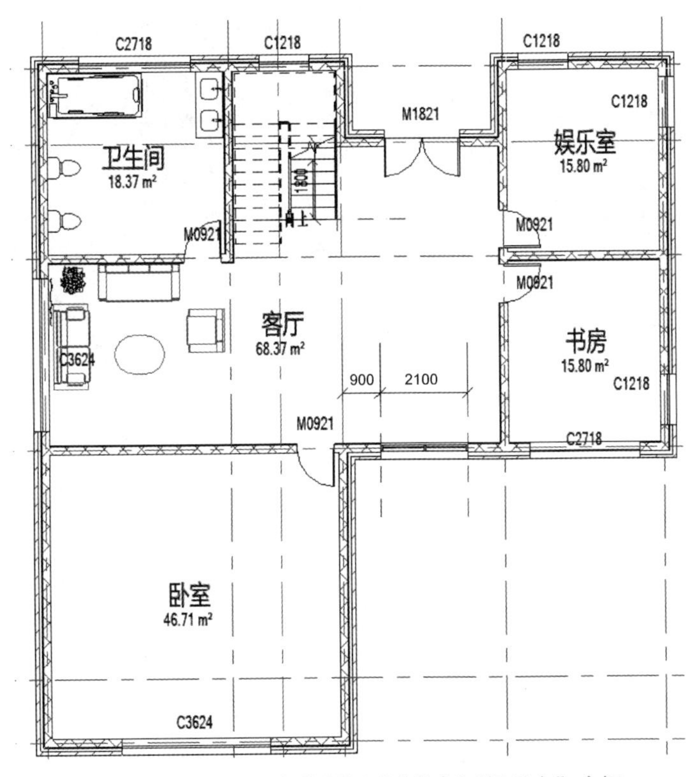

图 4.2 放置“卫生间”“卧室”“书房”“娱乐室”房间

2. 创建总建筑面积平面

单击“建筑”选项卡→“房间和面积”面板→“面积”下拉菜单中的“面积平面”命令（图 4.3）；在弹出的“新建面积平面”对话框内，将“类型”选择“总建筑面积”，在下方选择“标高 1”，单击“确定”（图 4.4）；在弹出的对话框中，选择“是”。此时，项目浏览器中会自动创建“面积平面（总建筑面积）”视图（图 4.5）。

若在图 4.4 所示的界面中无“标高 1”，则说明标高 1 的“面积平面（总建筑面积）”视图已经在项目浏览器中生成，可以直接使用。

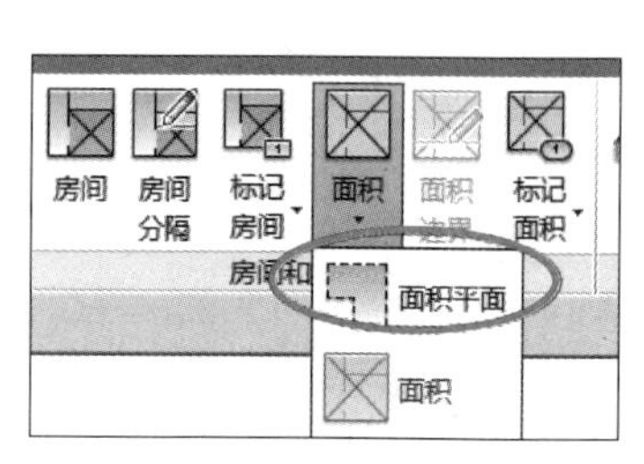

图 4.3 “面积平面”命令

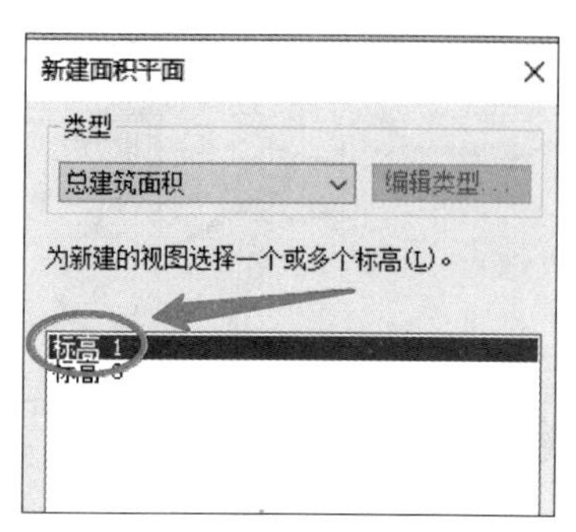

图 4.4 新建面积平面

双击进入“面积平面（总建筑面积）”视图中的标高 1，单击“建筑”选项卡→“房间和面积”面板→“标记面积”下拉菜单→“标记面积”命令，标高 1 楼层的总建筑面积即标注完毕（图 4.6）。

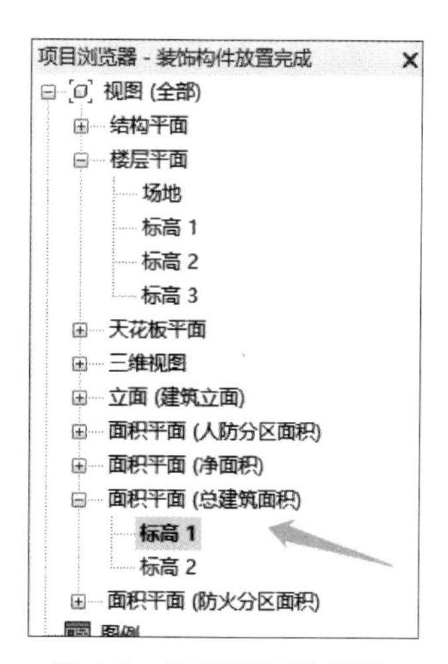

图 4.5 “面积平面”视图

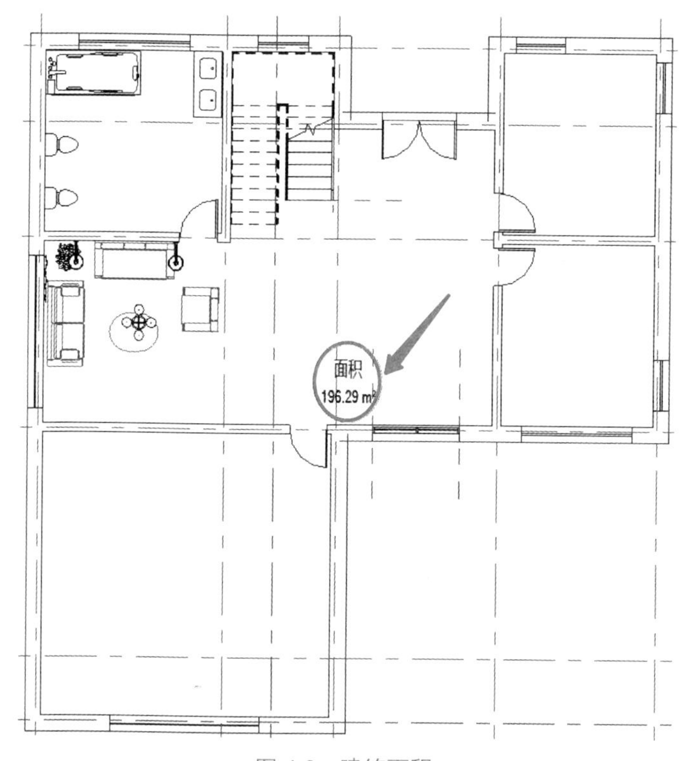

图 4.6 建筑面积

注意

在面积平面视图中，紫色线为面积边界线。可通过单击“房间和面积”面板中的“面积边界”命令来修改或绘制面积边界。

3. 创建房间颜色填充图例与视图

1）创建颜色填充视图

在标高 1 楼层平面上右击，单击“复制视图”中的“带细节复制”（图 4.7）。在新复制出的视图名称上右击，将其重命名为“标高 1 颜色填充”，单击“确定”。

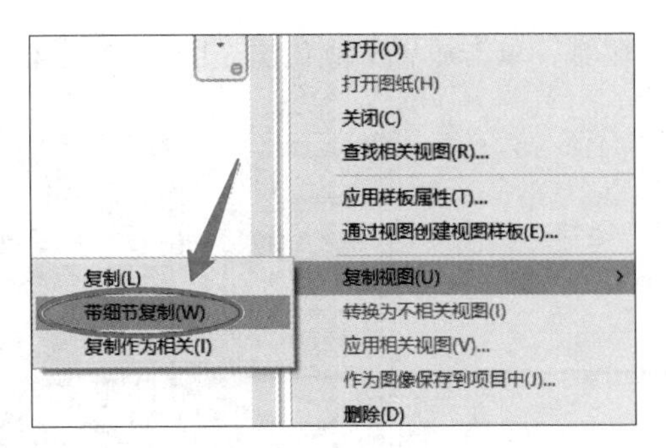

图 4.7　复制视图

进入“标高 1 颜色填充”楼层平面视图。单击键盘“VV”执行“可见性”快捷命令；如图 4.8 所示，在“注释类别”选项卡下，取消勾选“剖面”“参照平面”“立面”“轴网”；单击“确定”，退出可见性。

2）应用颜色方案

单击“属性”面板的“颜色方案”（图 4.9）。

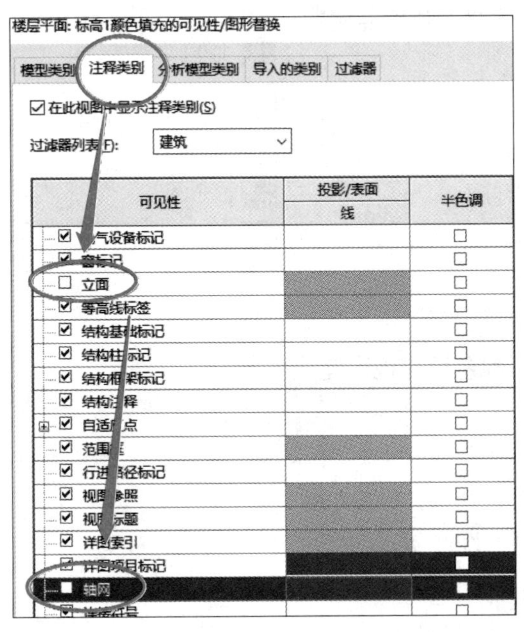

图 4.8　取消“植物”和“环境”的可见性

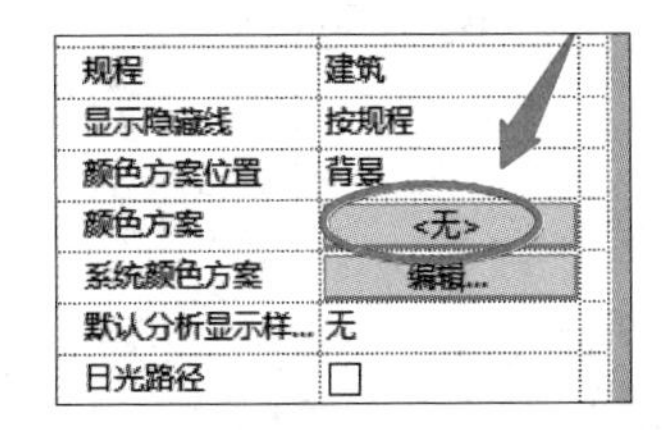

图 4.9　属性面板“颜色方案”的编辑

在弹出的“编辑颜色方案”面板中，按照图 4.10 所示，将“类别”选择“房间”，将“方案 1”重命名为“按房间名称”；将“颜色”选择“名称”，此时会看到下方已经生成“按房间名称”的颜色方案图例，单击“确定”退出。

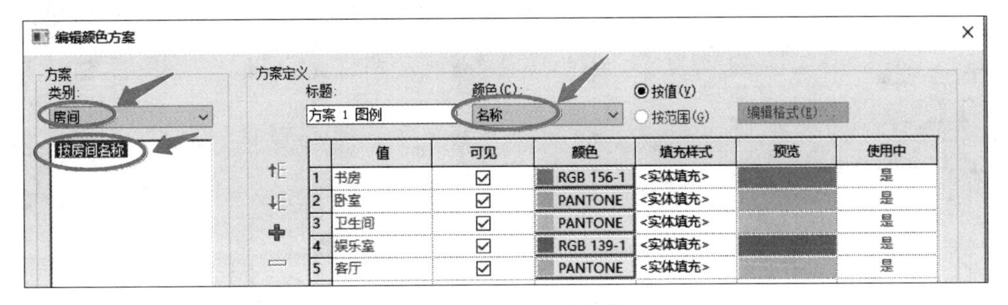

图 4.10　颜色方案图例

3）放置颜色方案图例

单击“注释”选项卡“颜色填充”面板中的“颜色填充图例”命令，移动鼠标至绘图区域，单击放置“颜色填充图例”(图 4.11)。

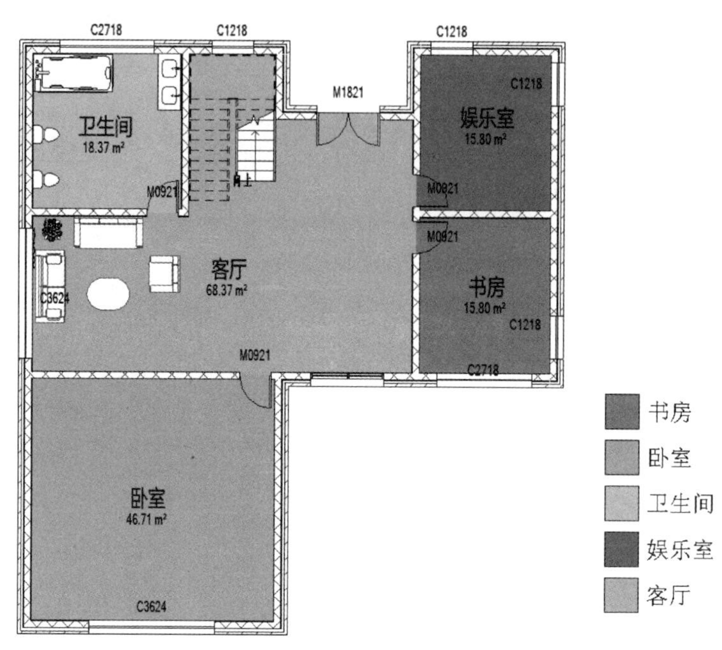

图 4.11　颜色填充

完成的文件见“任务 4.1/ 房间面积计算及颜色填充视图完成 .rvt”。

习题与能力提升

打开“习题与能力提升资源库”文件夹中的“房间创建与应用预备文件 .rvt”，按照图 4.12 创建“教师办公室”“教室”“答疑室”“男厕”“女厕”房间，并创建房间颜色填充图例与视图。

任务 4.1 习题讲解

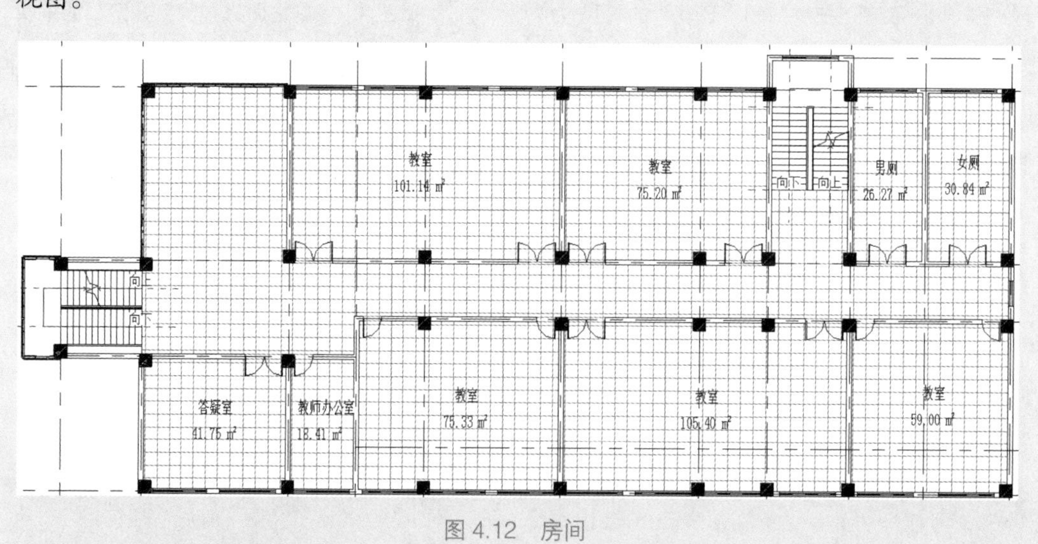

图 4.12　房间

任务 4.2　工程量统计

任务目标

（1）掌握窗明细表的创建方法；
（2）掌握门明细表的创建方法；
（3）掌握房间面积明细表的创建方法；
（4）掌握楼层建筑面积、周长明细表的创建方法；
（5）掌握材质提取明细表的创建方法；
（6）掌握零件工程量统计表的创建方法；
（7）掌握明细表导出的方法。

工程量统计

任务内容

序号	任务分解	任务驱动
1	创建窗明细表	（1）执行明细表中的“明细表 / 数量”命令，选择“窗”类别，进入新建窗明细表中，包含“合计”“宽度”“底高度”“类型”“高度”字段； （2）修改“字段”“排序 / 成组”“格式”“外观”字段； （3）打开“窗明细表”视图
2	创建门明细表	（1）执行明细表中的“明细表 / 数量”命令，选择“门”类别； （2）其余创建方法同窗明细表创建
3	创建房间面积明细表	（1）执行明细表中的“明细表 / 数量”命令，选择“房间”类别； （2）提取“名称”“标高”“面积”参数进行创建
4	创建楼层建筑面积、周长明细表	（1）执行明细表中的“明细表 / 数量”命令，选择“面积（总建筑面积）”类别； （2）提取“标高”“面积”“周长”参数进行创建
5	创建材质提取明细表	（1）执行明细表中的“材质提取”命令； （2）提取“材质：名称”“材质：体积”参数进行创建
6	创建零件工程量统计表	（1）执行明细表中的“明细表 / 数量”命令，选择“组成部分”类别； （2）提取“原始族”“合计”“材质”参数进行创建
7	将明细表导出为外部文件	（1）导出明细表； （2）用 Microsoft Excel 打开导出的明细表，另存为 Excel 文件

任务实施

Revit 可以自动提取各种建筑构件、房间和面积构件、材质、注释 、修订、视图、图纸等图元的属性参数，并以表格的形式显示图元信息，从而自动创建门、窗等构件的统计表、材质明细表等各种表格。可以在设计过程中的任何时候创建明细表，明细表将自动更新以反映对项目的修改。

1. 创建窗明细表

打开“任务 4.1/ 房间面积计算及颜色填充视图完成 .rvt”。

单击“视图”选项卡“创建”面板“明细表”下拉菜单“明细表/数量”命令。

在弹出的“新建明细表”对话框中选择“窗”类别，单击“确定”(图 4.13)。

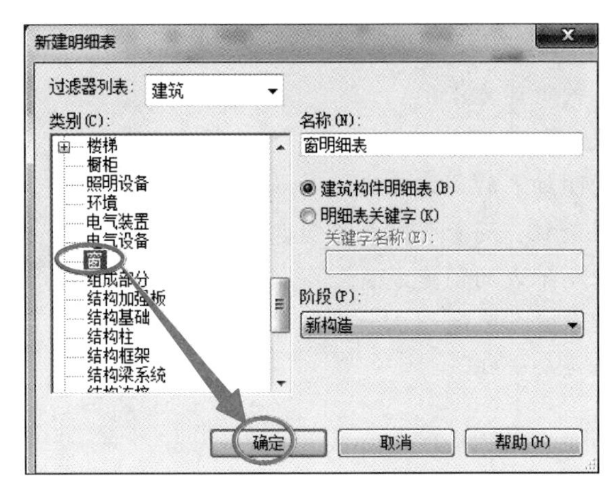

图 4.13　新建窗明细表

弹出的“明细表属性”对话框含“字段”“过滤器”“排序/成组”“格式”“外观”五个栏目。

在“可用的字段”中双击“合计”，“合计”字段会添加到右侧的“明细表字段中”。同理，双击添加“宽度”“底高度”“类型”“高度”。选中某一个明细表字段，单击下方的“上移”或者“下移”，可将明细表字段排序为“类型、宽度、高度、底高度、合计”(图 4.14)。

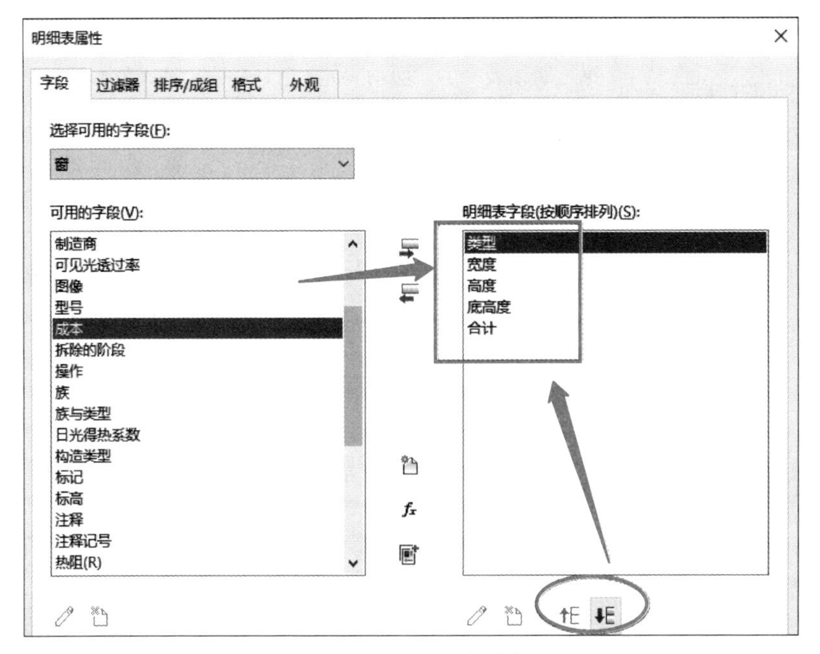

图 4.14　“字段”栏编辑

单击“排序/成组”进入“排序/成组”栏，将“排序方式”设置为“类型”，勾选“总计”，并选择“标题、合计和总数”，不勾选“逐项列举每个实例”(图 4.15)。

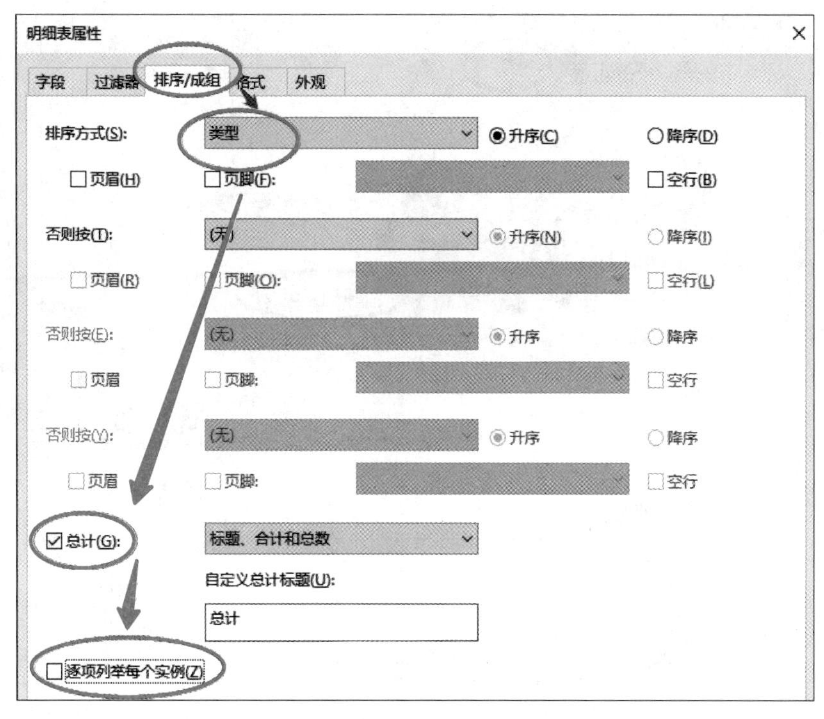

图 4.15　“排序 / 成组”栏编辑

单击“格式”进入“格式”栏，单击“字段”中的“合计”，右下角选择“计算总数”（图 4.16）。

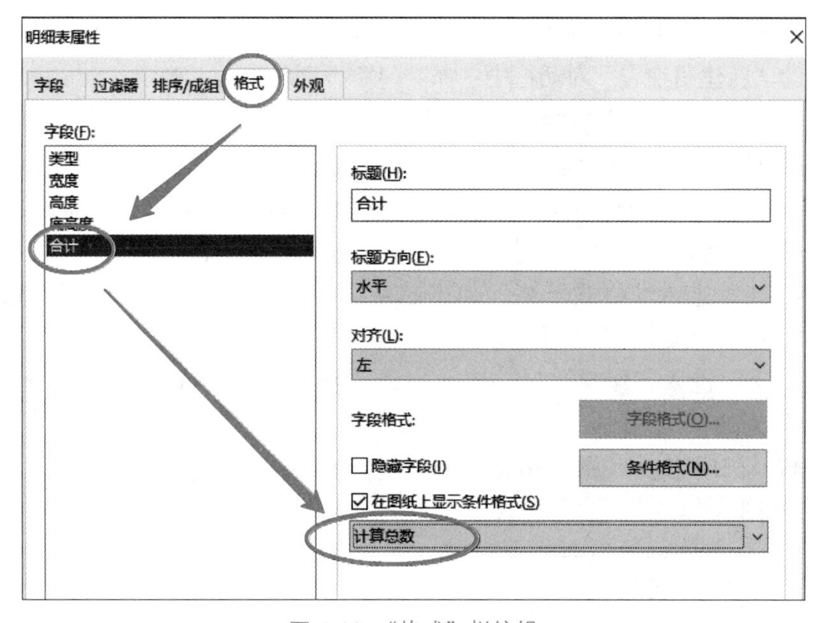

图 4.16　“格式”栏编辑

单击“外观”进入“外观”栏，取消勾选“数据前的空行”（图 4.17）。

单击“确定”退出“明细表属性”对话框，会自动生成“窗明细表”（图 4.18）。在“项目浏览器”—“明细表 / 数量”中也会自动生成“窗明细表”视图（图 4.19）。

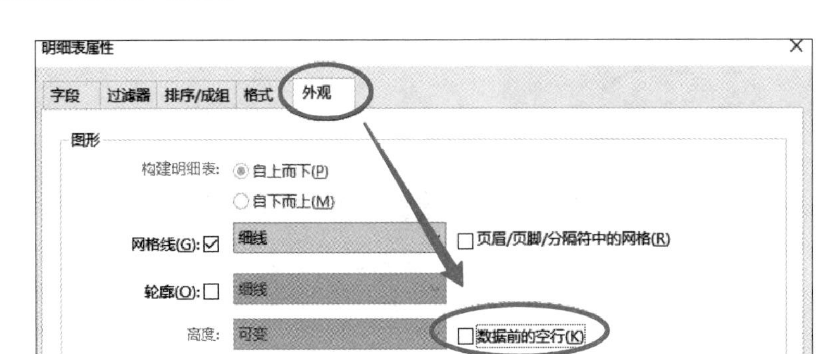

图 4.17 “外观”栏编辑

<窗明细表>

A	B	C	D	E
类型	宽度	高度	底高度	合计
C1218	1200	1800	900	8
C2718	2700	1800	900	4
C3624	3600	2400	100	3
窗嵌板_双扇推拉	2000	1450		1
总计: 16				16

图 4.18 窗明细表

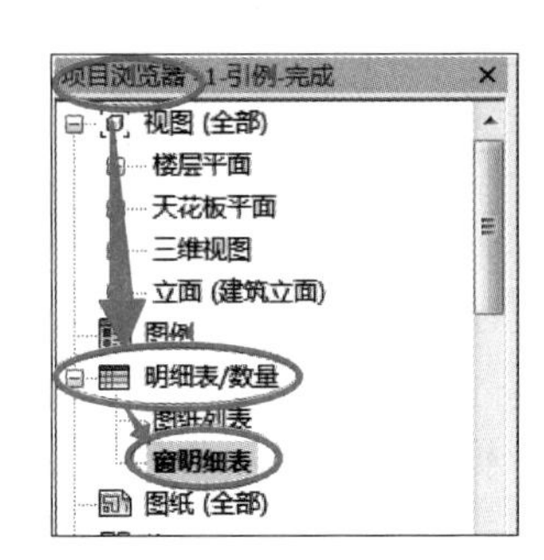

图 4.19 “项目浏览器”中自动生成“窗明细表”

2. 创建门明细表

同理，下面创建门明细表。

单击“视图”选项卡→“创建”面板→“明细表”下拉菜单→“明细表 / 数量”命令。

在弹出的“新建明细表”对话框中选择“门”类别，单击“确定”。

在“字段”栏将“合计”“宽度”“高度”“类型”添加到“明细表字段”中。单击“上移”或者“下移”，将明细表字段排序为“类型、宽度、高度、合计”。

单击“排序 / 成组”进入“排序 / 成组”栏，将“排序方式”设置为“类型”，勾选“总计”，并选择“标题、合计和总数”，不勾选“逐项列举每个实例”。

单击“格式”进入“格式”栏，单击“字段”中的“合计”，右下角选择“计算总数”。

单击“外观”进入“外观”栏，取消勾选“数据前的空行”，单击“确定”，退出“明细表属性”对话框。

自动生成“门明细表”(图 4.20)。“项目浏览器”中的“明细表 / 数量”中也会生成“门明细表”视图。

<门明细表>

A	B	C	D
类型	宽度	高度	合计
M0821	800	2100	2
M0921	900	2100	9
M1821	1800	2100	1
M3021	3000	2100	1
总计: 13			13

图 4.20 门明细表

3. 创建房间面积明细表

单击“视图”选项卡→“创建”面板→“明细表”下拉菜单→“明细表 / 数量”命令。

在“新建明细表”面板中选择“房间”，单击“确定”。

在“字段”栏将“名称”“标高”“面积”添加到“明细表字段”。单击“上移”或者“下移”，将明细表字段排序为“名称、标高、面积”(图 4.21)。

图 4.21　“房间”明细表字段

在“明细表属性”面板单击“过滤器”进入“过滤器”栏。将“过滤条件”分别设置为“标高”“等于”“标高 1”(图 4.22)。

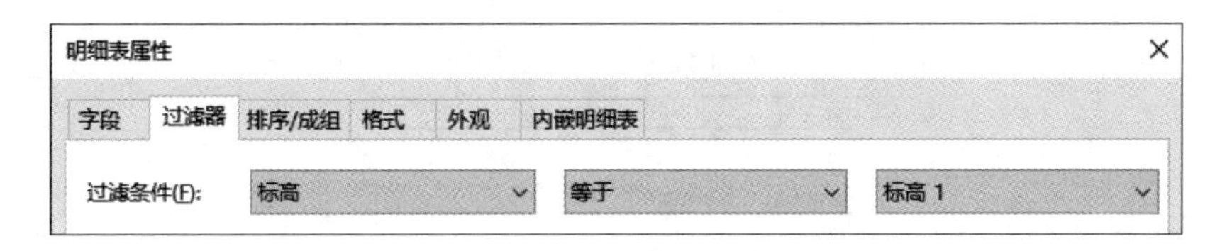

图 4.22　“过滤器”栏编辑

单击“排序 / 成组”进入“排序 / 成组”栏，将“排序方式”设置为“名称”，勾选“总计”，并选择“标题、合计和总数”，保证“逐项列举每个实例”处于被勾选状态。

单击“格式”进入“格式”栏，单击“字段”中的“面积”，右下角选择“计算总数”。

单击“外观”进入“外观”栏，取消勾选“数据前的空行”，单击“确定”，退出“明细表属性”对话框。

自动生成“房间明细表”(图 4.23)。“项目浏览器”中的“明细表 / 数量”中也会生成“房间明细表”视图。

4. 创建总建筑面积、周长明细表

单击“视图”选项卡“创建”面板中的“明细表 / 数量”命令。

选择“面积 (总建筑面积)”，单击“确定”(图 4.24)。

<房间明细表>

A	B	C
名称	标高	面积
书房	标高 1	15.80
卧室	标高 1	46.71
卫生间	标高 1	18.37
娱乐室	标高 1	15.80
客厅	标高 1	68.37

图 4.23　房间明细表

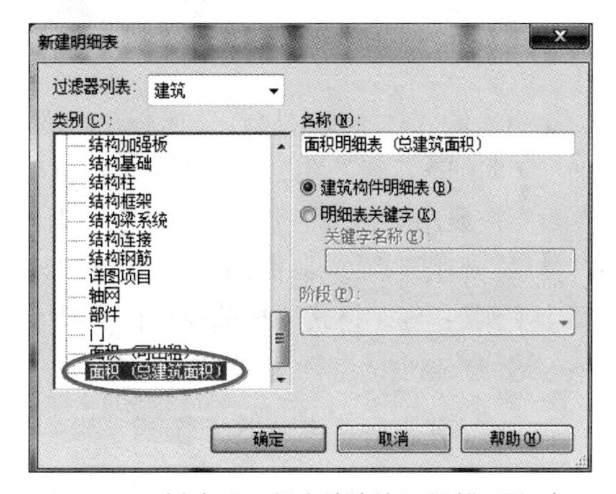

图 4.24　新建“面积 (总建筑面积)”明细表

在“字段”栏将“标高”“面积”“周长”添加到“明细表字段”中。单击“上移”或者“下移”，将明细表字段排序为“标高、面积、周长”。

单击“过滤器”进入“过滤器”栏，将“过滤条件”分别设置为“标高”“等于”“标高 1”。

单击“排序 / 成组”进入“排序 / 成组”栏，将“排序方式”设置为“标高”，勾选“总计”。

单击“格式”进入“格式”栏，选择“面积”，右下角选择“计算总数”。

单击“外观”进入“外观”栏，取消勾选“数据前的空行”，单击“确定”。

自动进入“面积明细表（总建筑面积）”视图（图 4.25）。“项目浏览器”中的“明细表 / 数量”中也会生成“面积明细表（总建筑面积）”视图。

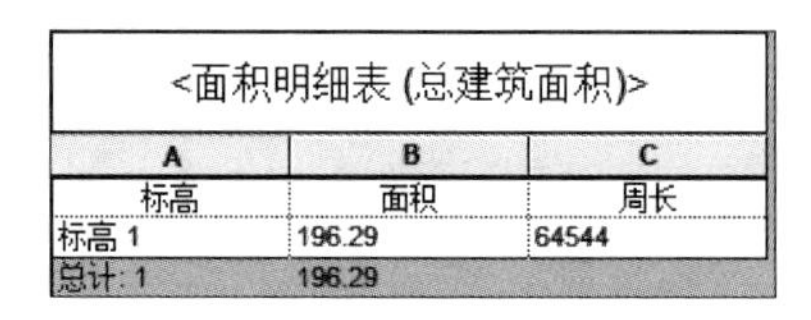

<面积明细表 (总建筑面积)>

A	B	C
标高	面积	周长
标高 1	196.29	64544
总计: 1	196.29	

图 4.25 “面积（总建筑面积）”明细表

5. 创建材质提取明细表

在该工程中，墙体的结构层为混凝土砌块。下面以混凝土砌块用量统计为例，说明“材质提取”明细表的创建方法。

单击“视图”选项卡→“创建”面板→“明细表”中的“材质提取”命令（图 4.26）。

在弹出的“新建材质提取”面板中双击选择“墙”（图 4.27），单击确定。

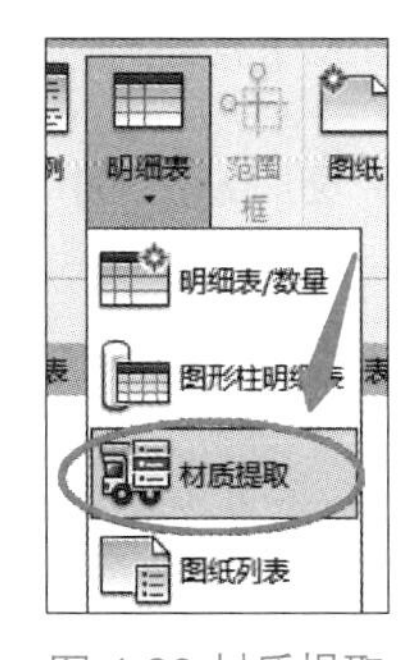

图 4.26 材质提取

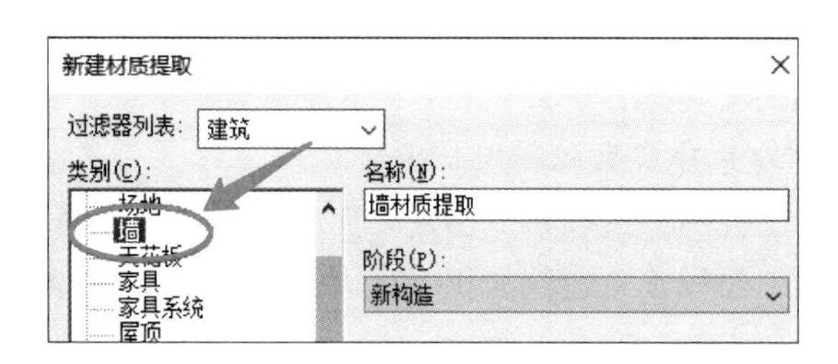

图 4.27 选择“墙”类别

在弹出的“材质提取属性”面板中，在“字段”栏将“材质：名称”“材质：体积”添加到“明细表字段”中，将明细表字段排序为“材质：名称”“材质：体积”；在“过滤器”栏，按照图 4.28，将“过滤条件”分别设置为“材质：名称”“等于”“混凝土砌块”；在“排序 / 成组”栏：“排序方式”设置为“材质：名称”，勾选“总计”，不勾选“逐项列取每个实例”；在“格式”栏选择“材质：体积”，右下角选择“计算总数”；“外观”栏：取消勾选“数据前的空行”，单击“确定”。

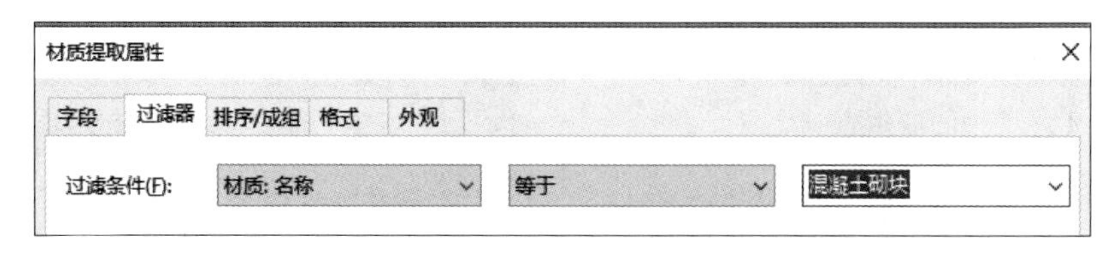

图 4.28 过滤器的设置

自动进入“墙材质提取”视图（图 4.29）。“项目浏览器”中的“明细表 / 数量”中也会生成“墙材质提取”视图。

<墙材质提取>	
A	B
材质: 名称	材质: 体积
混凝土砌块	107.26
总计: 36	107.26

图 4.29　“墙材质提取”明细表

6. 创建零件工程量统计

打开“任务 2.15/ 压型钢板、石膏板拼缝装饰完成”。

单击“视图”选项卡→“创建”面板→“明细表”下的“明细表 / 数量”命令。

在弹出的“新建明细表”对话框中，选择“组成部分”类别创建零件明细表。

按照图 4.30 所示，在弹出的“明细表属性”面板中分别双击选择“原始族”“合计”“材质”，使其进入右侧的明细表字段中，单击“向上”或“向下”使其顺序为“原始族”“材质”“合计”。

单击“确定”后，生成的零件明细表如图 4.31 所示。

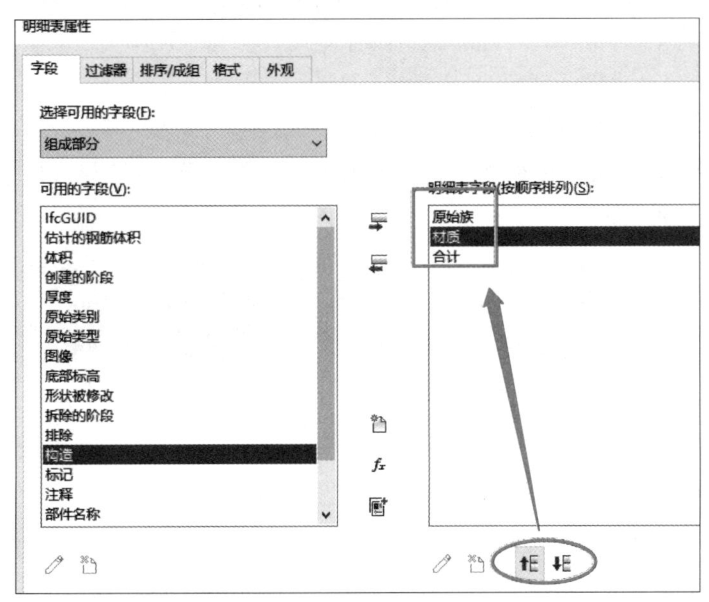

图 4.30　零件明细表字段

<零件明细表>		
A	B	C
原始族	材质	合计
基本墙	默认墙	1
基本墙	金属 - 钢 Q390 16	1
基本墙	松散 - 石膏板	1
基本墙	松散 - 石膏板	1
基本墙	松散 - 石膏板	1
基本墙	松散 - 石膏板	1
基本墙	松散 - 石膏板	1
基本墙	松散 - 石膏板	1
基本墙	松散 - 石膏板	1
基本墙	松散 - 石膏板	1
基本墙	松散 - 石膏板	1
基本墙	松散 - 石膏板	1

图 4.31　零件明细表

完成的文件见“任务 4.2/ 零件工程量统计完成 .rvt”。

7. 将创建的明细表导出为外部文件

Revit 的所有明细表都可以导出为外部的带分割符的“. txt”文件，可以用 Microsoft Excel 或记事本打开编辑。下面以导出“窗明细表”为例进行说明。

在“窗明细表”视图中，按照图 4.32 所示，单击左上角的“文件”，依次选择“导出”→“报告”→“明细表”命令。

设置导出文件保存路径，单击“保存”，打开“导出明细表”对话框，单击“确定”，即可导出明细表，如图 4.33 所示。

导出的该明细表为 TXT 文本格式，可用 Excel 或 WPS Office 等软件打开编辑。

完成的项目文件见“任务 4.2/ 工程量统计完成 .rvt”，导出的文本文件见“任务 4.2/ 窗明细表 .txt”。

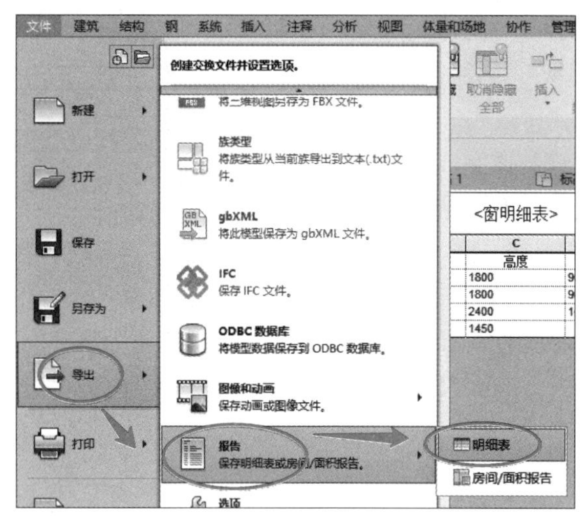

图 4.32　导出明细表

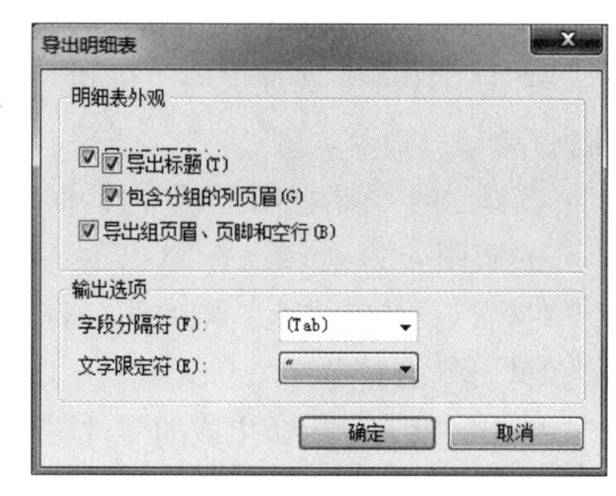

图 4.33　导出明细表设置

习题与能力提升

打开“习题与能力提升资源库”文件夹中的“工程量统计预备文件.rvt”，进行门窗工程量统计和加气混凝土砌块用量统计。

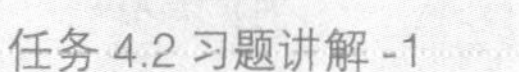

任务 4.2 习题讲解 -1

任务 4.2 习题讲解 -2

任务 4.2 习题讲解 -3

任务 4.3　施工图出图处理、打印与导出

任务目标

（1）掌握建筑平面图视图处理的方法；
（2）掌握建筑立面图视图处理的方法；
（3）掌握建筑剖面图视图处理的方法；
（4）掌握施工图布图与打印的方法；
（5）掌握导出 DWG 格式文件的方法。

任务内容

序号	工作任务	任务驱动
1	创建建筑平面图出图视图	（1）复制“出图视图”； （2）进行可见性设置； （3）创建及应用视图样板； （4）标注尺寸线； （5）标注高程点； （6）添加平面注释

续表

序号	工作任务	任务驱动
2	创建建筑立面图出图视图	（1）复制“出图视图”； （2）设置可见性； （3）调整轴网标头及端点位置； （4）添加立面注释
3	创建建筑剖面图出图视图	（1）创建剖面视图； （2）编辑剖面视图
4	施工图布图与打印	（1）创建图纸； （2）编辑图纸中的视图； （3）打印
5	导出 DWG 格式文件	将“二至五层平面图”导出为 DWG 格式文件

任务的解决及相关技术

对平面图进行施工图出图处理

1. 对平面图进行施工图出图处理

以一层平面图出图为例进行讲解，具体如下。

1）复制“出图视图”

打开“任务 4.2/ 工程量统计完成 .rvt”。

在项目浏览器中“标高 1”楼层平面上右击，执行“复制视图”→“带细节复制”命令，右击复制出的视图，将其重命名为“一层平面图”（图 4.34）。

双击进入“一层平面图”平面视图，在“属性”面板中，确保“视图比例”为“1 : 100”，“详细程度”为“粗略”，“范围：底部标高”为“无”（图 4.35）。

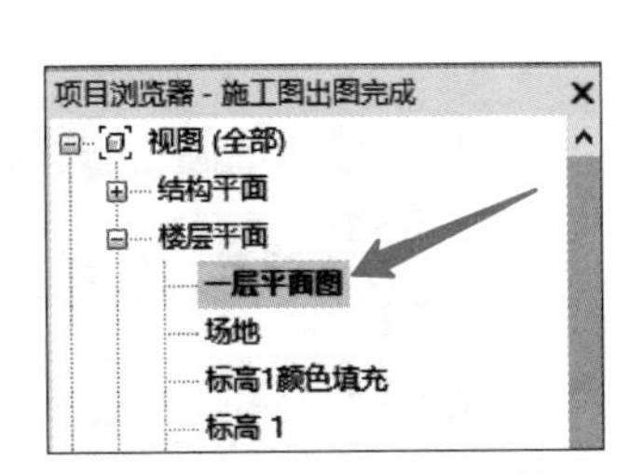

图 4.34　复制出“二至五层平面图”

图 4.35　视图设置

2）可见性设置

执行“VV”快捷命令，进入“可见性 / 图形替换”对话框，分别在“模型类别”栏和“注释类别”栏取消勾选“参照平面”“立面”（图 4.36），单击“确定”。

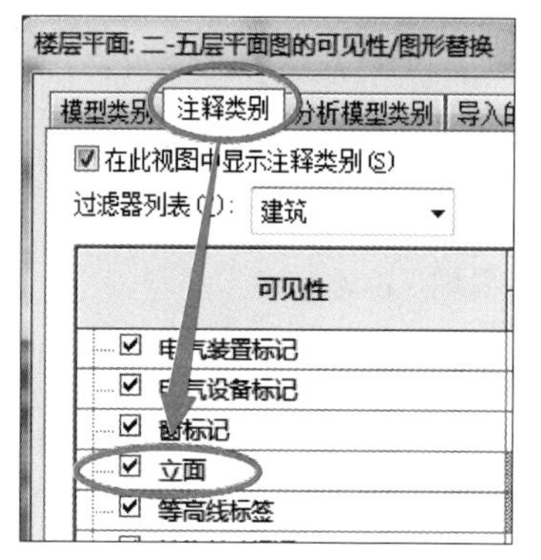

图 4.36　取消勾选“参照平面”及“立面”

注意

该项操作的目的是按照国家制图标准将不应该在施工图中出现的图元（如参照平面、立面标识等）进行隐藏。若创建了室外场地、植被等，需要进入“模型类别”栏，取消勾选其中的“地形”“场地”“植物”“环境”等。

3）视图样板的创建及应用

（1）视图样板创建。在“一层平面图”平面视图中，单击“视图”选项卡→“图形”面板→“视图样板”下拉菜单中的“从当前视图创建样板”（图 4.37），在弹出的“新视图样板”对话框中输入新视图样板名称为“平面图出图样板”，单击“确定”两次后退出。

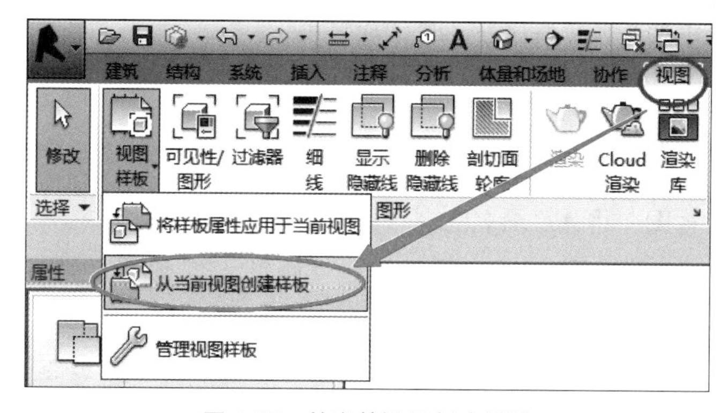

图 4.37　从当前视图创建样板

（2）视图样板应用。以二层应用视图样板为例进行说明，“带细节复制”复制“标高 2”，修改复制出的视图名称为“二层平面图”。

进入二层平面图，单击“视图”选项卡→“图形”面板→“视图样板”下拉菜单中的“将样板属性应用于当前视图”（图 4.38），选择刚刚创建的“平面图出图样板”样板，单击“确定”（图 4.39）。

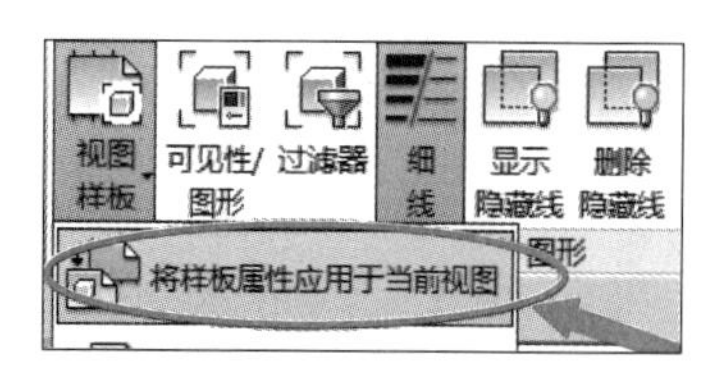

图 4.38　将样板属性应用于当前视图

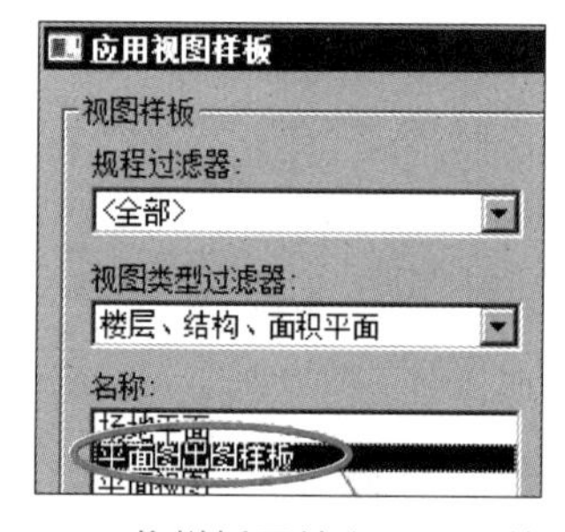

图 4.39　将样板属性应用于当前视图

注意

视图样板即为可见性的设置，二层应用视图样板即相当于执行了与一层相同的可见性设置。

4）尺寸线标注

（1）三道尺寸线标注。以标注“一层平面图”为例，以下介绍两种尺寸标注的方法。

① 采取拾取“单个参照点”的方法。在“一层平面图”楼层平面中，单击“注释”选项卡“尺寸标注”面板中的“对齐尺寸标注”命令（图 4.40），或执行“DI”快捷命令，左上角选项栏中“拾取”的为“单个参照点”（图 4.41）。根据状态栏提示，单击轴线 1，再单击轴线 9，之后单击空白位置放置标注。同理，标注其他三个方向上的最外围尺寸线，标注完成三道尺寸线，如图 4.42 所示。

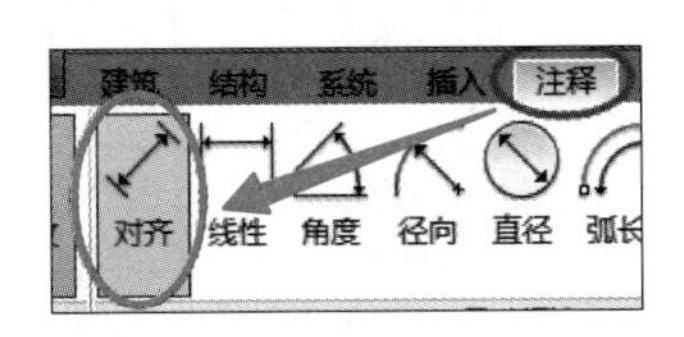

图 4.40　标注

图 4.41　拾取“单个参照点”标注

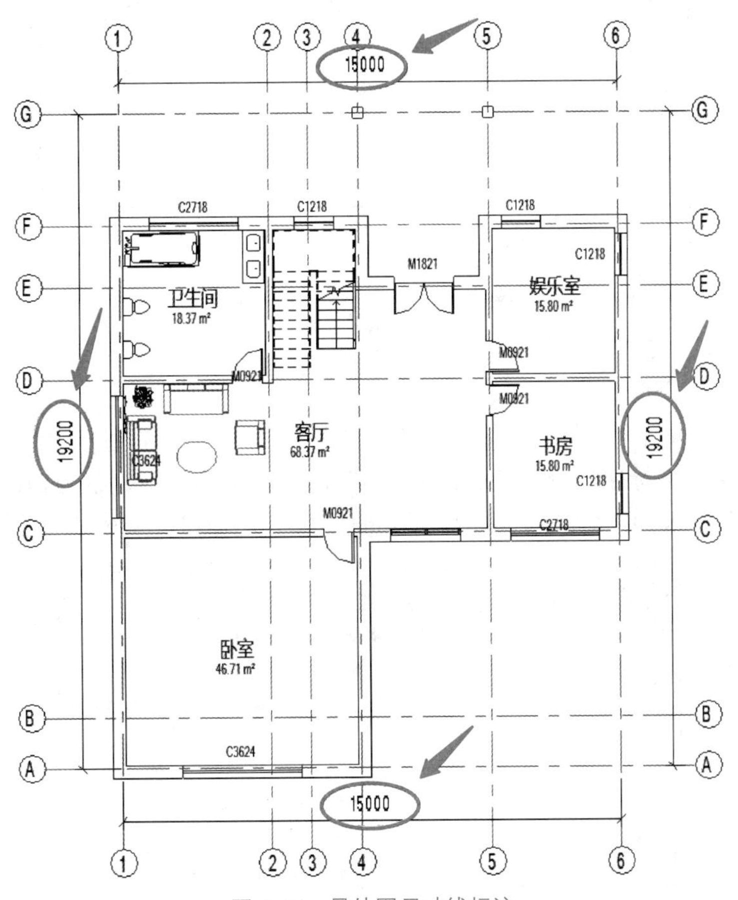

图 4.42　最外围尺寸线标注

② 采取拾取“整个墙”的方法。首先选择“墙”命令，利用“矩形”的绘制方法在建筑物外围绘制四面墙（图 4.43）。

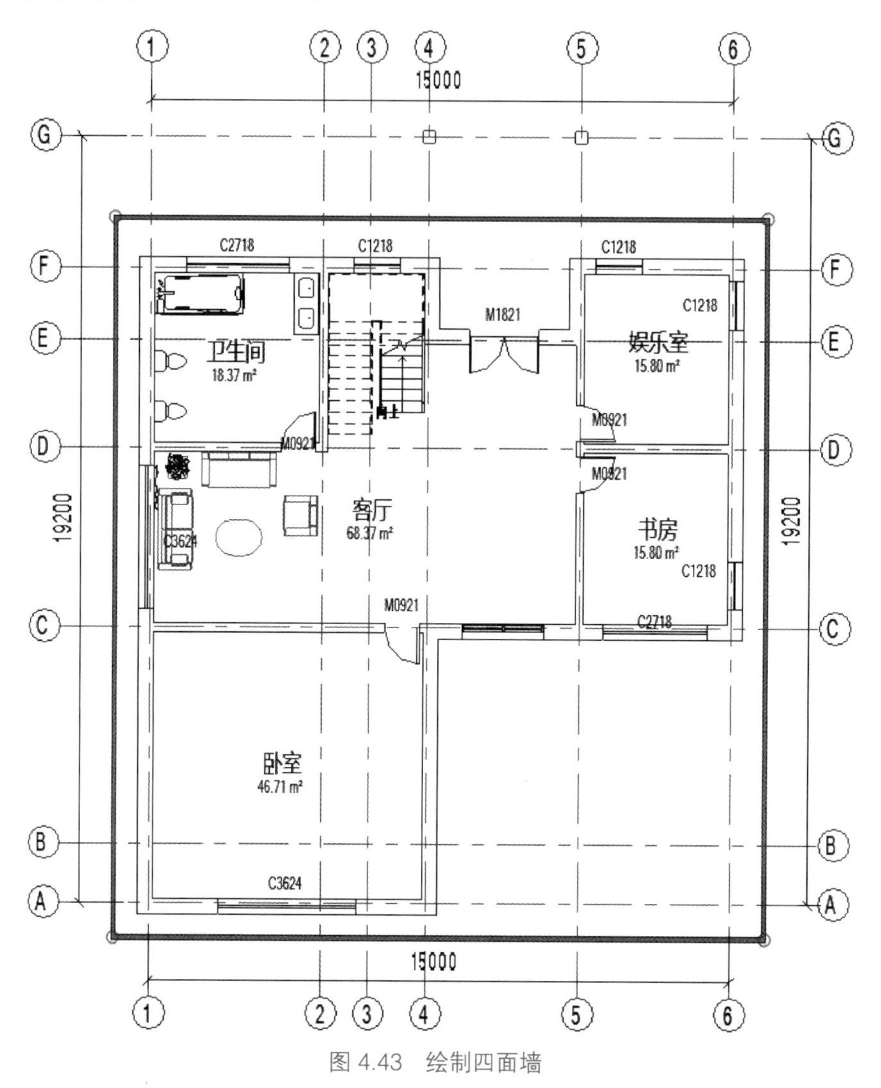

图 4.43　绘制四面墙

执行“对齐尺寸标注”命令，或执行“DI”快捷命令，将选项栏中拾取“单个参照点”改为“整个墙”，分别将“选项”设为“洞口宽度”“相交轴网”，单击“确定”（图 4.44）。

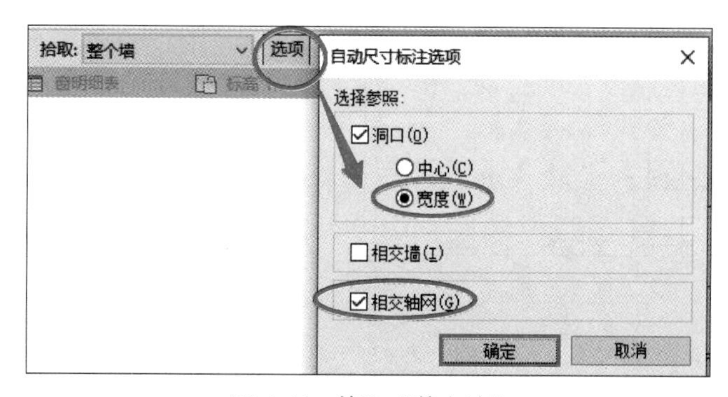

图 4.44　拾取“整个墙”

单击拾取辅助墙体，即可自动创建第二道尺寸线（图 4.45）。标注完成后，删除四面辅助墙，两端多余的尺寸会同时被删除。

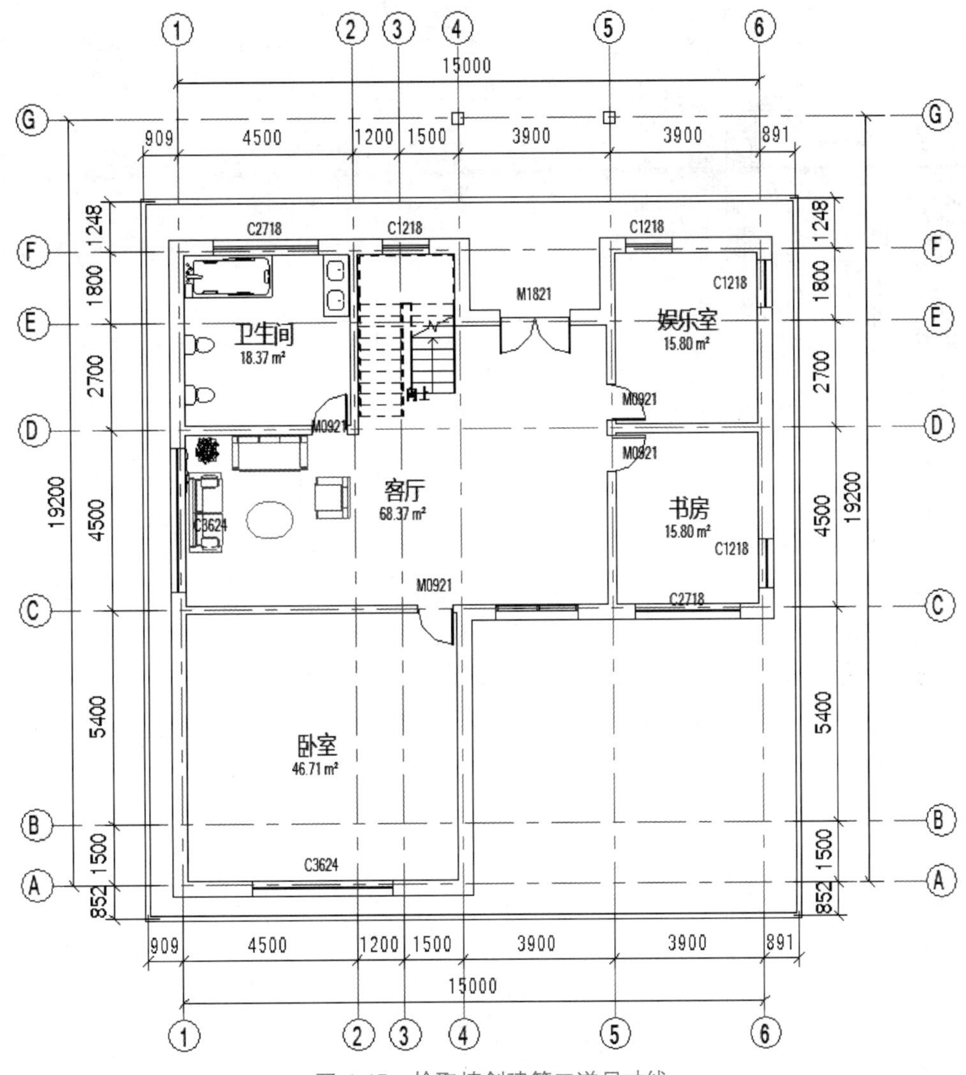

图 4.45　拾取墙创建第二道尺寸线

同理，利用拾取“整个墙”的方法，快速标注最内侧尺寸线。标注完成的三道尺寸线见图 4.46。

（2）室内尺寸的标注。采用拾取“整个墙”的方法标注室内门的位置（图 4.47）。

（3）楼梯踏步尺寸标注。使用拾取“单个参照点”方式标注楼梯尺寸后，在梯段尺寸“2240”处双击，打开“尺寸标注文字”对话框；在“前缀”中输入文字“280 × 8 =”，如图 4.48 所示，单击“确定”，原先的“2240”即变为“280 × 8 = 2240”。

5）高程点标注

确保“视觉样式”为“隐藏线”模式（图 4.49）。

单击“注释”选项卡“尺寸标注”面板中的“高程点”命令（图 4.50），将光标停在相应位置上，标注高程点（图 4.51）。

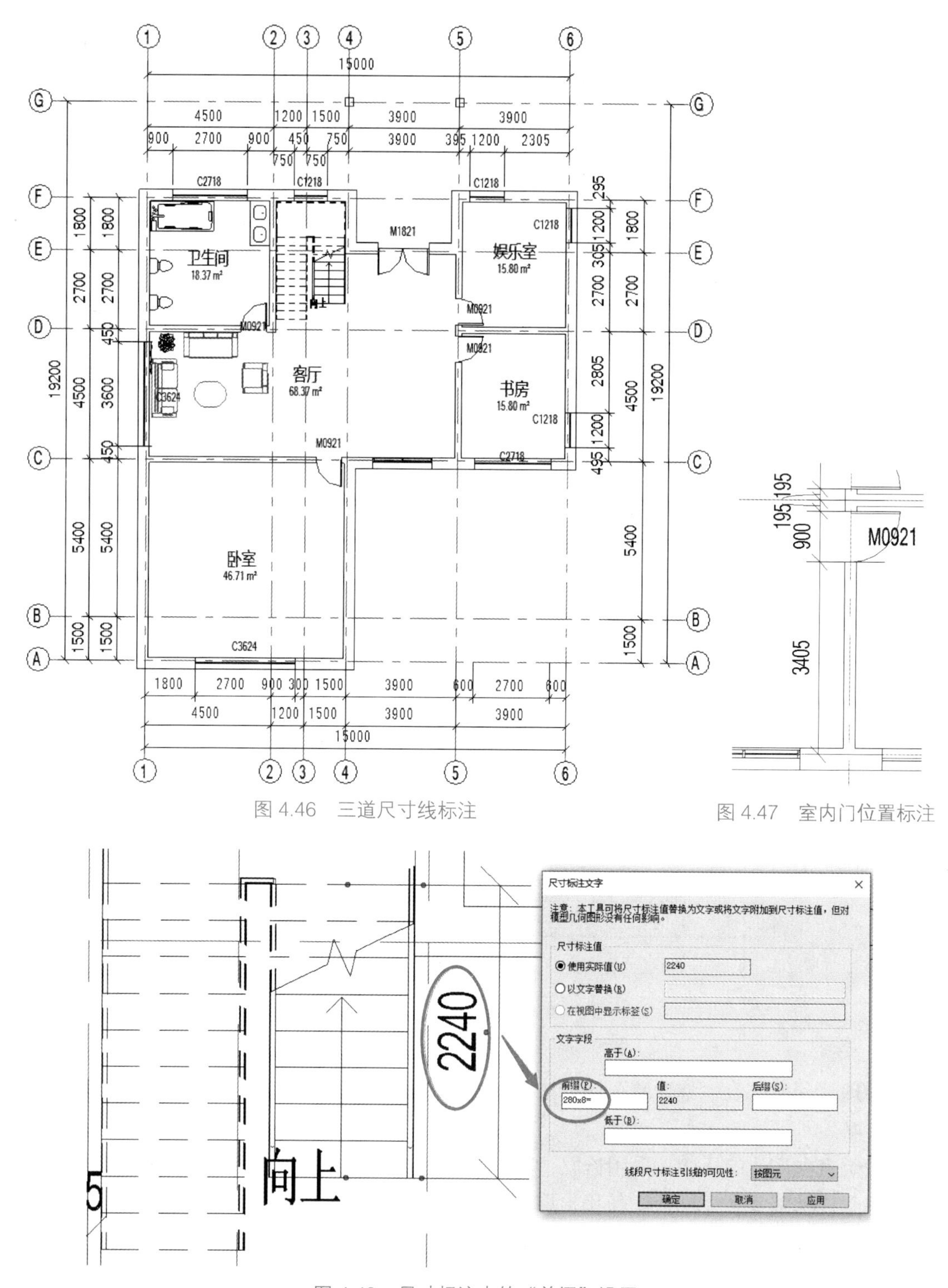

图 4.46　三道尺寸线标注

图 4.47　室内门位置标注

图 4.48　尺寸标注中的“前缀”设置

小贴士

只能在“隐藏线”模式下标注高程点，不能在“线框”模式下标注高程点。

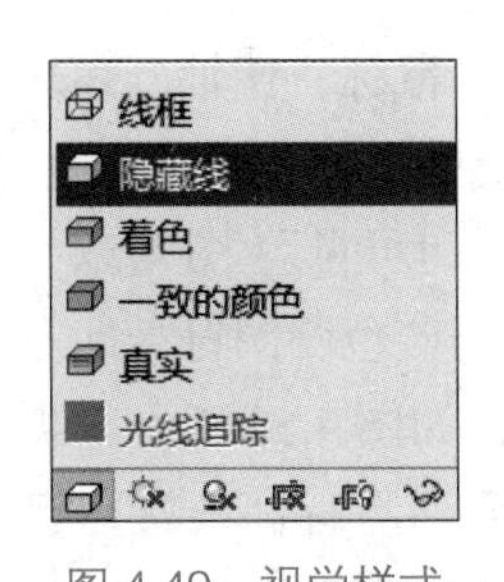

图 4.49　视觉样式

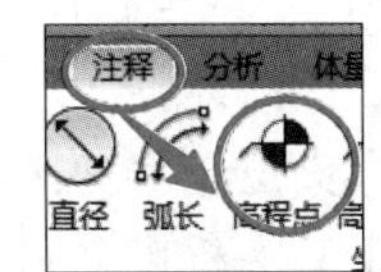

图 4.50　“高程点”命令

图 4.51　高程点标注

6）添加注释

（1）文字注释。单击“注释”选项卡“文字”面板中的“文字”命令（图 4.52），可进行文字注释。

（2）门窗注释。单击“注释”选项卡“标记”面板中的“全部标记”命令（图 4.53），在弹出的“标记所有未标记的对象”对话框中，分别选择“窗标记”“门标记”（图 4.54），单击“确定”。

图 4.52　“文字”注释命令

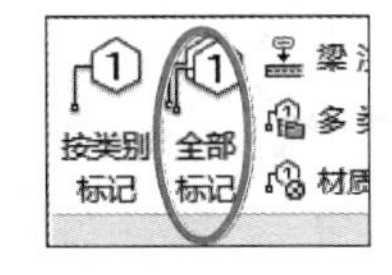

图 4.53　“全部标记”命令

图 4.54　窗标记、门标记

完成的项目文件见“任务 4.3/ 平面图出图处理 .rvt”。

2. 对立面图进行施工图出图处理

对立面图进行施工图出图处理

下面以南立面图视图处理为例进行讲解。

1）复制出“出图视图”

双击进入南立面视图，在项目浏览器“南立面”右击，选择“复制视图”→“带细节复制”，新定义名称为“南立面图”（图 4.55）。

2）可见性设置

执行“VV”命令，打开“可见性 / 图形替换”对话框，取消勾选“注释类别”中的“参照平面”。单击“确定”，退出“可见性 / 图形替换”对话框。

3）轴网标头调整及端点位置调整

立面视图中一般只需要显示第一根和最后一根轴线，且轴线及标高的长度也无须太长，调整方法如下：进入“南立面图”，选择 2 轴线至 5 轴线，单击“修改 | 轴网”上下文选项卡“视图”面板中的“隐藏图元”（图 4.56）。

图 4.55　新建出图视图

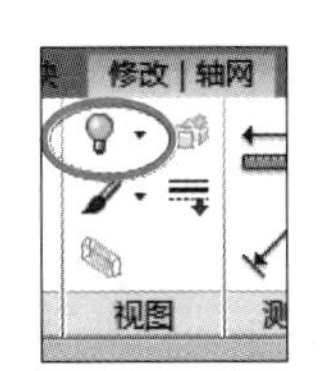

图 4.56　隐藏图元

轴线位置调整：单击 1 轴线，单击拖曳点，向下拖曳一段距离松开鼠标，使轴号距离建筑物一段距离，便于以后的尺寸标注。此时，6 轴线也会随 1 轴线拖曳至相应位置。

标高位置调整：分别勾选“属性”面板中的“裁剪视图”“裁剪视图可见”（图 4.57），出现裁剪区域边界线。单击右侧裁剪边界线，单击右侧裁剪边界中间的蓝色圆圈符号向左拖曳，使右侧标高标头位于裁剪区域之外，如图 4.58 所示，再松开鼠标。这时选中某一标高，可以观察到所有标高线端点已经全部由原先的“3D”改为“2D”模式（图 4.59）。选择标高下的蓝点，将其拖曳至合适位置，松开鼠标。右侧标高位置即调整完毕。

范围	
裁剪视图	☑
裁剪区域可见	☑

图 4.57　勾选“裁剪视图”“裁剪视图可见”

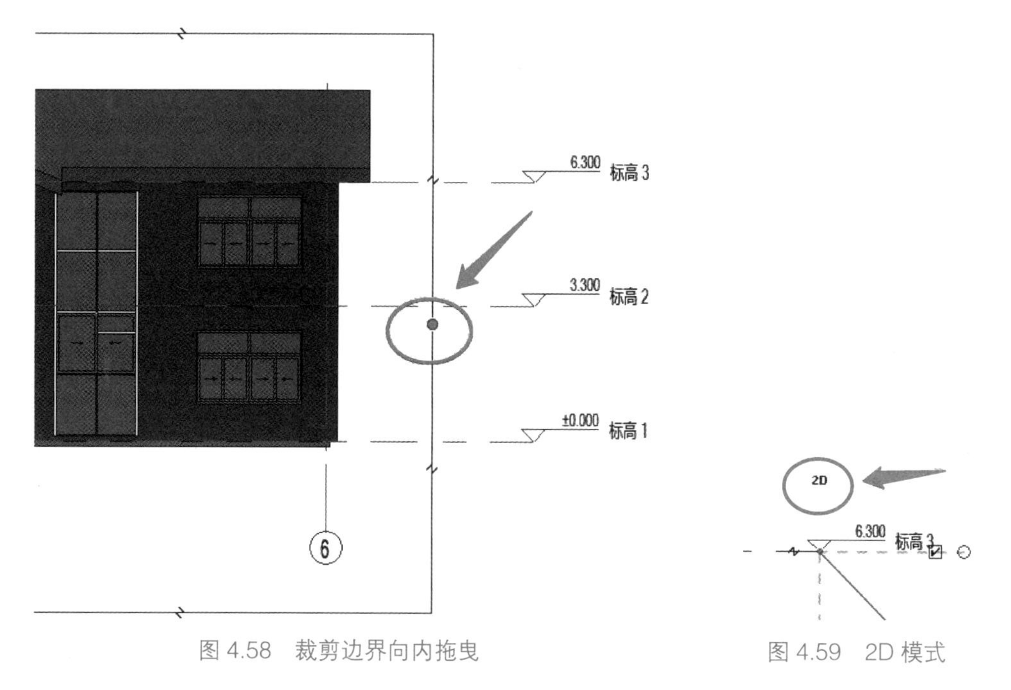

图 4.58　裁剪边界向内拖曳

图 4.59　2D 模式

注意

1. 采用拖曳“裁剪边界”调整标高位置的方法，能够快速、批量地将所有标高由“3D”转成“2D”，成为“2D”后，再调整标高位置，将只影响本立面视图的标高位置，不会影响其他立面视图的标高位置。

2. 此方法对调整轴线位置同样适用，是整体调整平立剖视图中标高和轴线标头位置的快捷方法。

同理，可使用该方法调整左侧标高位置。调整完毕，分别取消勾选“属性”面板中的“裁剪视图”“裁剪视图可见”。

调整完成的立面图如图 4.60 所示。

4）添加注释

尺寸线标注：标注方法同平面图尺寸线标注。

高程点标注：标注方法同平面图尺寸线标注。

材质标记：使用“注释”选项卡→“标记”面板→“材质”标记命令（图 4.61）。

完成的南立面图见图 4.62。

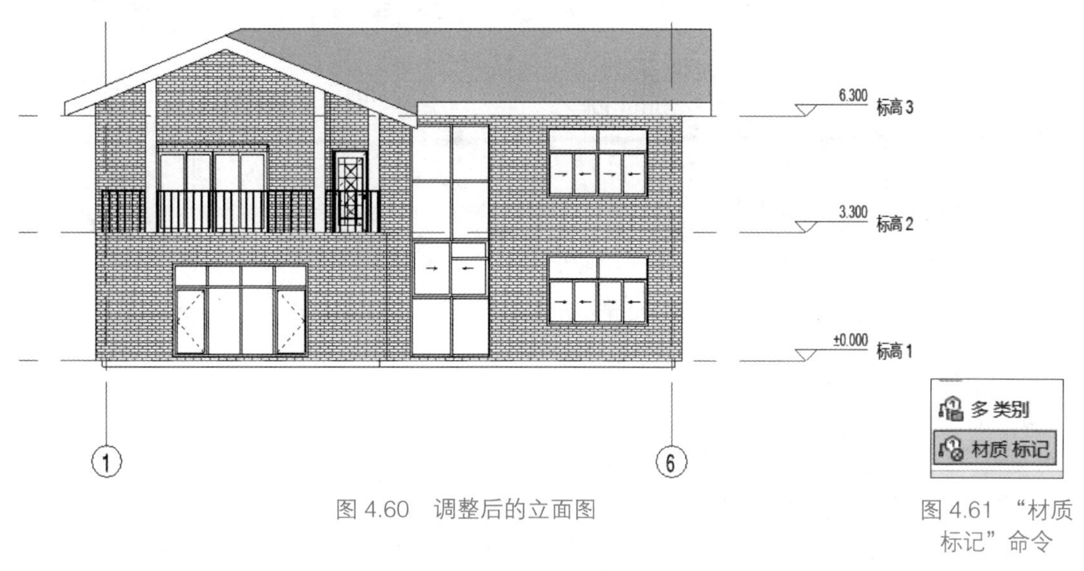

图 4.60　调整后的立面图

图 4.61 “材质标记”命令

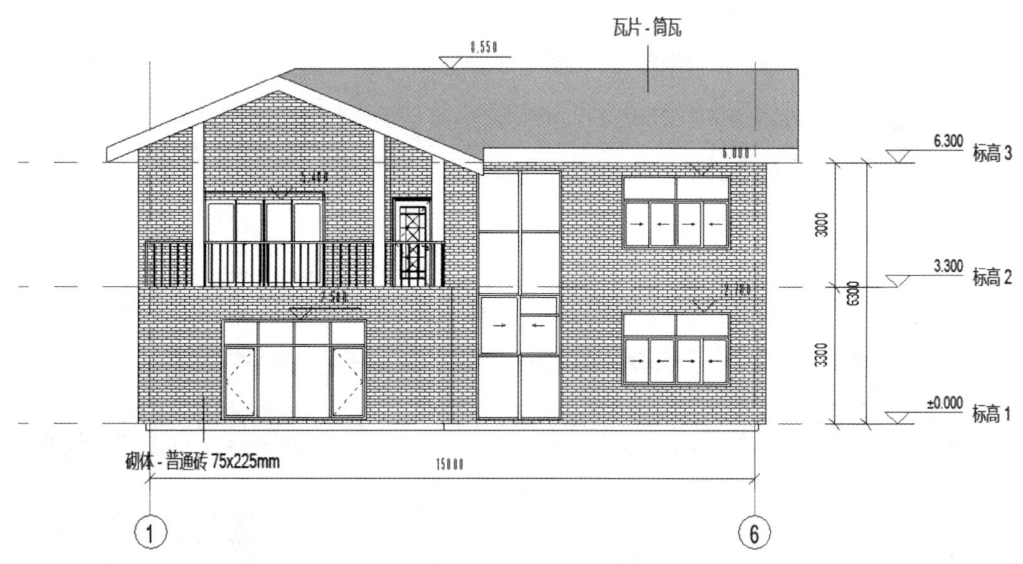

图 4.62 南立面图出图

完成的项目文件见“任务 4.3/ 立面图出图处理完成 .rvt”。

3. 对剖面图进行施工图出图处理

1）创建剖面视图

进入一层平面图楼层平面视图。

使用“视图”选项卡→“创建”面板→“剖面”命令，在 2 轴和 3 轴之间绘制剖面。此时项目浏览器中增加“剖面（建筑剖面）”项，将其重命名为“1-1 剖面图”，双击该视图，即可进入 1-1 剖面图（图 4.63）。

对剖面图进行施工图出图处理

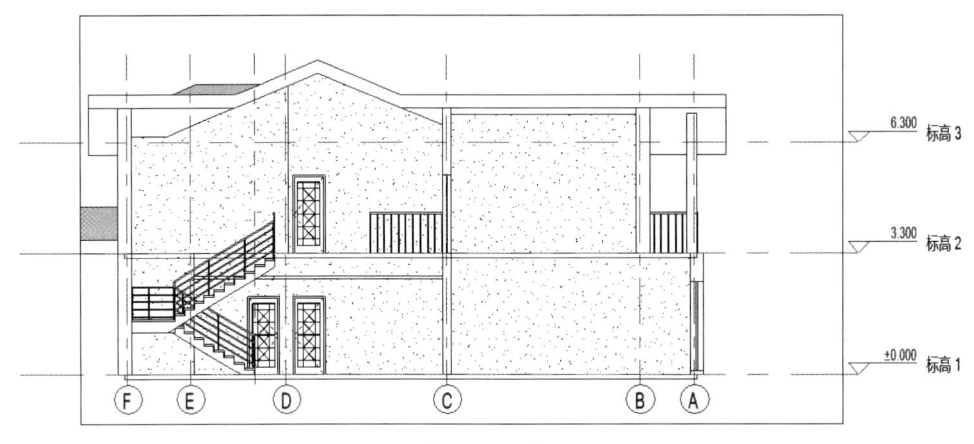

图 4.63　剖面

2）编辑剖面视图

剖面图的可见性设置、标高轴网调整、标注等与立面图相同，不同的是，可以通过“可见性”设置直接将楼板、屋顶、墙体设置为实体填充。

具体如下：执行“VV”快捷命令，在弹出的“剖面：1-1 剖面图的可见性 / 图形替换”对话框中，按住 Ctrl 键同时选择“墙”“屋顶”“楼板”“楼梯”，再单击截面“填充图案”中的“替换”，如图 4.64 所示。在弹出的“填充样式图形”对话框中，将前景填充图案改为“实体填充”，将颜色修改为“黑色”，如图 4.65 所示。单击“确定”，完成可见性设置。

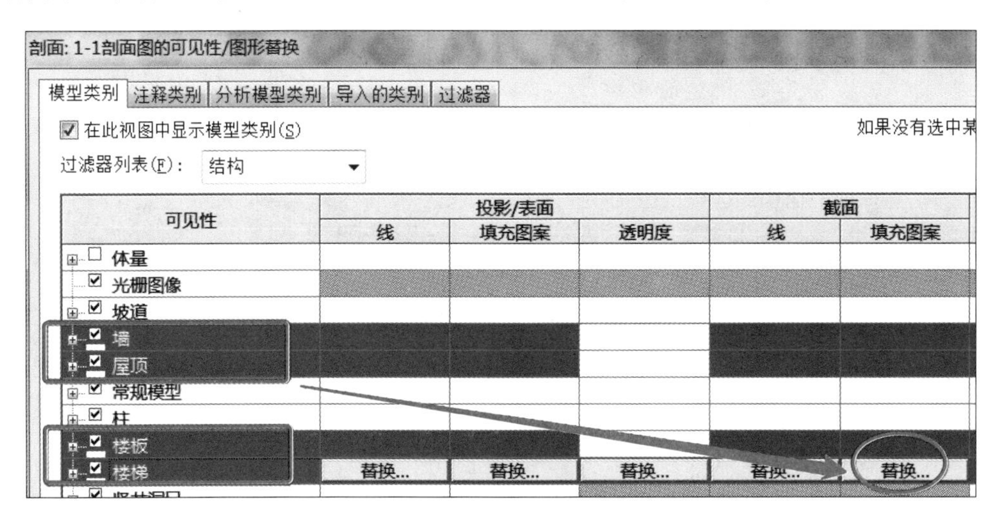

图 4.64　可见性设置

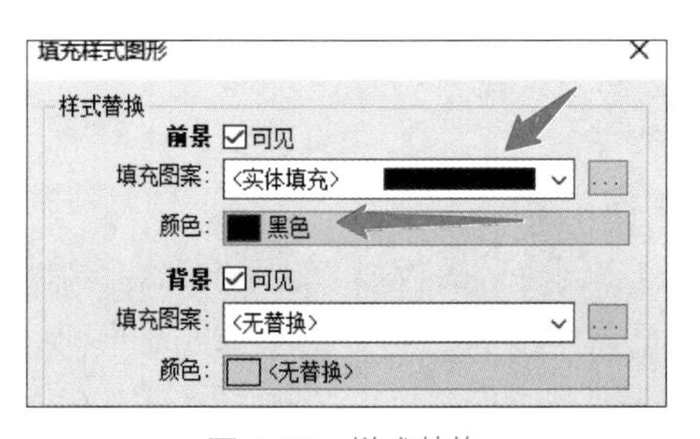

图 4.65　样式替换

与立面图标注相同，进行裁剪区域、标高的调整，标注尺寸、标高等。

完成的图形见图 4.66。

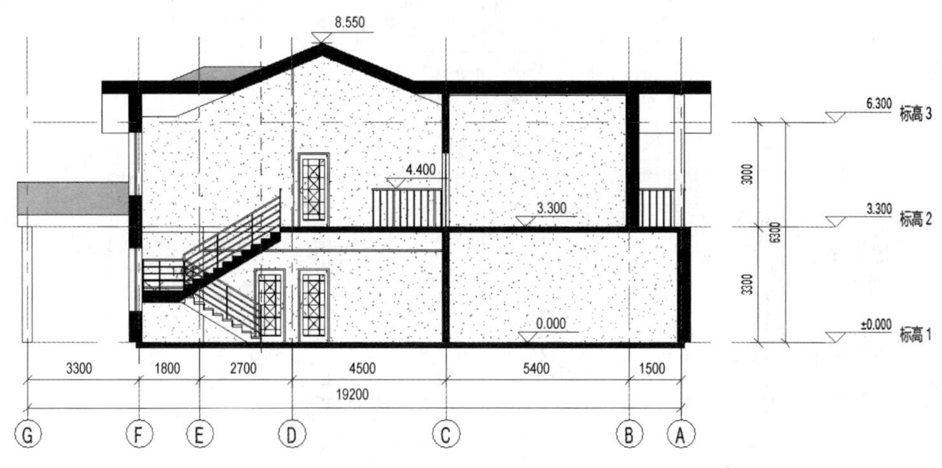

图 4.66　剖面视图处理完成

完成的文件见“任务 4.3/ 剖面图出图处理完成 .rvt”。

4. 进行施工图布图与打印

1）创建图纸

（1）新建图幅。打开“任务 4.3/ 剖面图出图处理完成 .rvt”。

进行施工图布图与打印

单击“视图”选项卡“图纸组合”面板中的“图纸”命令，打开“新建图纸”对话框，从上面的“选择标题栏”列表中选择“A0 公制”，单击“确定”，即可创建一张 A0 图幅的空白图纸。

在项目浏览器中“图纸（全部）”节点下显示为“J0—1—未命名”，将其重命名为“J0—1— 一层平面图”，如图 4.67 所示。

（2）载入图纸。以一层平面图载入为例：直接将项目浏览器“楼层平面”下的“一层平面图”拖曳到图框中，松开鼠标即可。

（3）标题线长度的编辑。单击选择拖曳到图框中的“一层平面图”，可以观察到视图标题的标题线过长，选择标题线的右端点，向左拖曳到合适位置。拖曳之后的图形如图 4.68 所示。

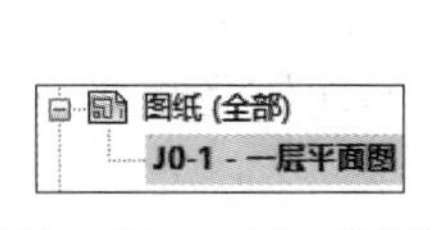

图 4.67　一层平面图

图 4.68　拖曳右端点到合适位置

（4）标题的位置调整。移动光标到“一层平面图”视图标题名称上，当标题亮显时，单击选择视图标题（注意：此时选择的是视图标题名称，不是选择整体视图），可移动视图标题到视图下方中间合适位置后松开鼠标。结果如图 4.69 所示。

同理，可以将其他平面图、立面图、门窗明细表等拖曳到图框中进行编辑、布图。

创建完成的项目文件见“任务 4.3/ 施工图布图完成 .rvt”。

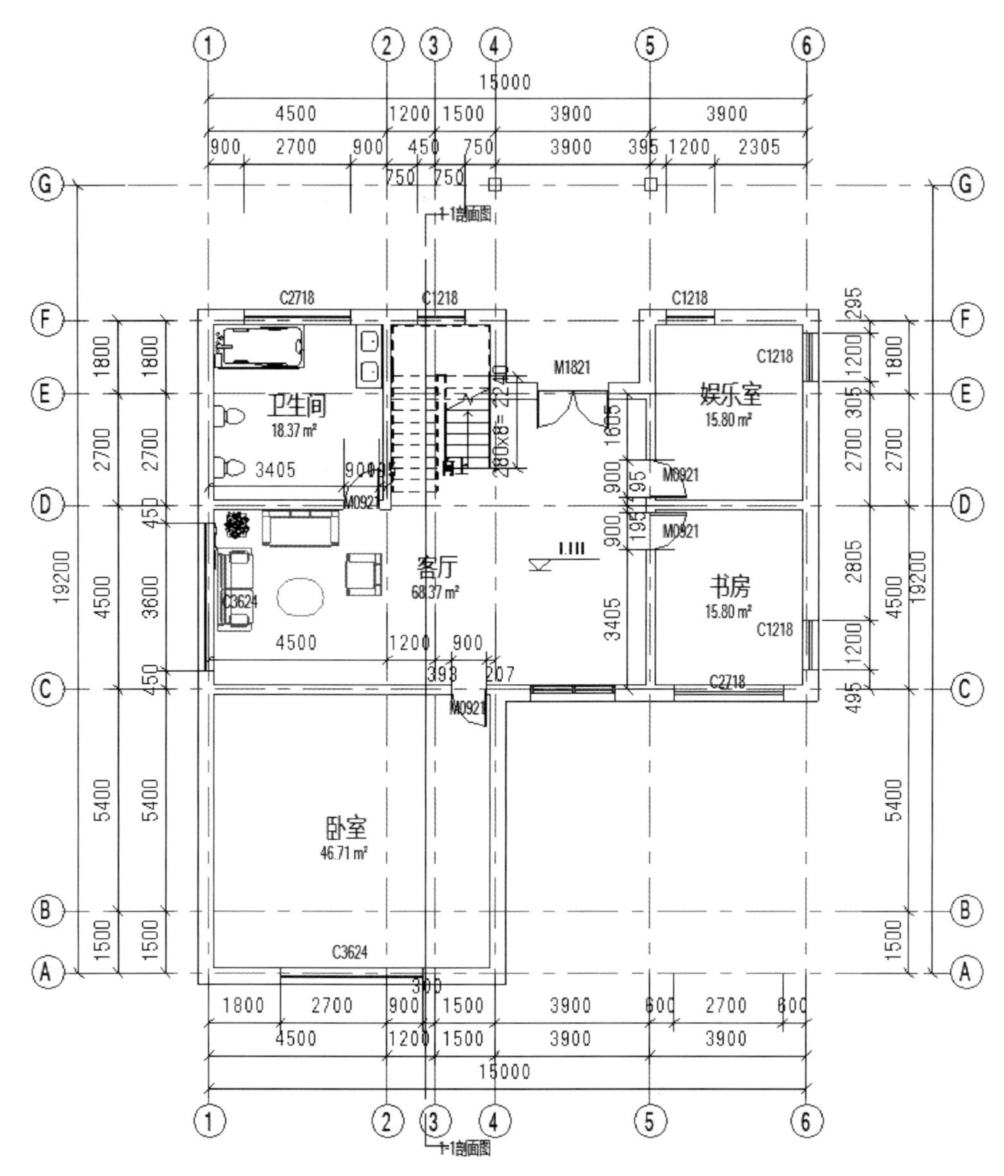

图 4.69　图纸布图

2）编辑图纸中的视图

以上在图纸中布置好的各种视图，与项目浏览器中原始视图之间依然保持着双向关联修改的关系，从项目浏览器中打开原始视图，在视图中所做的任何修改都将自动更新图纸中的视图。

单击选择图纸中的视图，单击"修改 | 视口"上下选项卡中的"激活视图"命令，或右击选择"激活视图"命令，则其他视图全部灰色显示，当前视图激活，可选择视图中的图元编辑修改，这也等同于在原始视图中编辑。编辑完成后，右击选择"取消激活视图"命令，即可恢复图纸视图状态。

单击选择图纸中的视图，在"属性"选项板中可以设置该视图的"视图比例""详细程度""视图名称""图纸上的标题"等参数，等同于在原始视图中设置视图"属性"参数。

3）打印

在“J0—1——层平面图”视图中，按照图 4.70 所示，单击程序左上角“文件”菜单→“打印”→“打印”命令，打开“打印”对话框。

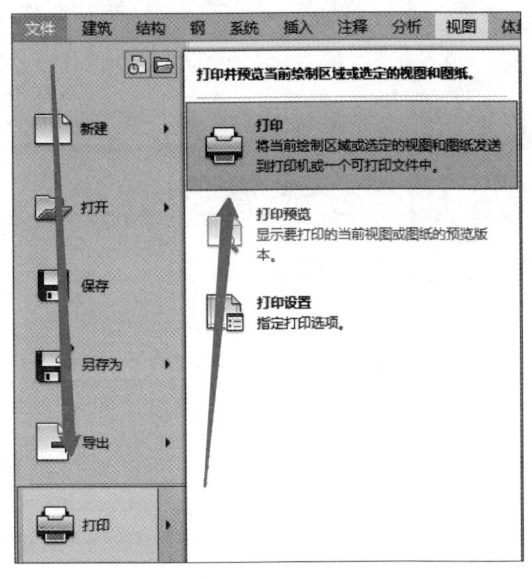

图 4.70　打印

在对话框中设置以下选项。

打印机：从顶部的打印机“名称”下拉列表中选择需要的打印机，自动提取打印机的“状态”“类型”“位置”等信息。

打印到文件：如勾选该选项，则下面的“文件”栏中的“名称”栏将激活，单击“浏览”，打开“浏览文件夹”对话框，可设置保存打印文件的路径和名称，以及打印文件类型（可选择“打印文件（*.plt）”或“打印机文件（*.prn）”）。确定后，将把图纸打印到文件中，再另行批量打印。

打印范围：默认选择“所选视图 / 图纸”，单击下面的“选择”按钮，打开“视图 / 图纸集”对话框，批量勾选要打印的图纸或视图（此功能可用于批量出图）。也可选择“当前窗口”，则仅打印当前窗口中能看到的图元，缩放到窗口外的图元不打印。

选项：设置打印“份数”，如勾选“反转打印顺序”，则将从最后一页开始打印。

设置：单击右下角“设置”按钮，打开“打印设置”对话框，设置打印选项设置完成后，单击“确定”，即可发送数据到打印机打印，或打印到指定格式的文件中。

5. 导出 DWG 文件

进入“J0—1— 一层平面图”视图，单击“文件”菜单→“导出”→“CAD 格式”→“DWG”命令（图 4.71），打开“DWG 导出”对话框。

单击对话框中“任务中的导出设置”右面的按钮（图 4.72），可以进行导出设置。本书暂使用默认值，不进行修改。

在“DWG 导出”对话框中，“导出”的默认选择为“仅当前视图 / 图纸”（图 4.73）。也可以从“导出”下拉列表中选择“任务中的视图 / 图纸集”，然后从激活的“按列表显示”下拉列表中选择要导出的视图。本书按默认选择导出“仅当前视图 / 图纸”。

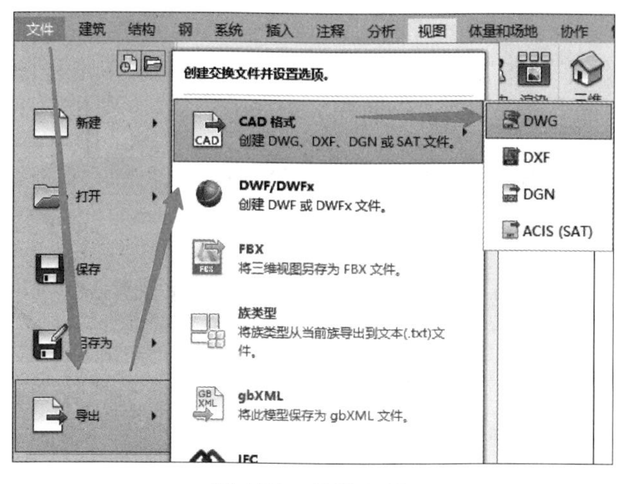

图 4.71　导出 CAD

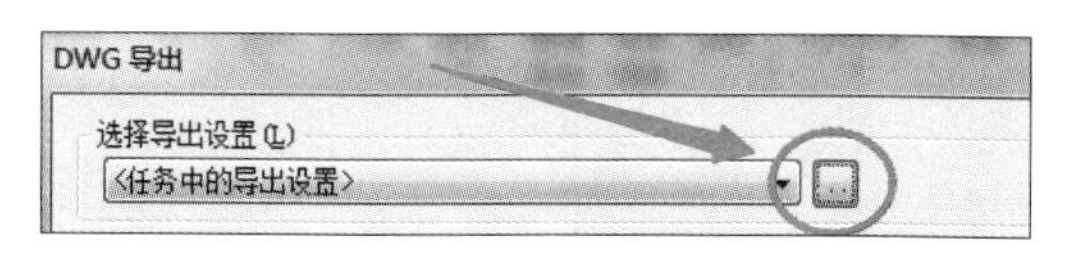

图 4.72　导出设置

图 4.73　导出图纸

单击“下一步”，设置导出文件保存路径，设置“文件名 / 前缀”为“别墅施工图”，在“文件类型”中选择所需要的 AutoCAD 版本，在“命名”选择“手动（指定文件名）”，单击“确定”，导出 DWG 文件（图 4.74）。

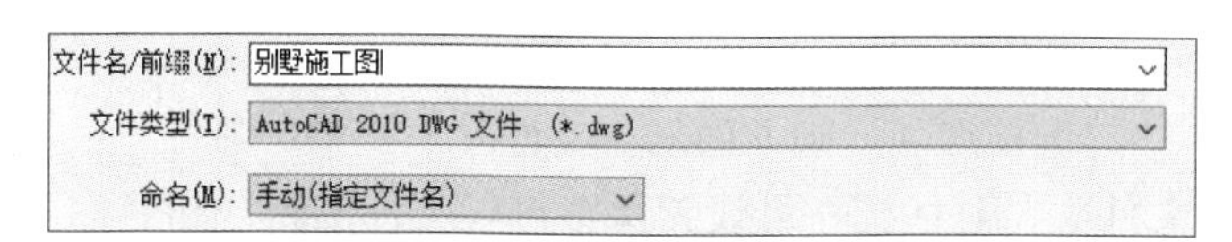

图 4.74　导出 CAD 格式

完成的项目文件见“任务 4.3/ 导出 DWG 文件完成 .rvt”。

习题与能力提升

打开“习题与能力提升资源库”文件夹中“施工图出图预备文件 .rvt”，进行二至五层平面图出图、立面图出图和剖面图出图，并将二至五层平面图导出为 DWG 格式文件。

任务 4.3 习题讲解——建筑平面图视图处理

任务 4.3 习题讲解——建筑立面图视图处理

任务 4.3 习题讲解——建筑剖面图视图处理

任务 4.3 习题讲解——布图与打印

任务 4.3 习题讲解——导出 DWG 格式文件

任务 4.4　日光研究

任务目标

（1）掌握静止日光研究的方法；
（2）掌握一天日光研究的方法；
（3）掌握多天日光研究的方法。

任务内容

序号	任务分解	任务驱动
1	掌握静止日光研究的方法	（1）设置项目地理位置和正北方向； （2）创建日光研究视图； （3）创建静止日光研究方案； （4）查看日光研究图像或动画； （5）图像或动画的保存和导出
2	掌握一天日光研究的方法	（1）创建一天日光研究视图； （2）查看一天日光研究； （3）保存日光研究图像； （4）导出日光研究动画
3	掌握多天日光研究的方法	追踪 2021 年 2 月 11 日至 9 月 11 日每天 10:00—11:00 阴影由长变短的过程

任务实施

虽然 Revit 不是专业的日照分析软件，但提供了日光研究功能，以评估自然光和阴影对建筑和场地的影响。

日光研究

日光研究模式包括“静止”“一天”“多天”“照明”四种。无论哪种模式，其操作流程基本相同，都要经过以下五个步骤：

- 指定项目地理位置和正北；
- 创建日光研究视图；
- 创建日光研究方案（“静止”“一天”“多天”“照明”日光设置和阴影）；
- 查看日光研究动画或图像；
- 保存日光研究图形或导出日光研究动画。

下面以“静态日光研究”为例，详细讲解日光研究的操作流程。后面将只讲解不同日光研究模式下的区别。

1. 进行静止日光研究

1）项目地理位置和正北

打开“任务 2.12/ 建筑场地完成 .rvt”。打开“场地”楼层平面视图。

（1）项目地理位置。单击功能区“管理”选项卡“项目位置”面板的“地点”命令，在“项目地址”输入“青岛”，单击“搜索”，选择“山东省青岛市”，如图 4.75 所示；也可将“定义位置依据”设置为“默认城市列表”，分别在“纬度”输入“36.07°”，“经度”输入“120.33°”，不勾选“使用夏令时”，单击“确定”，如图 4.76 所示。

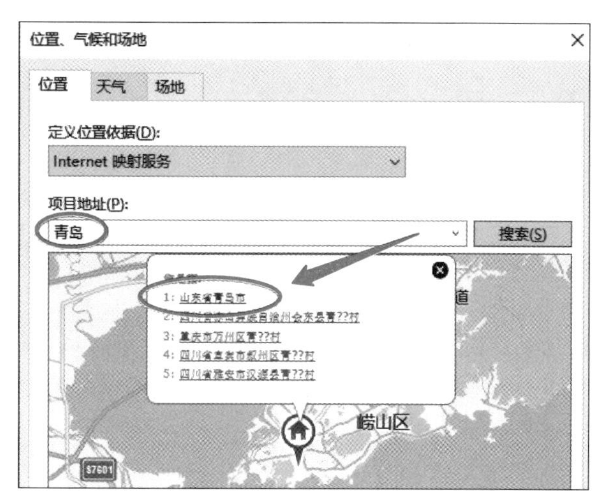

图 4.75　搜索“青岛”

图 4.76　输入经度、纬度

（2）“正北”与“项目北”。在项目设计中，为绘图方便，将图纸正上方作为“项目北”方向，然后绘制水平和垂直轴网定位，因此，在“场地”平面的“属性”选项板中，可以查看视图的“方向”参数默认值为“项目北”。而在创建日光研究时，为了模拟真实自然光和阴影对建筑和场地的影响，需要把项目方向调整到“正北”方向。其设置方法如下：在“场地”楼层平面视图中，在属性面板中设置视图的“方向”参数为“正北”，如图 4.77 所示。

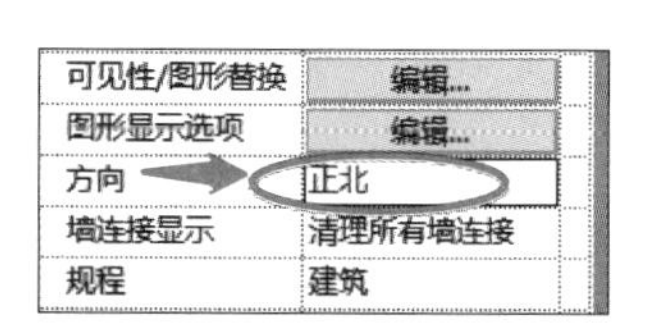

图 4.77　方向调为“正北”

单击“管理”选项卡“项目位置”面板的“位置”命令，从下拉菜单中选择“旋转正北”命令，移动光标出现旋转中心点和符号线。将项目逆时针旋转 10° 到正北方向，正北方向设置完成。结果如图 4.78 所示。

此时，项目的物理位置已为北偏西 10°。

为了便于下一步的操作，再将“属性”选项板中的“方向”参数切换成“项目北”。

2）创建日光研究视图

所谓日光研究视图，是指专用于日光研究、只显示三维模型图元的视图。需要使用正交三维视图创建日光研究：在三维视图“{3D}”上右击，“带细节复制”出一个三维视图，将其重命名为“01—静态日光研究”。

单击“ViewCube”的后、上、左交点（图 4.79），将视图定向到西北轴侧方向；设置视图的视觉样式为“隐藏线”（黑白线条显示更容易显示日光阴影效果），完成的视图如图 4.80 所示。

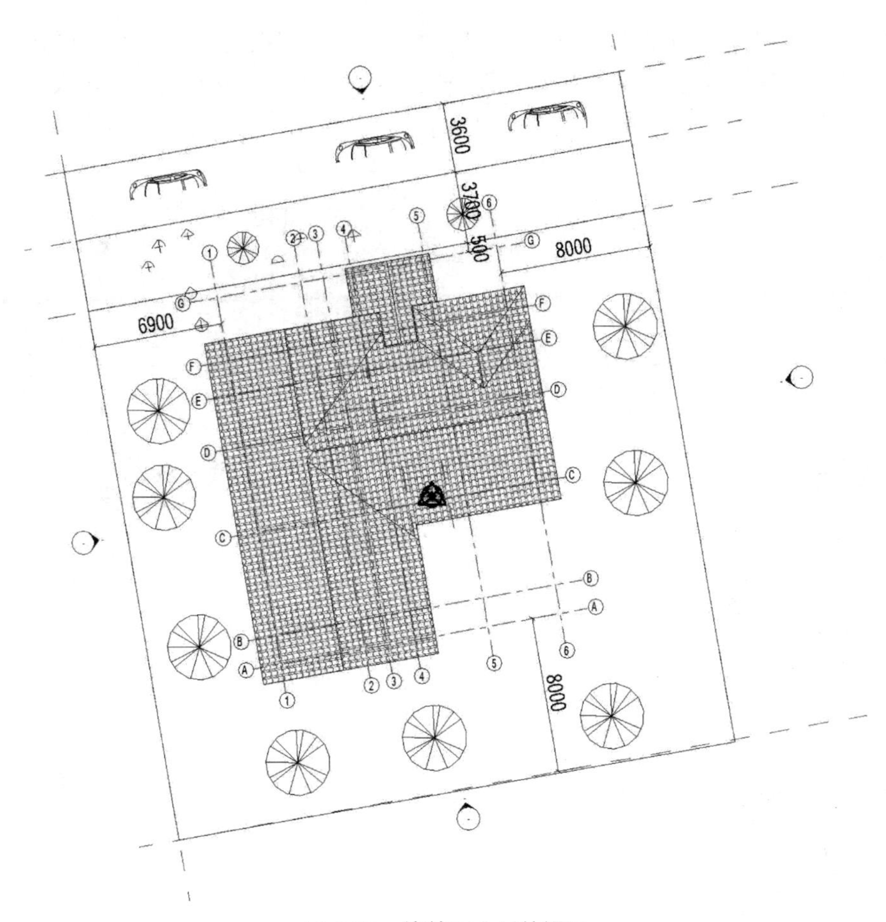

图 4.78　旋转正北后的视图

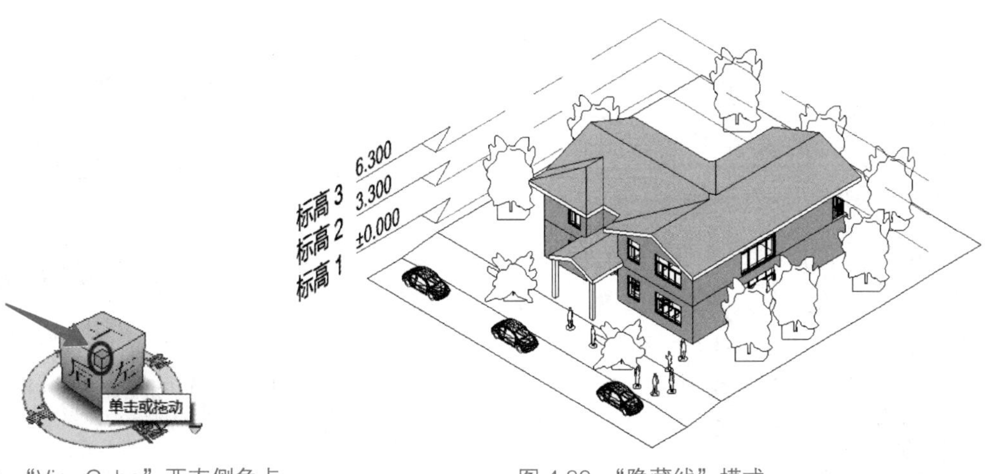

图 4.79　“ViewCube”西南侧角点

图 4.80　“隐藏线”模式

3）创建静态日光研究方案

（1）“图形显示选项”设置。单击“视图控制栏”中的“日光路径”，选择“日光设置...”（图 4.81），弹出“日光设置”面板。

新建日光研究方案如图 4.82 所示。先选择日光设置“面板”日光研究将其设为“静止”，然后从下面的“预设”栏中选择“夏至”，单击左下角的复制图标，输入日光研究方案“名称”为“青岛—20210911”，单击“确定”，回到“日光设置”对话框。

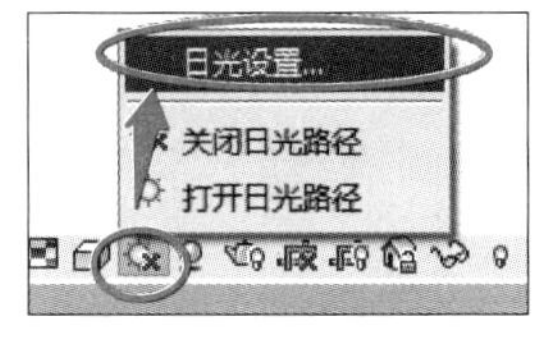

图 4.81 图形显示选项

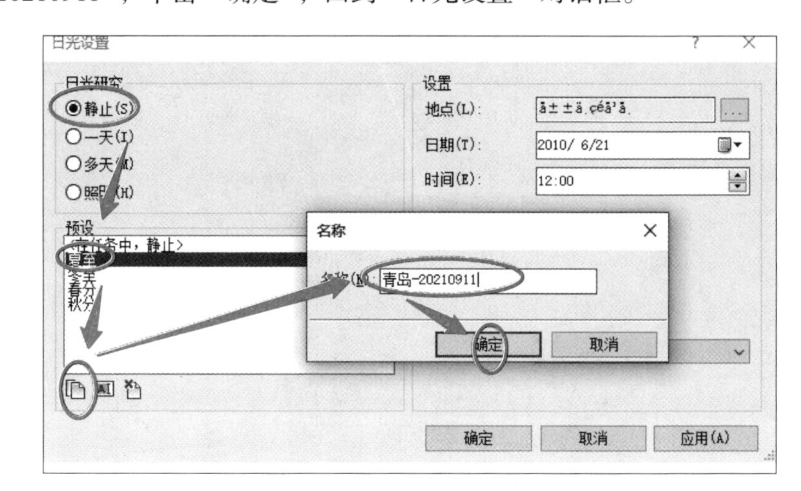

图 4.82 静态日光设置

按照图 4.83 所示，在“日光设置”对话框右侧设置“日期”为“2021/9/11”，设置“时间”为“11:00”，“地点”选项已经自动提取了前面“地点”中的设置，此处不需要设置。取消勾选“地平面的标高”选项。

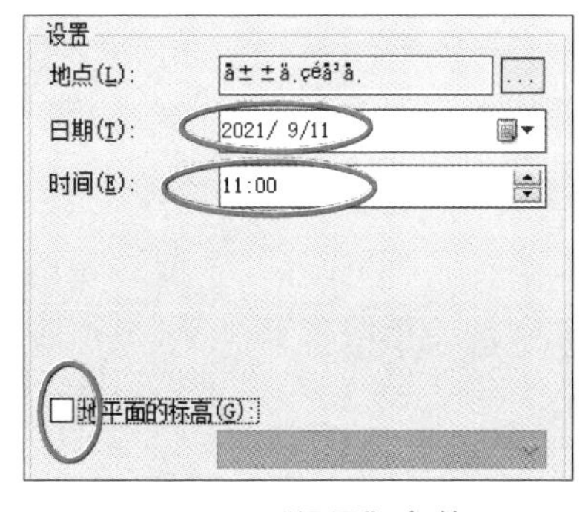

图 4.83 “设置”参数

注意

本例已经创建了地形表面，取消勾选“地平面的标高”选项，以在图中的地形表面上投射阴影；若没有设置地形表面，可以勾选“地平面的标高”，并选择一个标高名称，则将在该标高平面上投射阴影。

单击“确定”退出“日光设置”对话框。

（2）“关闭 / 打开阴影”设置。单击“视图选项卡”中的“关闭 / 打开阴影”（图 4.84），打开日光阴影。效果如图 4.85 所示。

图 4.84 关闭 / 打开阴影

（3）保存日光研究图像。设置好的日光研究，可以将视图当前的图形显示保存为图像，存储在项目浏览器的“渲染”节点下，以备随时查看。

在项目浏览器中，在“01—静态日光研究”视图名称上进行右击，选择“作为图像保存到项目中”命令。

在对话框中“为视图命名”为“01—静态日光研究”，设置“图像尺寸”为“2000”像素，其他参数选择默认，单击“确定”（图 4.86），即可在项目浏览器的“渲染”节点下创建一个“01—静态日光研究”图像视图。

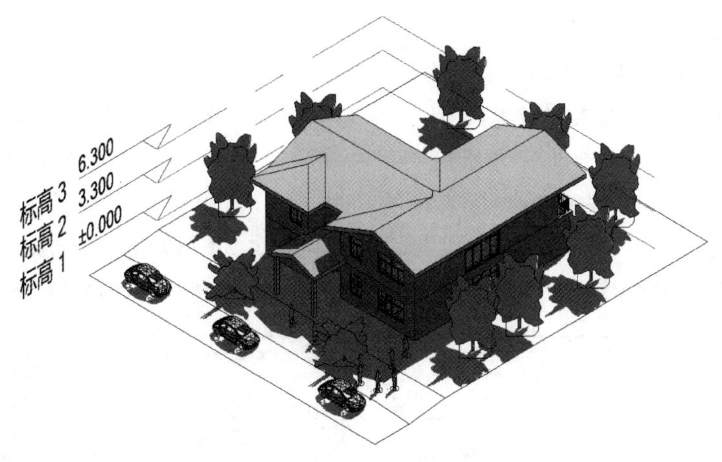

图 4.85　静态日光研究效果

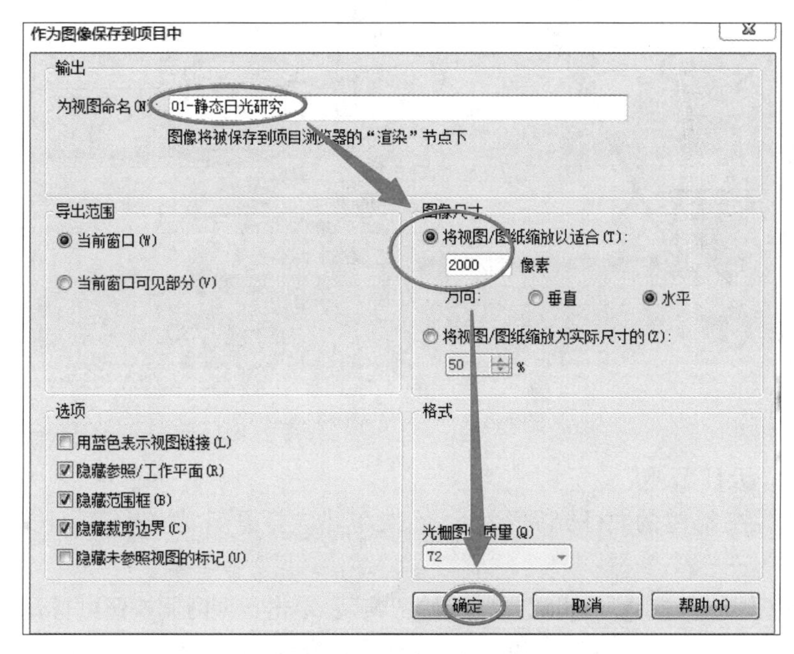

图 4.86　图像输出设置

创建完成的文件见"任务 4.4/ 静态日光研究完成 .rvt"。

2. 进行一天日光研究

一天日光研究是指在特定某一天已定义的时间范围内自然光和阴影对建筑和场地的影响。例如，可以追踪 2021 年 9 月 11 日从日出到日落的阴影变化过程。

一天日光研究的创建方法同静态日光研究的流程完全相同，不同之处在于"日光设置"中的设置略有区别，以及最后生成的是一个动态的日光动画，本节不再一一详述，仅重点介绍不同之处。

1）创建日光研究视图

打开文件"任务 4.4/ 静态日光研究完成 .rvt"。

"复制"上节三维视图中的"01—静态日光研究"视图，将其重命名为"02——一天日光研究”。

2）创建一天日光研究视图

采用同样的方法，进入“日光设置”中。

按照图 4.87 所示，选择日光研究为“一天”，单击“一天日光研究”，选择下方的复制图标，定义名称为“一天日光研究—青岛 2”，单击“确定”。设置“日期”为“2021/9/11”；勾选“日出到日落”；设置“时间间隔”为“30 分钟”；取消勾选“地平面的标高”；单击“确定”两次，即可完成日光研究设置。阴影默认显示在日出时间的位置。

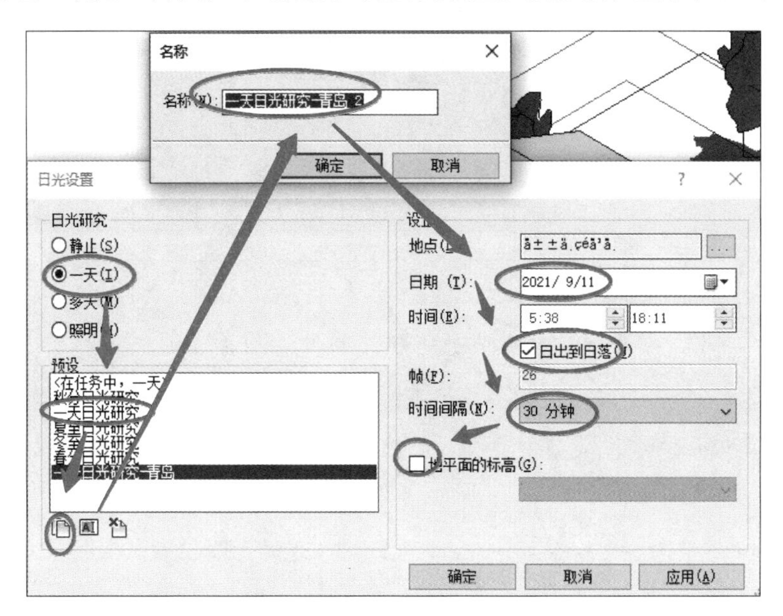

图 4.87　一天日光研究设置

3）查看一天日光研究

单击视图控制栏的“日光路径”，依次单击“打开日光路径”“日光研究预览”（图 4.88）。

日光研究预览：选项栏可设置预览起始“帧”；单击日期时间按钮可打开“日光设置”对话框；单击“下一帧”“下一关建帧”等可以手动控制播放进度；单击“播放”按钮，在视图中自动播放日光动画预览（图 4.89）。

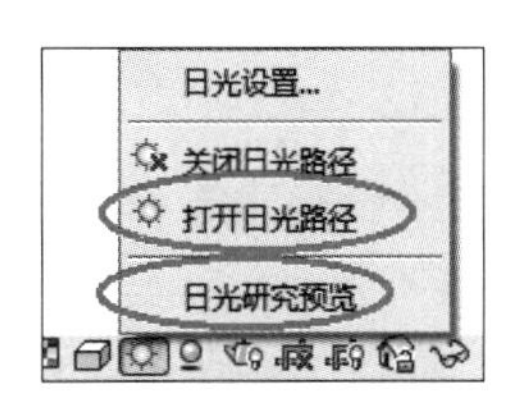

图 4.88　日光路径设置

图 4.89　选项栏

4）保存日光研究图像

单击“视图控制栏”中的“关闭日光路径”命令，隐藏日轨图案。

单击“日光研究预览”命令，选项栏设置要保存图像的“帧”值为“10”，先显示该帧画面。

在“02——天日光研究”视图名称上进行右击，选择“作为图像保存到项目中”命令，在弹出的“作为图像保存到项目中”对话框中，将其命名为“02——天日光研究—第10 帧”，单击“确定”。将当前帧图像保存到项目浏览器“渲染”节点下，为“02——天日光研究—第 10 帧”。

5）导出日光研究动画

按照图 4.90 所示，单击左上角“文件”菜单“导出”→“图像和动画”→“日光研究”命令。

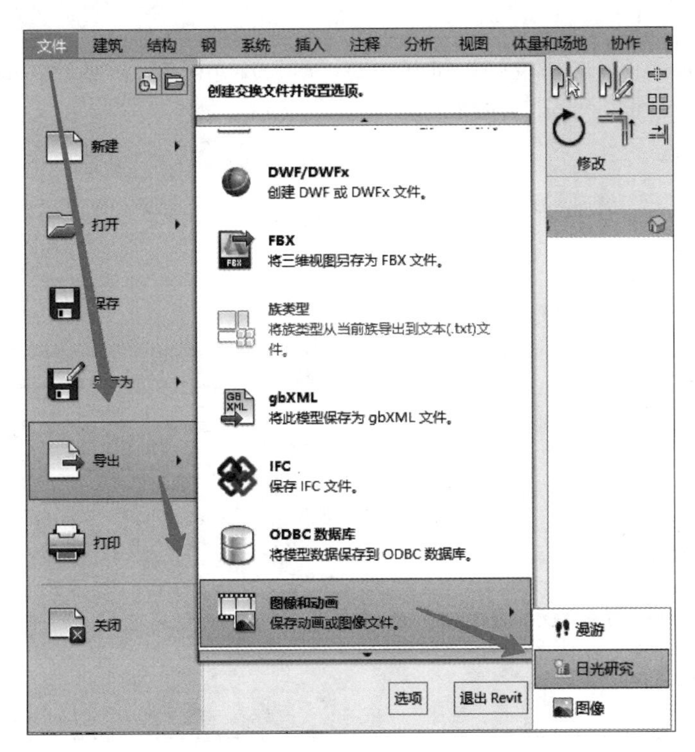

图 4.90　导出日光研究视频

在弹出的“长度 / 格式”对话框设置中，设置“帧 / 秒”为“1”(该值和总帧数决定了动画的“总时间”)，勾选“包含时间和日期戳”(图 4.91)。

单击“确定”，设置保存路径和文件名称为“一天日光研究 .avi”，单击“保存”。

默认动画文件格式为 avi；如选择 jpg 等图像格式，将导出所有帧为精帧图像文件。

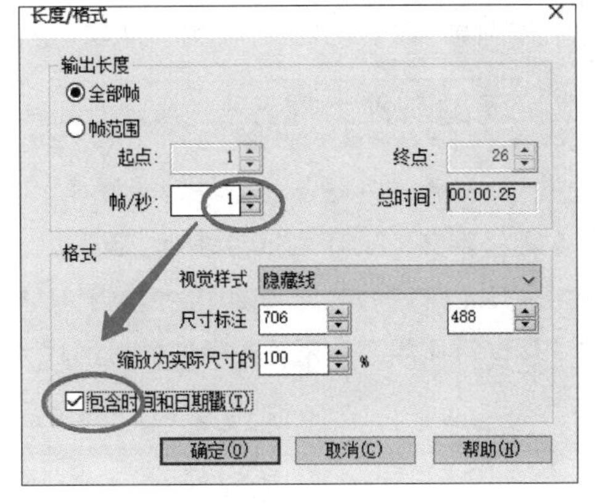

图 4.91　输出设置

在弹出的“视频压缩”对话框中选择一种合适的视频压缩格式，本例选择“Microsoft Video1”，单击“确定”，即可自动导出外部动画文件或批量静帧图像。

创建完成的项目文件见随书文件“任务 4.4/ 一天日光研究完成 .rvt”，完成的视频文件见“一天日光研究 .avi”。

3. 进行多天日光研究

多天日光研究是指在特定某月某日到某月某日，已定义日期范围内某时间点自然光和阴影对建筑和场地的影响。例如，可以追踪 2021 年 2 月 11 日至 9 月 11 日每天 10:00—11:00 阴影由长变短的过程。

多天日光研究的创建方法与一天日光研究的流程完全相同，不同之处在于“日光设置”方法。

如图 4.92 所示，单击“多天”和下方的“多天日光研究”，新建“多天日光研究 青岛”，分别设置“日期”“时间”“时间间隔”等。

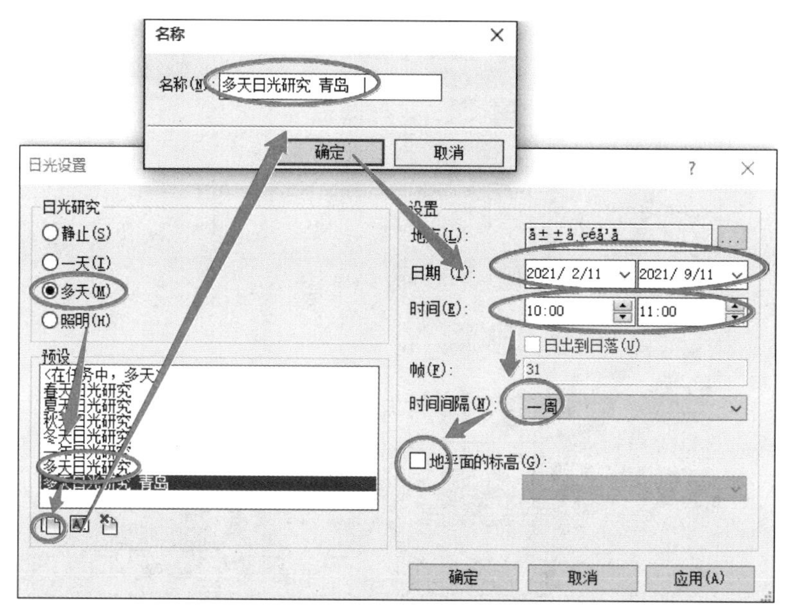

图 4.92　多天日光研究设置

创建完成的项目文件见“任务 4.4/ 多天日光研究完成 .rvt”。

习题与能力提升

打开“习题与能力提升资源库”文件夹中的“日光研究预备文件 .rvt”，进行日光研究。其中，项目地址为纬度“36.07”、经度“120.33”，项目正北方向为北偏西 10°；静止日光研究的时间为 2019 年 9 月 11 日 11:00，一天日光研究的时间为 2019 年 9 月 11 日日出到日落，多天日光研究的时间段为 2019 年 2 月 11 日至 9 月 11 日的 12:00—13:00。

任务 4.4 习题讲解——静止日光研究

任务 4.4 习题讲解——一天日光研究、多天日光研究

任务 4.5　渲染与漫游

任务目标

（1）掌握相机视图的创建方法；

（2）掌握渲染的方法；

（3）掌握漫游的方法。

任务内容

序号	任务分解	任务驱动
1	创建相机视图	（1）创建水平相机视图； （2）创建鸟瞰相机视图； （3）创建室内相机视图
2	渲染	（1）室外太阳光渲染； （2）室内灯光渲染； （3）室内太阳光渲染； （4）导出 3ds MAX
3	漫游	（1）创建畅游； （2）编辑与预览漫游； （3）进行漫游结果的导出

任务实施

1. 创建相机视图

1）创建水平相机视图

创建相机视图

在创建完模型、给构件赋材质之后，在渲染之前，一般要先创建相机透视图，生成渲染场景。

打开“任务 4.4/ 多天日光研究完成 .rvt”，进入标高 1 楼层平面视图。

单击“视图”选项卡→“创建”面板→“三维视图”下拉菜单中的“相机”命令，观察选项栏中的“偏移量”为“1750.0”，即相机所处的高度为 F1 向上 1750mm 的高度。

移动光标，在视图中右下角单击放置相机，光标向左上角移动，超过建筑物，单击放置视点（图 4.93）。

此时自动弹出一张新创建的三维视图。该三维视图位于项目浏览器“三维视图”节点下，名称为“三维视图 1”，将其重命名为“东南角水平相机视图”。

单击裁剪区域，向外拖曳边界，使整个建筑物及场地可见，如图 4.94 所示。

2）创建鸟瞰相机视图

在项目浏览器的“东南角水平相机视图”中进行右击，选择“带细节复制”，将其重命名为“东南角鸟瞰相机视图”。

进入南立面视图。

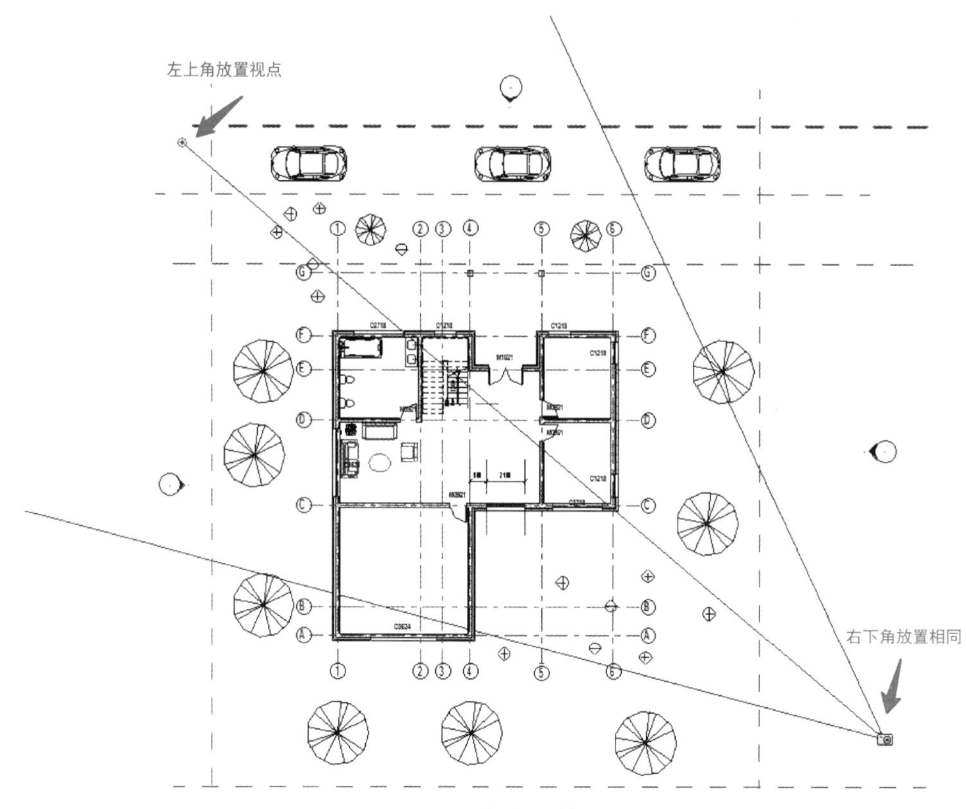

图 4.93　相机的放置

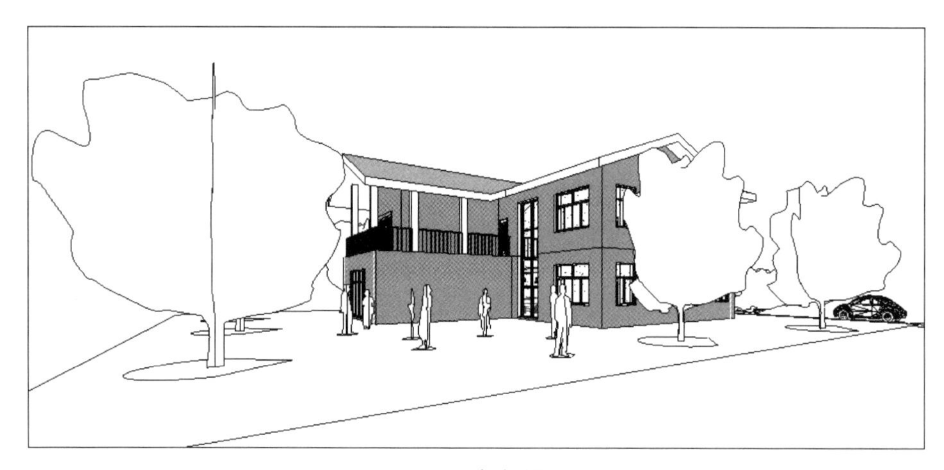

图 4.94　相机视图

单击“视图”选项卡“窗口”面板中的“平铺”命令，此时绘图区域将平铺显示所有打开过得视图。将除“东南角鸟瞰相机视图”和“南立面”视图外的其他视图都关掉，再进行一次平铺显示。此时，仅“东南角鸟瞰相机视图”和“南立面”视图平铺显示。

在“东南角鸟瞰相机视图”和“南立面”的绘图区域中分别右击，选择“缩放匹配”，使两视图放大到合适视口的大小。

选择“东南角鸟瞰相机视图”的矩形视口，可以观察到南立面视图中会出现相机、视线和视点。单击“南立面”中的相机，按住鼠标向上拖曳，观察到“东南角鸟瞰相机视图”会随着相机的升高而变为鸟瞰图。调整“东南角鸟瞰相机视图”各控制边，使视口足够显示整个建筑模型（图 4.95）。

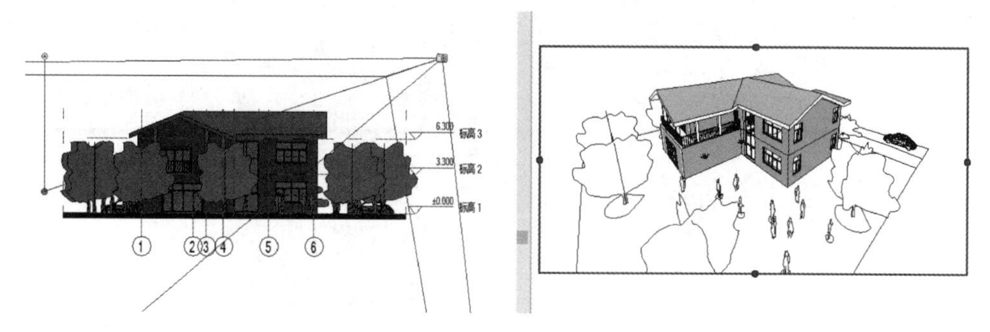

图 4.95　相机高度调整

至此，模型的鸟瞰图创建完毕，保存文件。

3）创建室内相机视图

使用相同的方法在标高 1 创建如图 4.96 所示的室内相机视图，将其命名为“室内家居相机视图”。

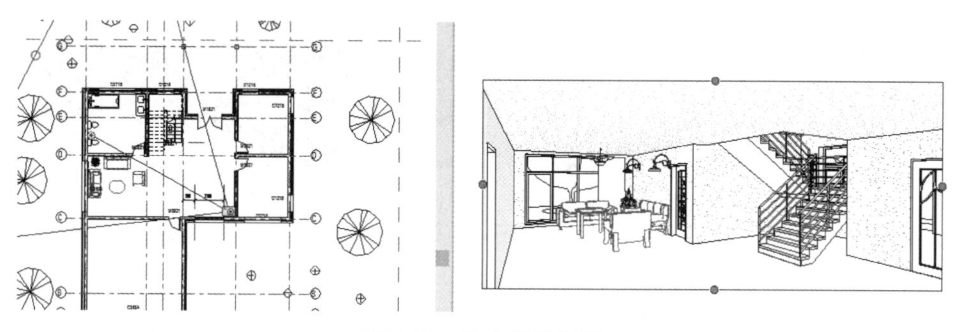

图 4.96　室内相机视图

进行图像渲染

创建完成的项目文件见“任务 4.5/ 相机视图完成 .rvt”。

2. 进行图像渲染

1）室外太阳光渲染

打开“任务 4.5/ 相机视图完成 .rvt”。

打开“东南角鸟瞰相机视图”。

单击“视图”选项卡“图形”面板中的“渲染”命令，打开“渲染”对话框。

照明设置：从“方案”后的下拉列表中选择“室外：仅日光”。单击日光设置后的“…”按钮，在弹出的“日光设置”对话框中选择“静止”“青岛—20210912”，单击“确定”，回到“渲染”对话框（图 4.97）。

若照明方案选择有关“人造光”的方案，则照明设置中的“人造灯光”按钮可用。单击“人造灯光”，可选择要在渲染中打开的灯光。

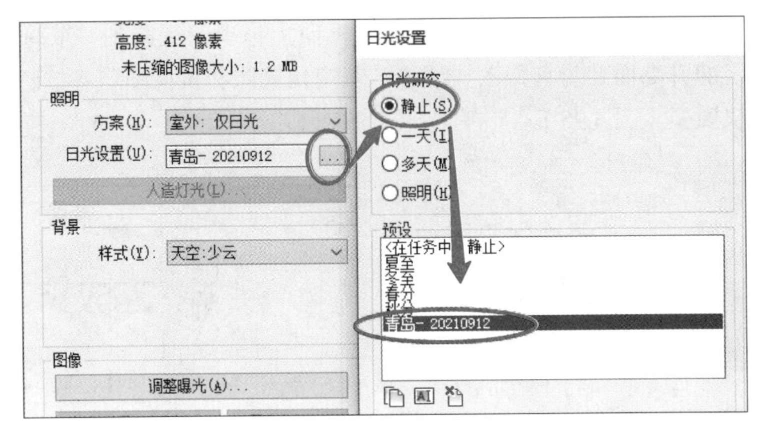

图 4.97　日光设置

背景设置：从“样式”后的下拉列表中选择“图像”，读取“任务 8.2/ 天空 .jpg”，单击“确定”，如图 4.98 所示。

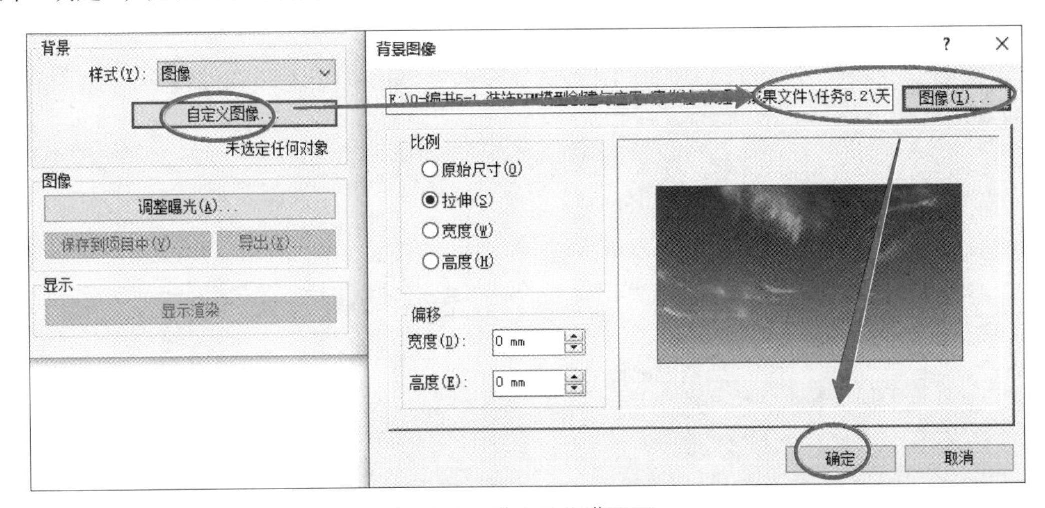

图 4.98　载入天空背景图

以上设置完成后，单击左上角的“渲染”按钮，渲染效果图如图 4.99 所示。

图 4.99　东南角鸟瞰图渲染完成

渲染完成后，单击“渲染”对话框下面的“显示模型”按钮，可以显示渲染前的模型视图状态；再次单击，会重新显示“渲染”。

单击渲染面板下方的“保存到项目中”(图 4.100)，将其命名为“东南角鸟瞰图渲染”，单击“确定”，该视图将保存到项目浏览器的“渲染”视图中；单击渲染面板下方的“导出”(图 4.100)，同样将其命名为“东南角鸟瞰图渲染”，单击“确定”，该图片将作为外部文件进行保存，将其保存“任务 8.2”文件夹中。

关闭渲染面板，结束渲染命令。

2）室内灯光渲染

打开“室内家居相机视图”。

单击“渲染”命令，照明“方案”选择“室内：仅人造光”(图 4.101)，单击“渲染”。

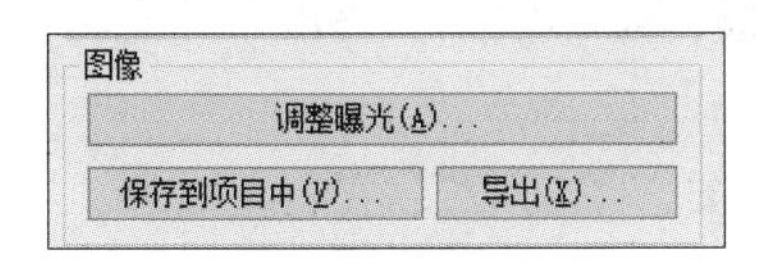

图 4.100　图像保存和导出命令

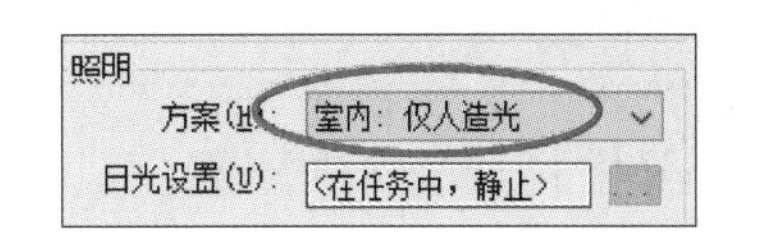

图 4.101　“室内：仅人造光”方案

若渲染效果不满意，可按照“装饰构件放置”章节再放置其他灯具。

图 4.102 是加设灯具后的渲染效果图。同样，将渲染图保存到项目中，并导出，将其命名为“室内家居灯光渲染”。

图 4.102　加设灯具后的渲染效果图

3）室内太阳光渲染

打开“室内家居相机视图”。

单击“渲染”命令，照明“方案”选择“室内：仅日光”，“日光设置”选择“青岛—20210912”(图 4.103)，单击渲染。

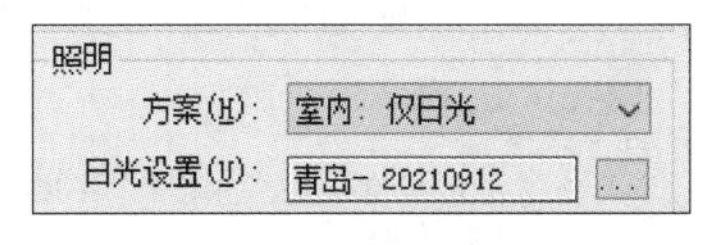

图 4.103　“室内：仅日光”方案

渲染效果图如图 4.104 所示。同样，将渲染图保存到项目中，并导出，将其命名为“室内家居太阳光渲染”。

4）导出 3ds MAX

可将 Revit 项目的三维视图导出为 FBX 文件，并可将该文件导入 3ds Max 中。在 3ds Max 中，可以为设计创建复杂的渲染效果，与客户分享。在 Revit 导出 FBX 文件的过程中，

图 4.104　室内太阳光渲染完成

会保留三维视图的光、渲染外观、天空设置以及材质指定等信息，该渲染信息将会传递给 3ds Max。

在 Revit 中打开“室内家居相机视图”三维视图，单击“文件”菜单→“导出”→“FBX”，如图 4.105 所示。

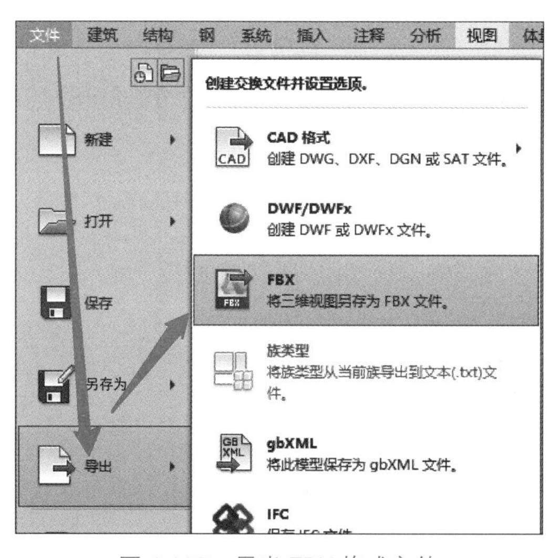

图 4.105　导出 FBX 格式文件

在“导出”对话框中，设置导出文件的名称、路径，单击“保存”。

可将保存后的文件直接导入 3ds Max 中。

注意

Revit 只将一个相机视图（对应于活动的三维视图）导出为 FBX，即仅当前 Revit 三维视图或相机视图导入 3ds Max 中作为三维相机视图。

创建完成的项目文件见“任务 4.5/ 渲染完成 .rvt”。

3. 创建漫游

1）创建畅游

打开“任务 4.5/ 渲染完成 .rvt”，进入标高 1 楼层平面视图。

漫游

单击“视图”选项卡→“创建”面板→“三维视图”下拉菜单中的“漫游”命令（图 4.106）。

如图 4.107 所示，将光标移至绘图区域，在北入口位置单击，开始绘制路径（即漫游所要经过的路线）。光标每单击一个点，即创建一个关键帧，沿别墅外围逐个单击放置关键帧，路径围绕别墅一周后进入到别墅内部，到达客厅沙发，按快捷键 Esc 完成漫游路径的绘制。

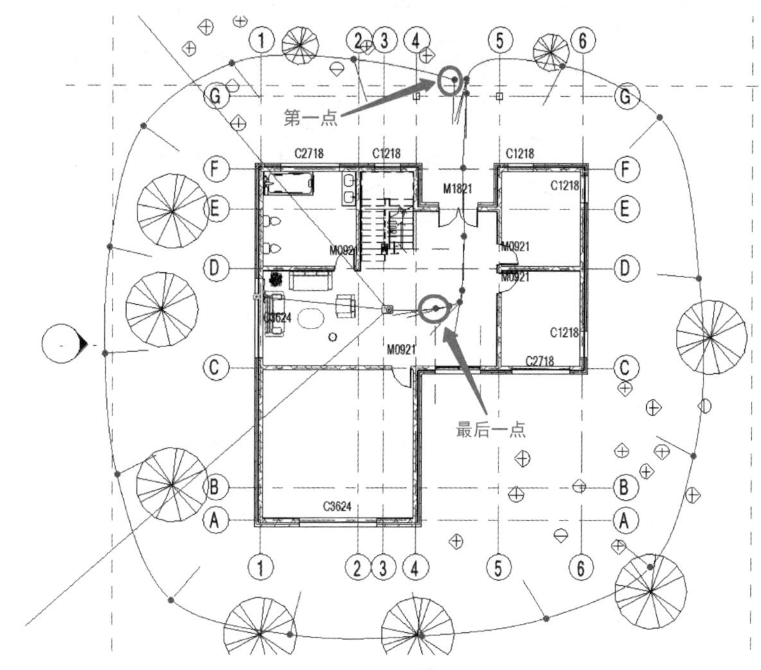

三维视图 剖面 详图索
默认三维视图
相机
漫游

图 4.106　“漫游”命令

图 4.107　漫游路径

选项栏中可以设置路径的高度，默认为“1750”，可单击“1750”修改其高度。

图 4.108　修改名称为“别墅室内外漫游”

完成路径后，观察项目浏览器中出现“漫游”项，可以看到刚创建的漫游名称是“漫游 1”，修改其名称为“别墅室内外漫游”（图 4.108），双击进入漫游视图。

打开“标高 1”楼层平面视图，单击“视图”选项卡“窗口”面板中的“平铺”命令，关闭其他视图，仅平铺“标高 1”视图和“别墅室内外漫游”视图。

2）编辑与预览漫游

在“别墅室内外漫游”视图，单击裁剪区域边界，出现上下文选项卡，单击上下文选项卡中的“编辑漫游”命令。

在“标高 1”视图，相机为可编辑状态。执行“上一关键帧”或“下一关键帧”（图 4.109），并拖曳“相机视点”，使所有关键帧的相机均朝向建筑物，如图 4.110 所示。

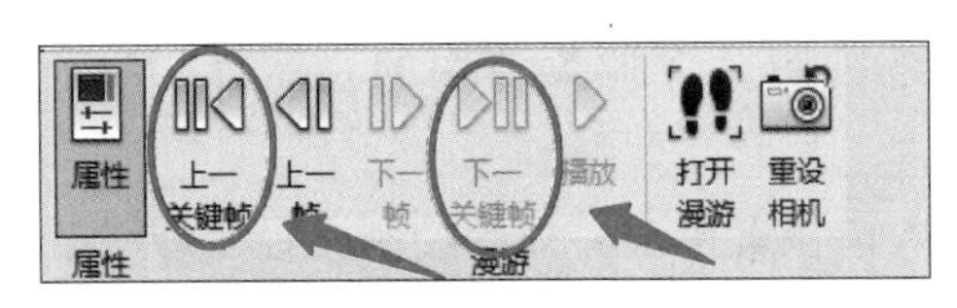

图 4.109 “上一关键帧”或“下一关键帧”

注意

软件默认相机视点的朝向是漫游路径的切线方向，需更改为朝向建筑物方向。

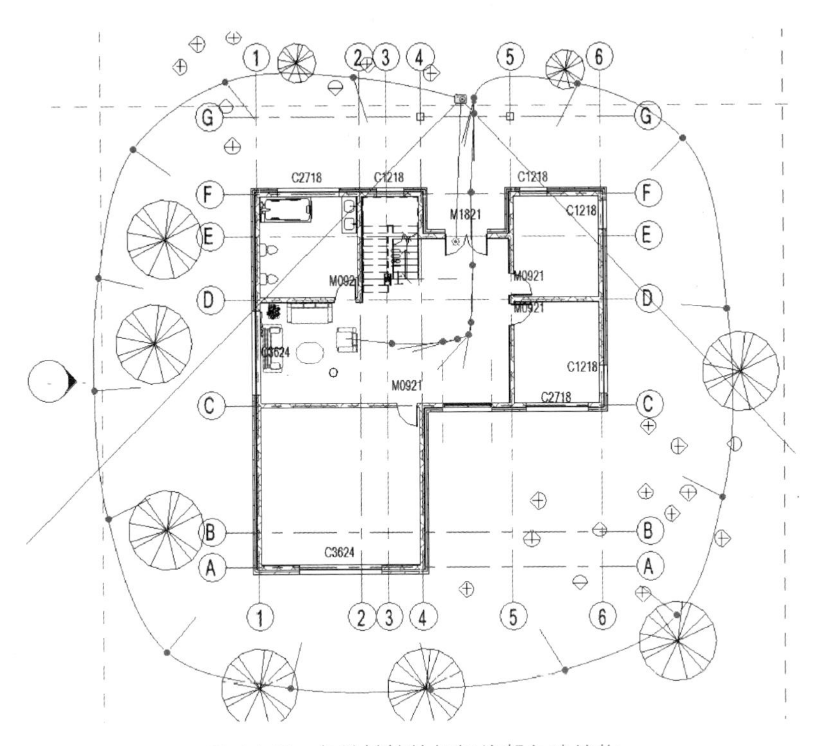

图 4.110 各关键帧的相机均朝向建筑物

按照图 4.111 所示，将“帧”设置为“1”，回到第 1 帧。

拖动裁剪区域边界控制点放大视口，使建筑物全部可见，如图 4.112 所示。

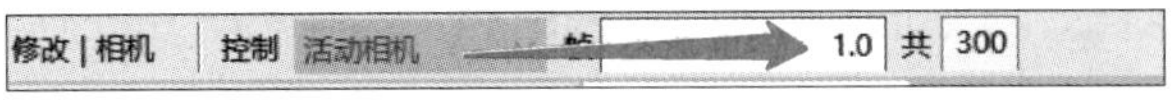

修改 | 相机 控制 活动相机 帧 1.0 共 300

图 4.111 进入到第 1 帧视图

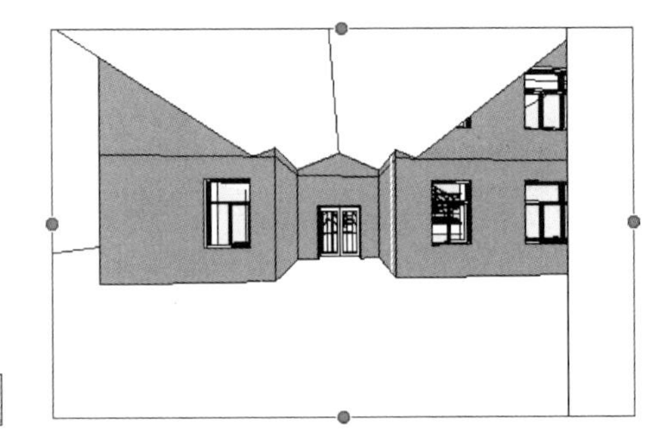

图 4.112 建筑物全部可见

单击“编辑漫游”上下文选项卡，单击“漫游”面板中的“播放”命令（图 4.113），播放完成的漫游。

若观察到某一关键帧运动速度过快，尤其是在转角处转动太快，可通过修改关键帧加速度的方法进行调整：如图 4.114 所示，单击选项栏“300”处，弹出“漫游帧”对话框，取消“匀速”的勾选，将这一关键帧的加速器值修改为小于 1 的值，单击“确定”，退出“漫游帧”对话框。

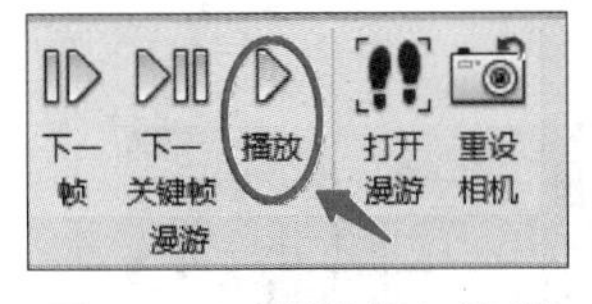

图 4.113　相机朝向编辑

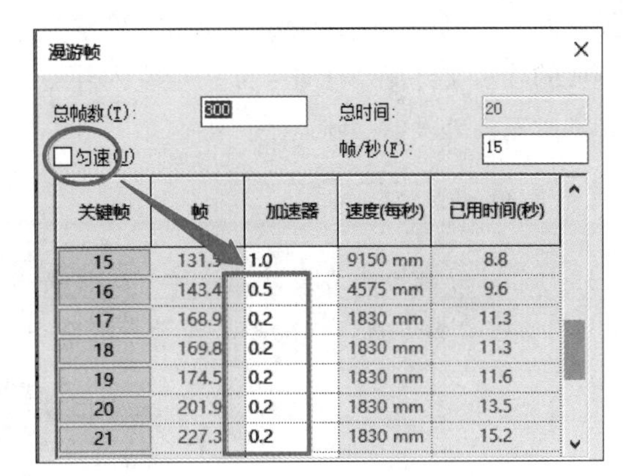

图 4.114　漫游帧速度的修改

3）漫游的导出

在“别墅室内外漫游”漫游视图中，单击图 4.115 视图控制栏中的相关命令，设置“视觉样式”为“真实”，将“日光分别”设置为“静止”“青岛—20210912”，并“打开阴影”。

单击左上角“文件”菜单→“导出”→“图像和动画”→“漫游”命令（图 4.116），弹出“长度 / 格式”面板。

图 4.115　视图控制栏中的相关命令

图 4.116　导出漫游视频

在弹出的“长度 / 格式”面板中修改“帧 / 秒”为“3 帧”，按“确定”后，弹出“导出漫游”对话框。

输入文件名“别墅室内外漫游”，选择路径，单击“保存”。

软件弹出“视频压缩”对话框。默认为“全帧（非压缩的）”，该压缩模式下产生的文件会非常大，本例选择压缩模式为“Microsoft Video 1”，该模式为大部分系统可以读取的模式，同时可以压缩文件大小，单击“确定”，将漫游文件导出为外部 avi 文件。

完成的项目文件见“任务 4.5/ 别墅室内外漫游完成 .rvt”，完成的漫游视频文件见“任务 4.5/ 别墅室内外漫游 .avi”。

习题与能力提升

1. 打开“习题与能力提升资源库”文件夹中的“渲染与漫游预备文件 .rvt”，按照图 4.117 创建西北角的相机视图，并进行渲染。

任务 4.5
习题 1 讲解

图 4.117　西北角相机视图渲染

2. 打开“习题与能力提升资源库”文件夹中的“渲染与漫游预备文件 .rvt”，按照图 4.118 设置漫游路径创建漫游。

任务 4.5
习题 2 讲解

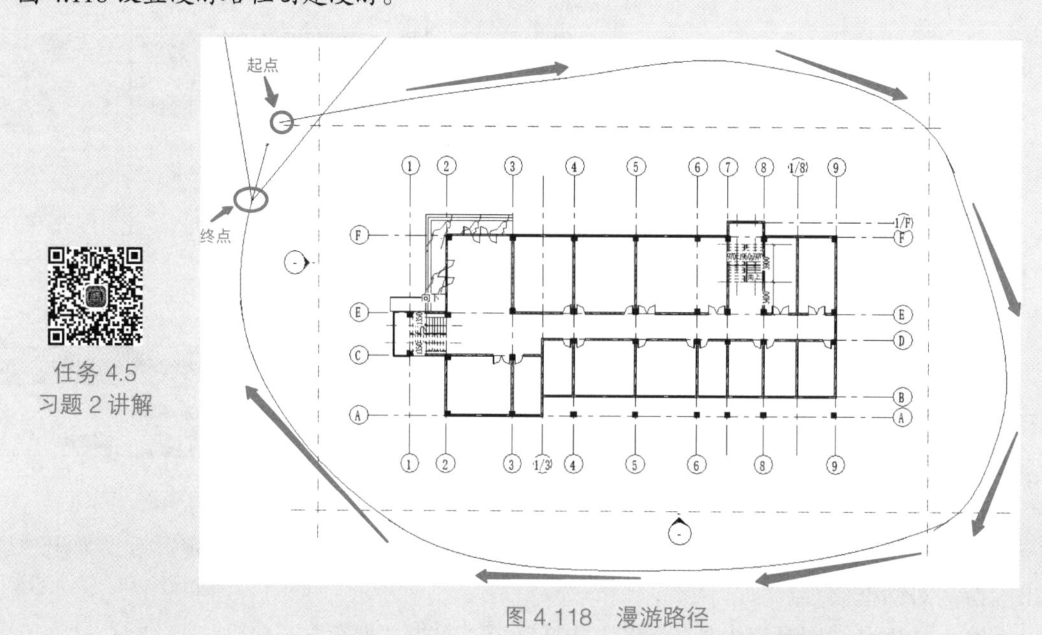

图 4.118　漫游路径

任务 4.6 设计选项

(1) 掌握多种设计方案的创建方法;
(2) 掌握主设计方案选定的方法。

设计选项

任务内容

序号	任务分解	任务驱动
1	创建多种设计方案	(1) 创建设计选项; (2) 创建各设计选项下的模型
2	选定主设计方案	(1) 多方案视图设置; (2) 多方案探讨; (3) 确定主方案

任务实施

在装饰设计中，经常有局部设计的多方案探讨需求。

举例：一楼餐厅位置，餐桌放置有"圆形餐桌"和"方形餐桌"两种方案，沙发也有"双人沙发"和"三人沙发"两种方案，如此可组合出 $2\times2=4$ 种方案。

按常规的设计方法，需要复制 4 个项目文件，分别创建这 4 种方案，这样文件版本多，重复劳动多，设计效率低下，且沟通性较弱。

使用 Revit 中的"设计选项"功能，则可以在一个项目文件中一次创建所有的"圆形餐桌""方形餐桌""双人沙发""三人沙发"，然后在一个文件中组合搭配出 4 种设计方案，并在一个文件中进行多种方案的比较与探讨，而不用创建多个项目文件。

本项目以一楼餐厅位置的局部设计为例，讲解设计选项的创建、编辑、视图设置与方案探讨方法。

1. 创建多种设计方案

1）创建设计选项

（1）创建选项。打开"任务 4.5/ 别墅室内外漫游完成 .rvt"，单击"管理"选项卡"设计选项"面板的"设计选项"命令，打开"设计选项"面板。

如图 4.119 所示，单击右侧"选项集"下的"新建"按钮，在左侧栏中自动创建"选项集 1"及其"选项 1（主选项）"。再单击"选项"下的"新建"按钮，在左侧栏中"选项集 1"下创建"选项 2"。

（2）命名设计选项。如图 4.120 所示，选择左侧栏的"选项集 1"，再单击右侧"选项集"下的"重命名"按钮，将其命名为"餐桌形式"，单击"确定"。单击选择"选项 1（主选项）"，再单击"选项"下的"重命名"按钮，将其命名为"圆形餐桌"，单击"确定"。同理，将"选项 2"重命名为"方形餐桌"。

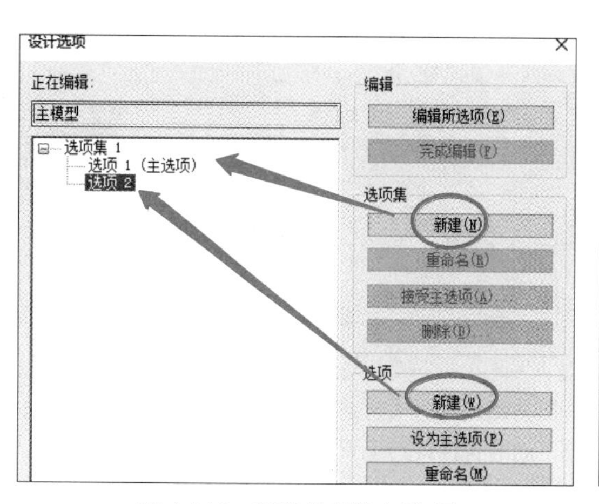

图 4.119　新建选项集与选项

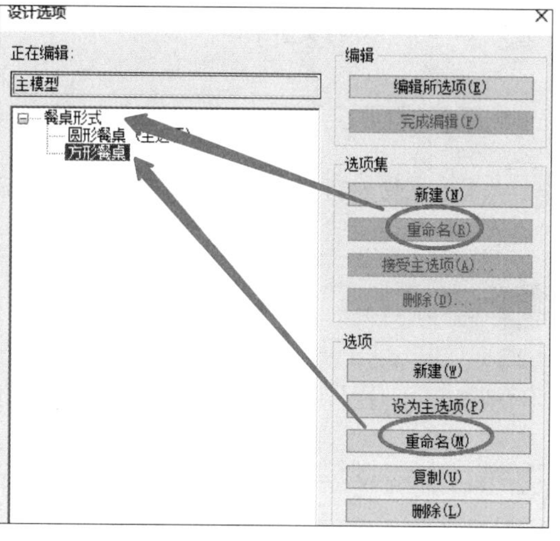

图 4.120　选项重命名

采用同样方法，再创建一个选项集及其两个选项。将选项集重命名为“沙发形式”，将两个选项分别命名为“双人沙发”和“三人沙发”，如图 4.121 所示。单击“关闭”。

2）创建各设计选项下的模型

（1）创建“圆形餐桌”方案。进入“圆形餐桌”方案：单击“管理”选项卡“设计选项”面板中的“主模型”选项，将其改为“圆形餐桌（主选项）”（图 4.122）。

创建“圆形餐桌”方案下的模型：进入标高 1 楼层平面视图。单击“建筑”选项卡“构件”中的“放置构件”命令，载入“家具”文件夹中的“餐桌—圆形带餐椅”构件，在图 4.123 所示的位置进行放置。

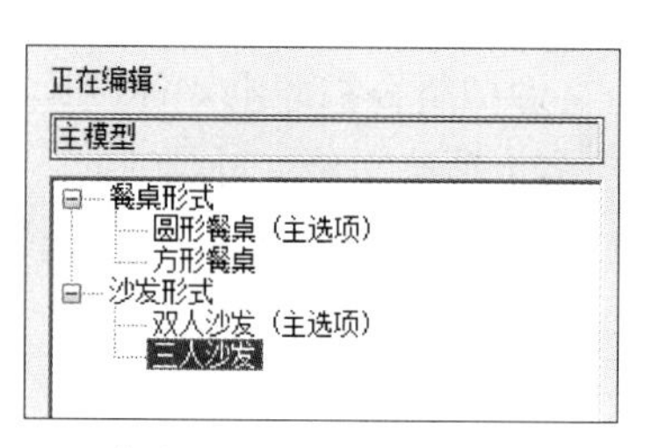

图 4.121　新创建的一个选项集及其两个选项

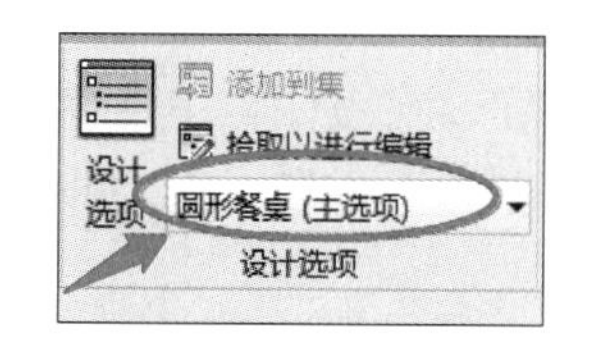

图 4.122　进入“圆形餐桌”方案

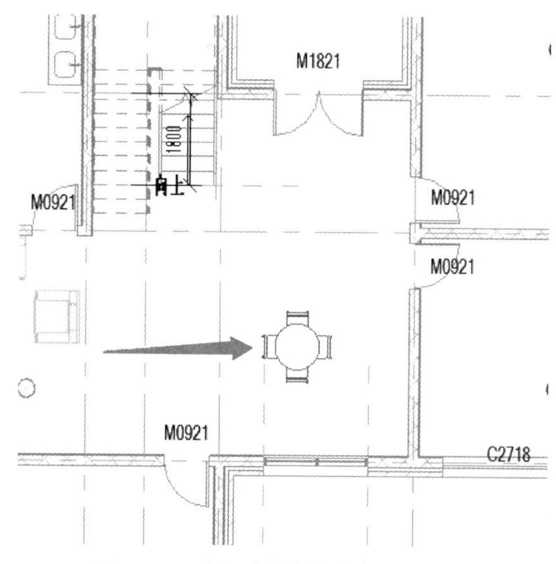

图 4.123　“圆形餐桌”方案下的模型

（2）创建“方形方桌”方案。进入到“方形餐桌”方案：将“设计选项”面板中的“圆形餐桌（主选项）”改为“方形餐桌”，如图 4.124 所示。

此时会隐藏“圆形餐桌”方案下的模型。

创建“方形餐桌”方案下的模型：执行“放置构件”命令，载入“家具”文件夹中的“西餐桌椅组合”构件，在图 4.125 所示的位置进行放置。

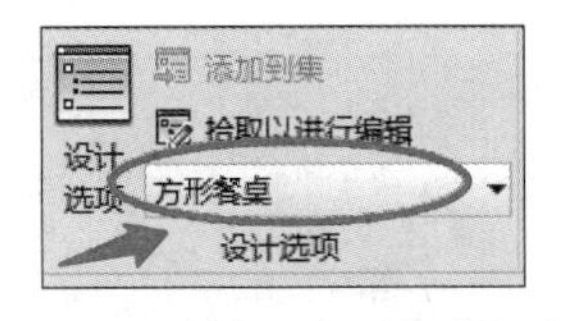

图 4.124　改为“方形餐桌”方案

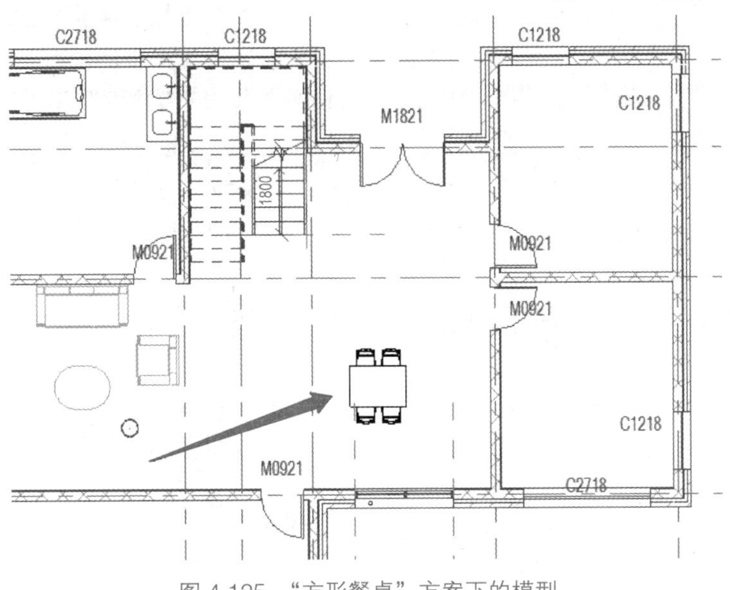

图 4.125　“方形餐桌”方案下的模型

（3）创建“双人沙发”方案。进入“方形餐桌”方案：将“设计选项”面板中的“方形餐桌”改为“双人沙发（主选项）”，如图 4.126 所示。

此时会隐藏“方形餐桌”方案下的模型。因为“圆形餐桌”是主选项，所以“圆形餐桌”方案下的模型会淡显显示，即会看到淡显显示的圆形餐桌。

创建“双人沙发”方案下的模型：执行“放置构件”命令，载入“家具”文件夹中的“双人沙发”构件，在图 4.127 所示的位置进行放置。

图 4.126　改为“双人沙发”方案

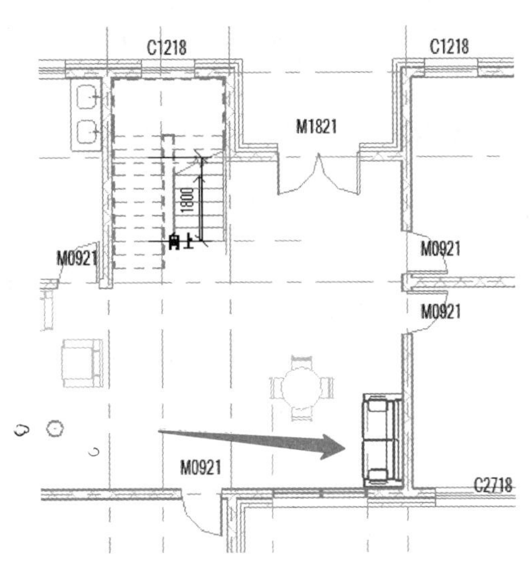

图 4.127　“双人沙发”方案下的模型

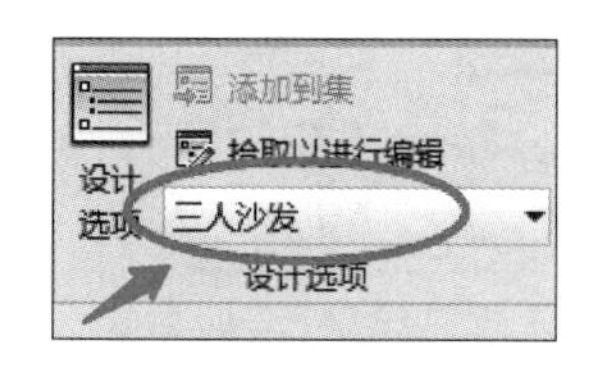

图 4.128 改为“三人沙发”方案

（4）创建“三人沙发”方案。进入“三人沙发”方案：将“设计选项”面板中的“双人沙发（主选项）”改为“三人沙发”，如图 4.128 所示。

此时会隐藏“双人沙发（主选项）”方案下的模型，“圆形餐桌”方案下的模型仍然会淡显显示。

3）创建“三人沙发”方案下的模型

执行“放置构件”命令，载入“家具”文件夹中的“三人沙发”构件，在图 4.129 所示的位置进行放置。

将“设计选项”面板中的“三人沙发”改为“主模型”。此时，显示的是主模型和两个主选项（圆形餐桌（主选项）、双人沙发（主选项））下的模型，如图 4.130 所示。

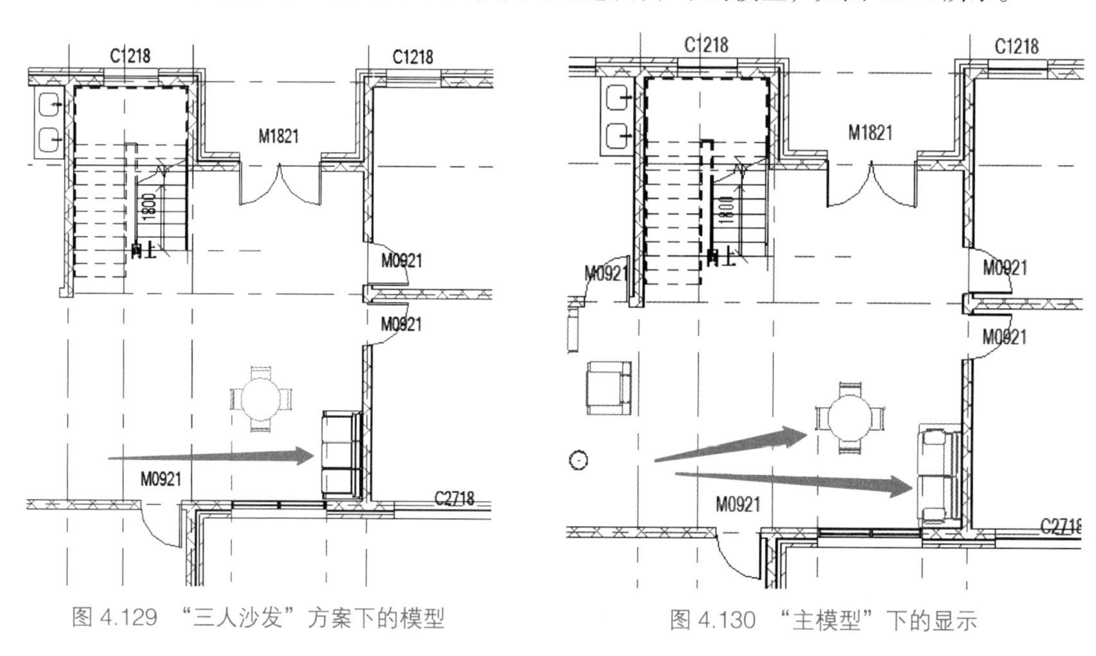

图 4.129 “三人沙发”方案下的模型

图 4.130 “主模型”下的显示

完成的项目文件见随书文件“任务 4.6/ 创建各设计选项下的模型完成 .rvt”。

2. 主设计方案的选定

1）多方案视图设置

在标高 1 楼层平面视图，在图 4.131 所示的位置创建相机，将该相机视图命名为“餐厅相机视图”。

在“餐厅相机视图”的基础上“带细节复制”出一个三维视图，将其命名为“方案 1：圆形餐桌 + 双人沙发”。

如图 4.132 所示，执行“VV”可见性命令，在“设计选项”中，设置餐桌形式为“圆形餐桌（主选项）”，设置沙发形式为“双人沙发（主选项）”，单击“确定”。

采用相同的方法，复制出“方案 2：方形餐桌 + 双人沙发”的三维视图。执行可见性命令，设置“设计选项”中的餐桌形式为“方形餐桌”，沙发形式仍为“双人沙发（主选项）”，单击“确定”。

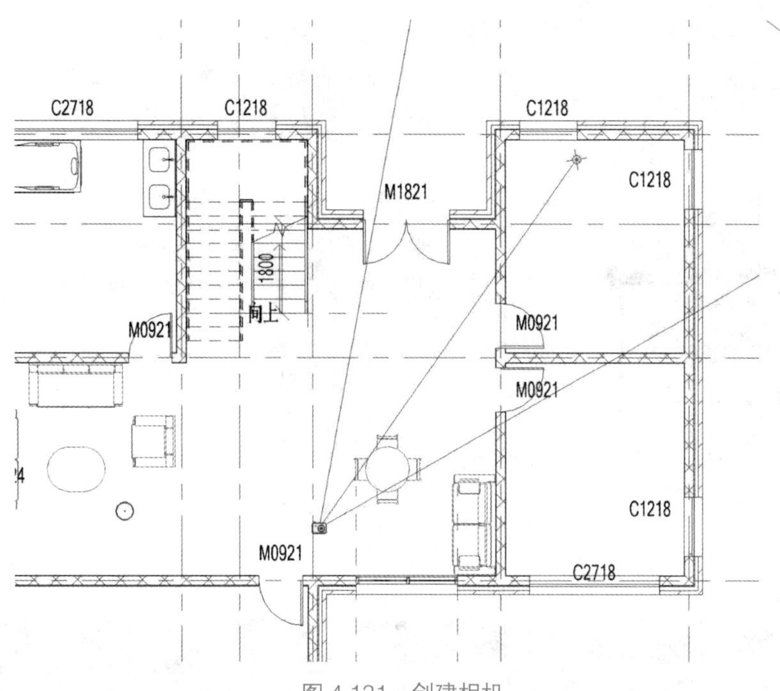

图 4.131 创建相机

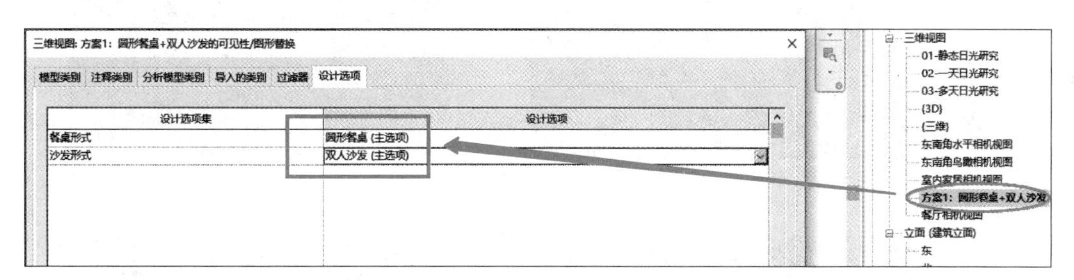

图 4.132 可见性设置中的设计选项

此时会在“方案 2：方形餐桌 + 双人沙发”三维视图中看到方形餐桌与双人沙发的组合，如图 4.133 所示。

图 4.133 方案 2 的三维视图

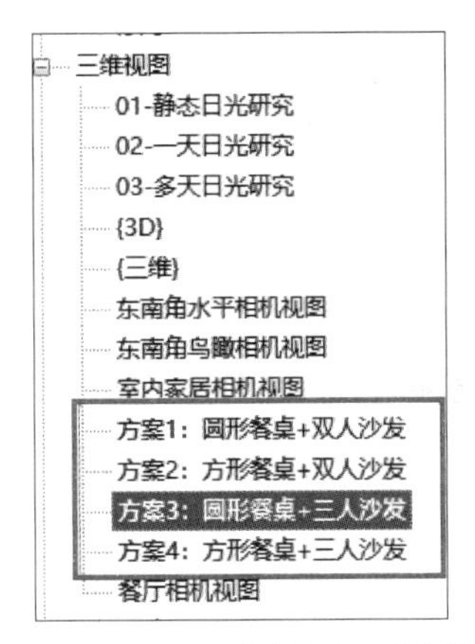

图 4.134　项目浏览器中四种设计方案的三维视图

同理，复制出“方案 3：圆形餐桌 + 三人沙发”三维视图。执行可见性命令，设置“设计选项”中的餐桌形式为“圆形餐桌”，沙发形式为“三人沙发（主选项）”，单击“确定”。

继续复制出“方案 4：方形餐桌 + 三人沙发”三维视图。执行可见性命令，设置“设计选项”中的餐桌形式为“方形餐桌”，沙发形式为“三人沙发（主选项）”，单击“确定”。

图 4.134 为项目浏览器中四种设计方案的三维视图。

2）多方案探讨

采用“平铺”方式显示 4 个视图，即可在同一个项目文件中同时显示 4 种方案，如图 4.135 所示。

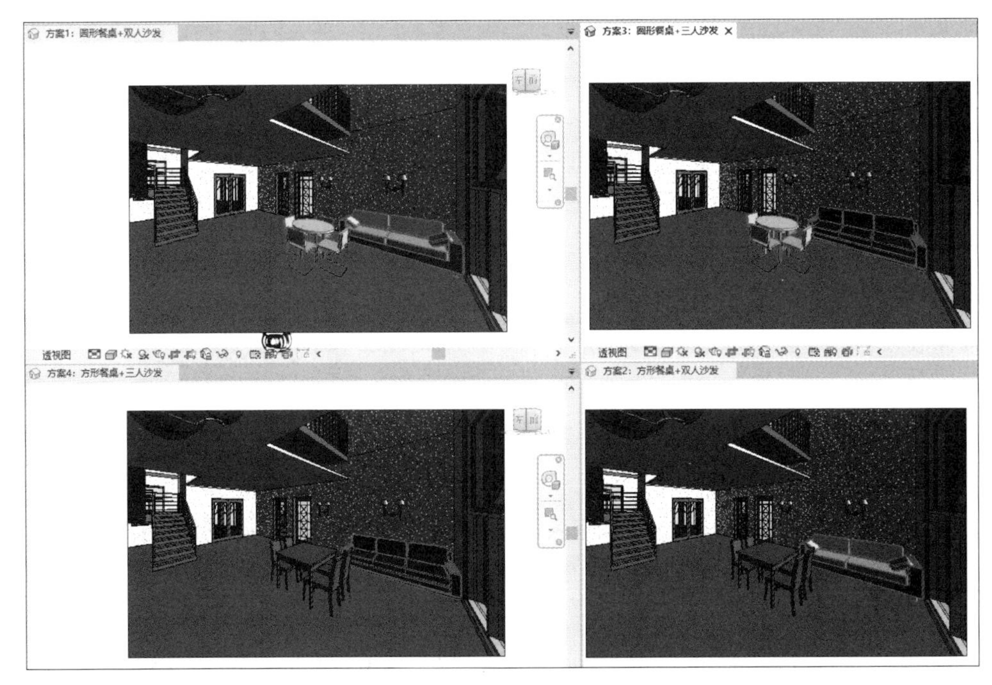

图 4.135　设计选项 4 种方案平铺显示

此时，可在此视图中进行设计方案的探讨。

3）确定主方案

经多方探讨，确定“方案3：圆形餐桌+三人沙发”为主方案，确定主方案的方法如下。

进入“方案 3：圆形餐桌 + 三人沙发”三维视图中。

单击“管理”选项卡“设计选项”面板中的“设计选项”命令，弹出“设计选项”对话框。如图 4.136 所示，选择“三人沙发”，单击右侧“选项”下的“设为主选项”按钮，可将“三人沙发”设置为主方案。

单击选择“餐桌形式”，单击右侧“选项集”下的“接受主选项”按钮（图 4.137），在弹出的“删除选项集”提示对话框中单击“是”，在弹出的“删除专用选项视图”对话框中单击“删除”，即可删除“餐桌形式”非主选项下的所有模型与视图。

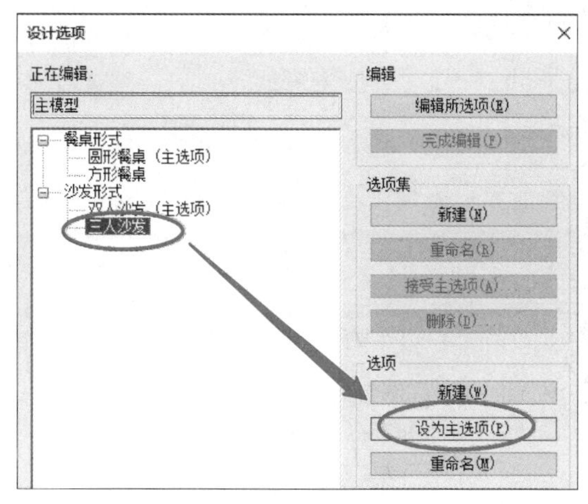

图 4.136　确定主选项

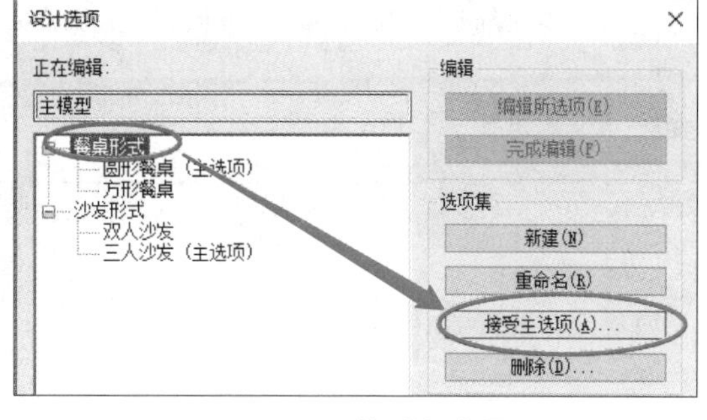

图 4.137　接受主选项

采用相同的方法，依次单击“沙发形式”“接受该主选项”。此时，项目浏览器只剩下“方案 3：圆形餐桌 + 三人沙发”三维视图，其余的三个方案均被删除。

完成的项目文件见随书文件“任务 4.6/ 主方案选定完成 .rvt”。

习题与能力提升

打开“习题与能力提升资源库”文件夹中“设计选项预备文件 .rvt”，按照图 4.138 所示，在教学楼西侧门口处创建四种门厅方案，分别为柱 + 坡屋顶、墙 + 坡屋顶、柱 + 平屋顶、墙 + 平屋顶，最终选定“柱 + 坡屋顶”设计方案。

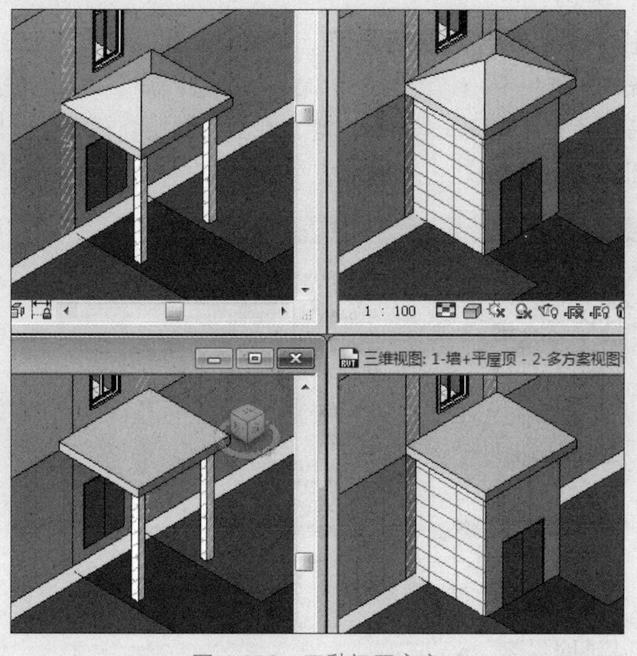

任务 4.6
习题讲解

图 4.138　四种门厅方案

任务 4.7　DWG 底图建模与链接 Revit 协同设计

任务目标

（1）掌握以 CAD 为底图创建 Revit 模型的方法；

（2）掌握链接 Revit 模型协同设计的方法。

任务内容

序号	任务分解	任务驱动
1	以 CAD 为底图创建 Revit 模型	（1）DWG 图形处理； （2）导入和链接 DWG 格式文件； （3）拾取线建模
2	链接 Revit 模型	（1）确定链接 Revit 模型的基点； （2）链接 Revit 模型； （3）编辑链接的 Revit 模型

任务实施

1. 以 CAD 为底图创建 Revit 模型

以 CAD 为底图
创建 Revit 模型

以 DWG 文件为底图的建模方法如下：“导入”或“链接”DWG 文件，再用“拾取线”的方法快速创建 BIM 模型。本章以轴网创建为例进行说明。

1）DWG 图形处理

使用 CAD 软件打开“任务 4.7/ 楼层平面图 .dwg”。

隔离出轴网：单击“格式”选项卡→“图层工具”→“图层隔离”命令（图 4.139），选择任意一根轴线、轴线编号和编号圆圈，按 Enter 键，则轴线图层、轴线编号图层、编号圆圈图层被隔离，结果如图 4.140 所示。

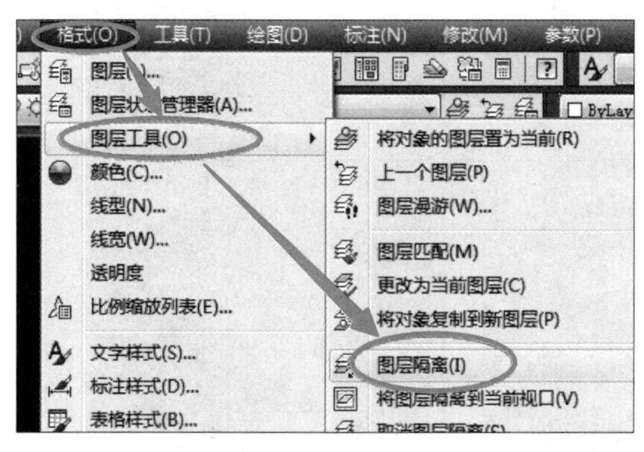

图 4.139 “图层隔离”工具

将该 DWG 文件另存为“轴网隔离 .dwg”。

结果文件见“任务 4.7/ 轴网隔离 .dwg”。

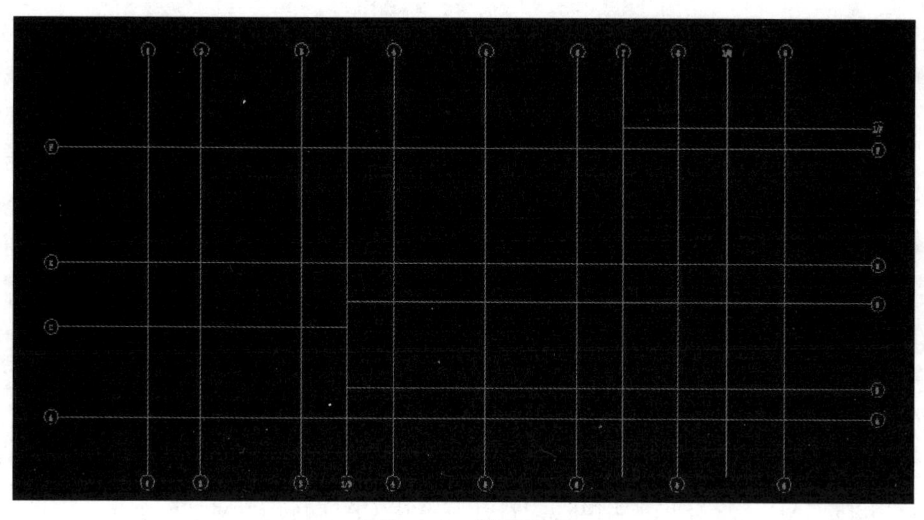

图 4.140　轴网隔离

小贴士

执行轴网隔离命令时，要注意“【设置（S）】”（图 4.141），确保设置为“关闭”，而不是“锁定和淡入”。

LAYISO 选择要隔离的图层上的对象或 [设置(S)]:

图 4.141　执行隔离命令的“设置”选项

2）导入和链接 DWG 格式文件

“导入”的 DWG 文件和原始 DWG 文件之间没有关联关系，不能随原始文件的更新而自动更新。“链接”的 DWG 文件能够与原始的 DWG 文件保持关联更新关系，能够随原始文件的更新而自动更新。

（1）导入 DWG 底图。新建一个 Revit 项目文件，单击“插入”选项卡“导入”面板的“导入 CAD”命令（图 4.142），打开“导入 CAD 格式”对话框。

图 4.142　“导入 CAD”命令

定位到“任务 4.7/ 轴网隔离 .dwg”，勾选“仅当前视图”，分别设置“颜色”为“黑白”，“导入单位”为“毫米”，“定位”方式为“自动 - 中心到中心”，“放置于”默认为当前平面视图“标高 1”，单击“打开”（图 4.143）。

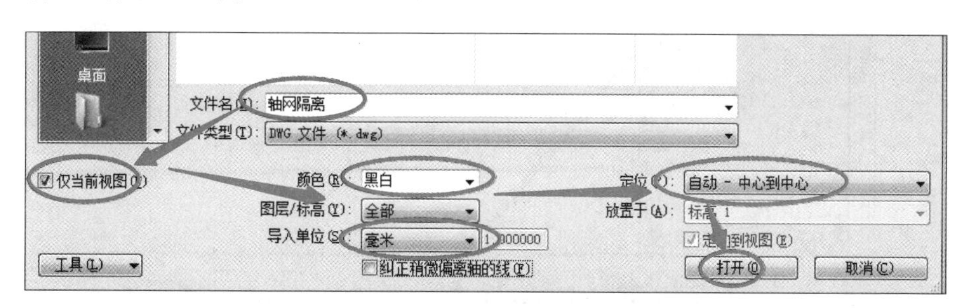

图 4.143　导入 CAD 文件

单击导入的 CAD 底图，可进行如下编辑：①在“属性”面板中，可将绘制图层设置为“背景”或“前景”。本例保持“背景”不变。②在上下文选项卡中，单击“删除图层”命令，勾选要删除的图层名称，单击“确定”，可删除不需要的图层。本例不执行“删除图层”命令。③在上下文选项卡中，单击“分解”下拉菜单，含“部分分解”和“完全分解”。其中“部分分解”可将 DWG 分解为文字、线和嵌套的 DWG 符号（图块）等图元，“完全分解”可将 DWG 分解为文字、线和图案填充等 AutoCAD 基础图元。本例不执行“分解”命令。

单击导入的 CAD 底图，单击上下文选项卡“修改”面板中的“锁定”（图 4.144）。

分别选择东、西、南、北四个立面标记，将这四个立面标记移动到 DWG 文件之外。

创建完成的项目文件见“任务 4.7/ 导入 DWG 文件完成 .rvt”。

（2）链接 DWG 格式文件。新建一个 Revit 项目文件，单击“插入”选项卡“链接”面板的“链接 CAD”命令（图 4.145），打开“链接 CAD 格式”对话框。

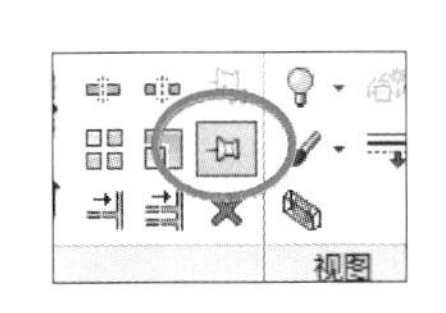

图 4.144　锁定底图

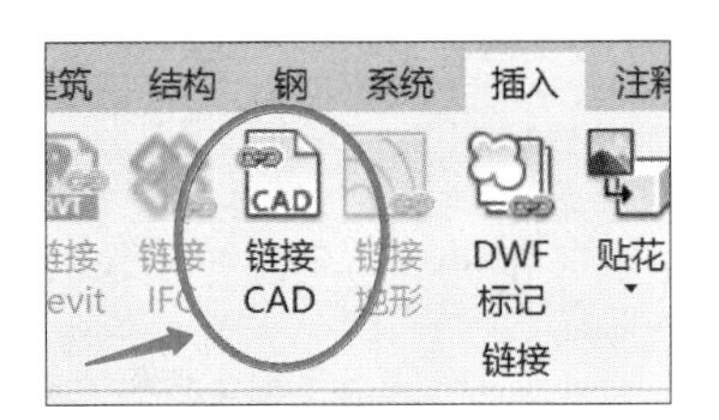

图 4.145　“链接 CAD”命令

定位到“任务 4.7/ 轴网隔离 .dwg”，与导入设置一样进行设置，单击“打开”。

对于链接的 DWG 文件，可以与导入的 DWG 文件一样，设置“属性”选项板参数，“删除图层”，“查询”图元信息等，但不能“分解”。单击“插入”选项卡“链接”面板的“管理链接”命令，打开“管理链接”对话框。单击“CAD 格式”选项卡，单击选择链接的 DWG 文件，可以执行卸载、重新载入、删除等操作。单击“导入”，可以将链接文件转为导入 DWG 模式（图 4.146）。

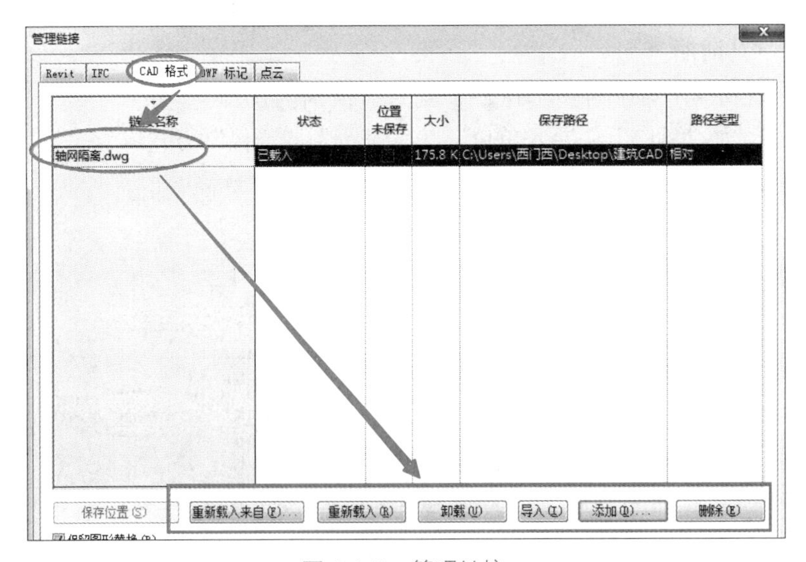

图 4.146　管理链接

同导入中的操作，可对 DWG 文件进行锁定，将东、西、南、北四个立面标记移到 DWG 文件之外。

创建完成的项目文件见“任务 4.7/ 链接 DWG 文件完成 .rvt”。

3）拾取线建模

以 CAD 为底图，创建 Revit 图元的步骤与直接创建 Revit 图元的步骤相同，只是在创建图元的过程中，多使用“拾取线”命令创建模型。

打开“任务 4.7/ 链接 DWG 文件完成 .rvt”，进入标高 1 楼层平面视图。

执行“VV”快捷命令，打开“可见性 / 图形替换”对话框，单击“导入的类别”选项卡，勾选“半色调”（图 4.147），单击“确定”退出。

以创建轴线为例：执行“轴网”命令（快捷方式为“GR”），采用“拾取线”的方法（图 4.148）拾取 CAD 底图上的线，快速创建相应的图元。

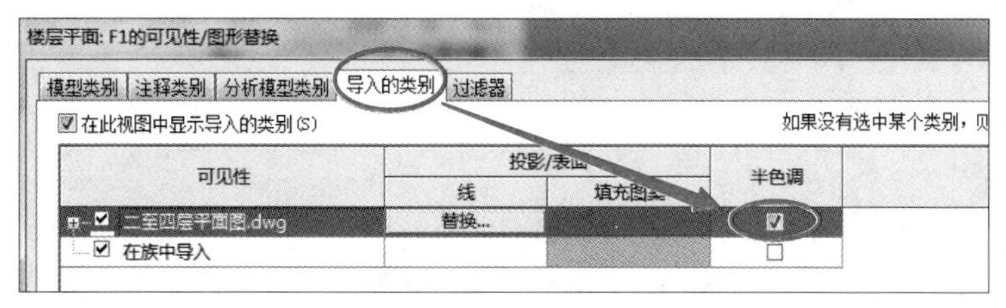

图 4.147　半色调

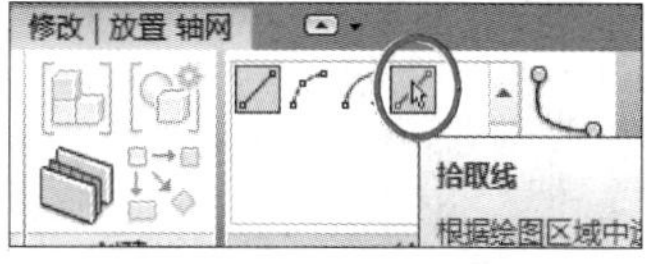

图 4.148　拾取线创建图元

墙体、门窗等其他图元的创建方法与轴线类似，均为导入或链接 DWG 图纸，以 DWG 文件为底图，利用“拾取线”的方式建模。

2. 链接 Revit 模型

链接 Revit 模型

1）确定链接 Revit 模型的基点

打开“任务 4.7/ 链接文件—F1.rvt”，进入 F1 楼层平面视图。

执行“VV”命令，在弹出的“可见性 / 图形替换”对话框→“模型类别”选项卡中，展开“场地”，勾选“项目基点”（图 4.149），单击“确定”。绘图区域会显示项目基点符号“⊗”。

采用相同的方法，打开“任务 4.7/ 链接文件—F2.rvt”，进入 F1 平面视图中，打开“项目基点”的可见性。

可以发现，两个 Revit 模型的项目基点位置相同。因此，链接时，可以使用“自动—原点到原点”的方式自动定位。

2）链接模型

关闭“链接文件—F2.rvt”文件，在“链接文件—F1.rvt”文件的 F1 平面视图中，单击“插入”选项卡→“链接”面板的“链接 Revit”命令，弹出

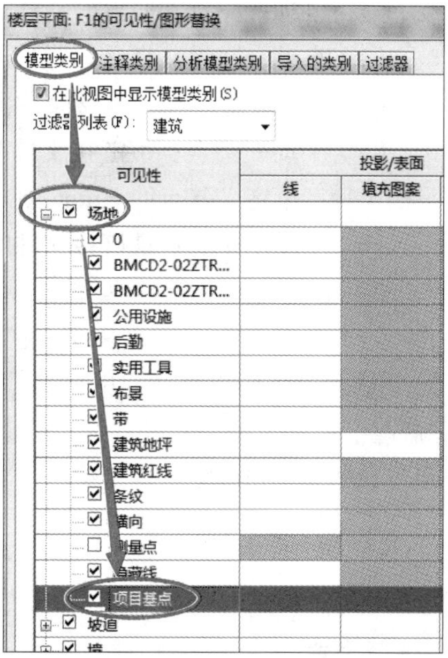

图 4.149　勾选“项目基点”

"导入 / 链接 RVT"对话框。

定位到"任务 4.7/ 链接文件—F2.rvt",链接模型的"定位"方式保持"自动—原点到原点"不变,单击"打开"(图 4.150),即可将"链接文件—F2.rvt"模型自动定位、链接到当前的建筑模型中。

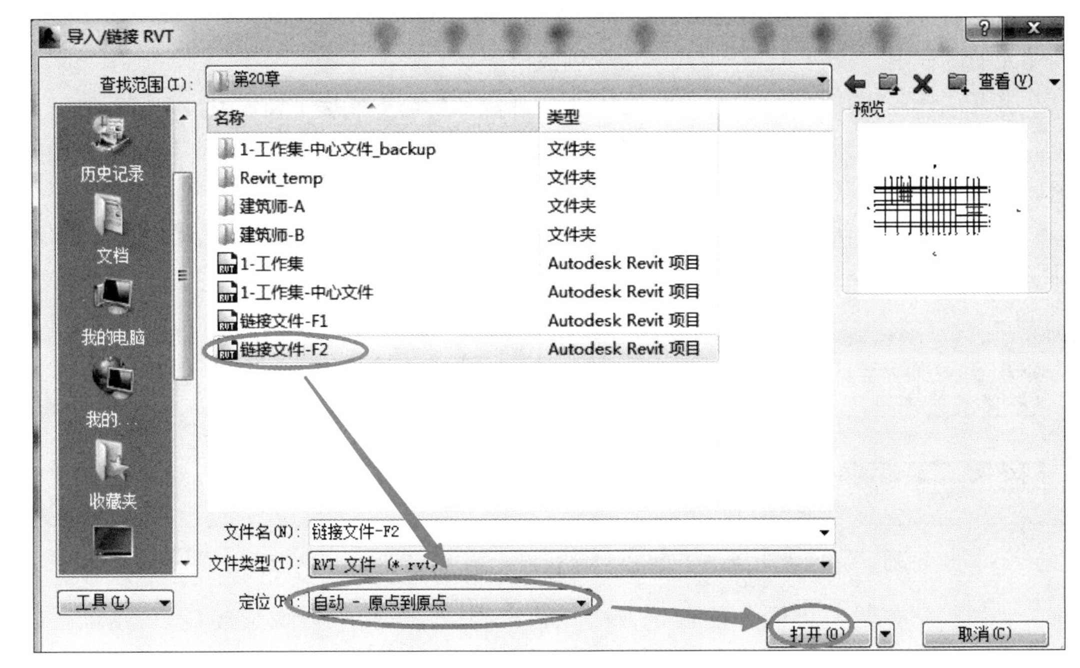

图 4.150 链接模型

链接模型时的"定位"有以下六种方式。

(1)自动—中心到中心:自动对齐两个 Revit 模型的图形中心位置定位。

(2)自动—原点到原点:自动对齐两个 Revit 模型的项目基点。

(3)自动—通过共享坐标:自动通过共享坐标定位。

(4)手动—原点:被链接文件的项目基点位于光标中心,移动光标,单击放置定位。

(5)手动—基点:被链接文件基点位于光标中心,移动光标,单击放置定位。该选项只用于带有已定义基点的 AutoCAD 文件。

(6)手动—中心:被链接文件的图形中心位于光标中心,移动光标,单击放置定位。

3)编辑链接的 Revit 模型

(1)竖向定位链接的 Revit 模型。进入某一立面视图,查看链接模型的标高在垂直方向上是否和当前项目文件的标高一致。如链接模型位置不对,可单击选择链接模型,用"修改"选项卡的"对齐"或"移动"命令,以轴网、参照平面、标高或其他图元边线为定位参考线,精确定位模型位置。本例的模型已经自动对齐,不再设置。

可对链接模型进行复制、镜像等操作,以创建多个链接模型,而不需要链接多个项目文件。

（2）RVT 链接显示设置。执行“VV”快捷命令，打开“可见性 / 图形链接”对话框，单击“Revit 链接”选项卡。

勾选“半色调”，可以将链接模型灰色显示，单击选择“按主体视图”，打开“RVT 链接显示设置”对话框，链接模型的显示有“按主体视图”“按链接视图”“自定义”三种方式，单击“自定义”（图 4.151）。在后面“模型类别”“注释类别”“分析模型类别”或“导入类别”选项卡中，将类别调为“自定义”（图 4.152），可自定义图元的可见性。

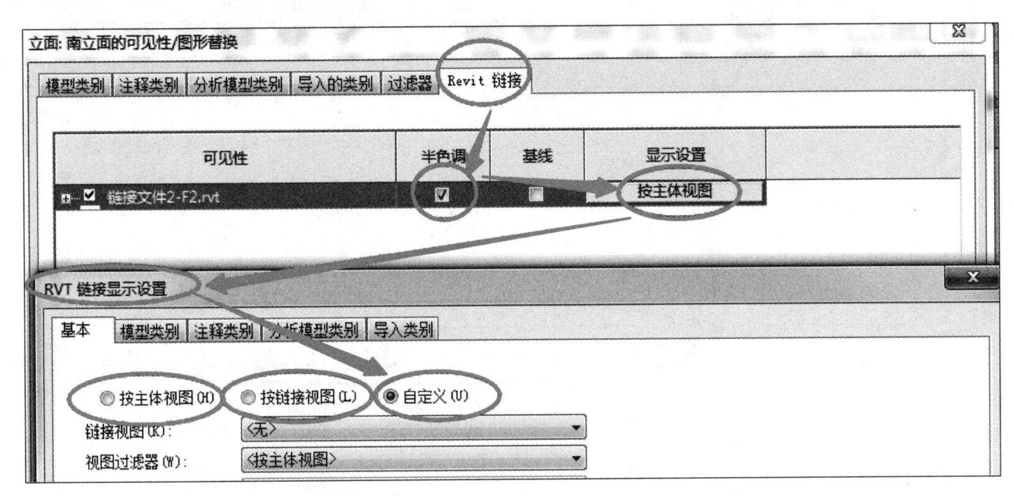

图 4.151 RVT 链接显示设置

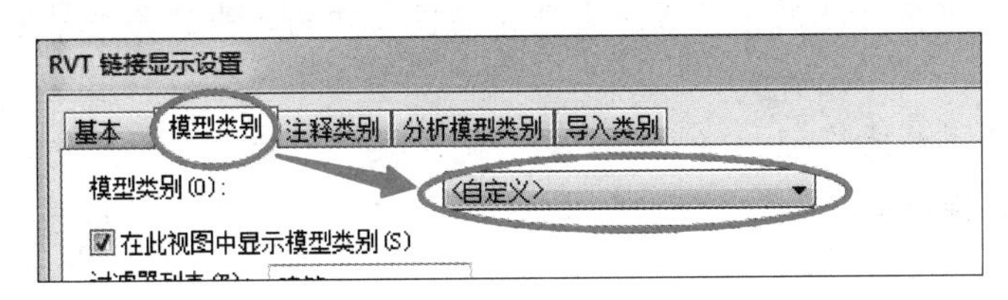

图 4.152 自定义可见性

（3）管理链接。单击“插入”选项卡→“链接”面板的“管理链接”命令，弹出“管理链接”对话框单击“链接文件”，可执行“重新载入来自”“重新载入”“卸载”“删除”命令（图 4.153）。①“重新载入来自”用来对选中的链接文件进行重新选择，来替换当前链接的文件。②“重新载入”用来重新从当前文件位置载入选中的链接文件，以重现链接卸载了的文件。③“卸载”用来删除所有链接文件在当前项目文件中的实例，但保存其位置信息。④“删除”用于在删除了链接文件在当前项目文件中的实例时，也从“链接管理”对话框的文件列表中删除选中的文件。

单击参照类型，将“覆盖”改为“附着”。

“覆盖”与“附着”的不同之处，在于选中“覆盖”不载入嵌套链接模型，选中“附着”则显示嵌套链接模型。如项目 A 被链接到项目 B，项目 B 被链接到项目 C；当项目 A 在项目 B 中的参照类型为“覆盖”时，项目 A 在项目 C 中不显示，项目 C 链接项目 B 时，系统会提示项目 A 不可见；当项目 A 在项目 B 中的参照类型为“附着”时，项目 A 在项目 C 中显示。

路径类型的值有“相对”“绝对”两种，保持默认值“相对”不动。

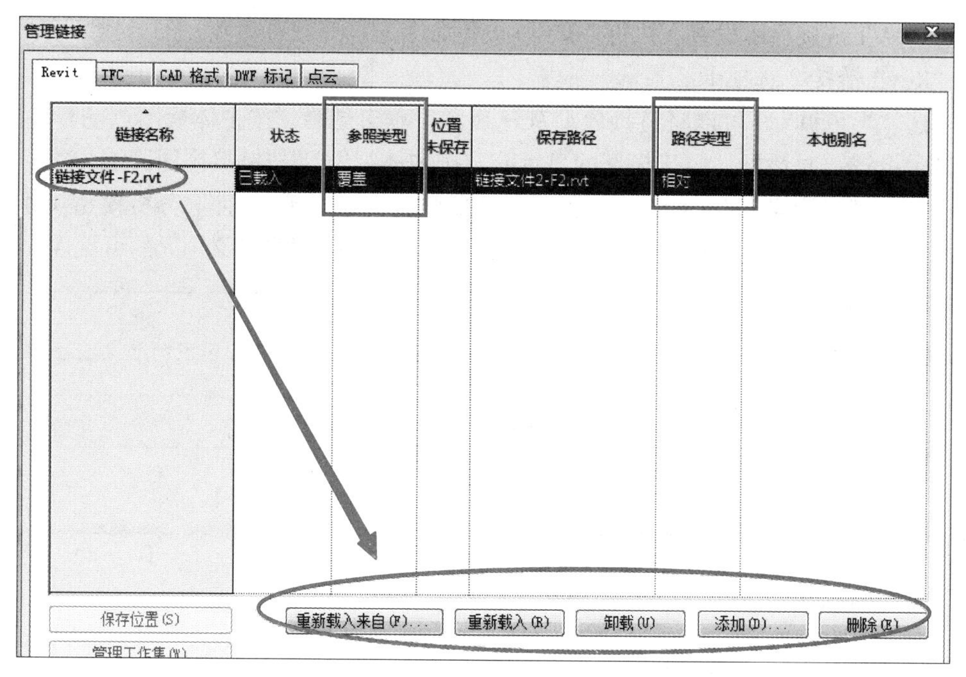

图 4.153 “管理链接”对话框

注意

1. 相对：使用相对路径，将项目文件和链接文件一起移至新目录中时，链接保持不变。

2. 绝对：使用绝对路径，将项目文件和链接文件一起移至新目录时，链接将被破坏，需要重新链接模型。

单击“确定”，退出“管理链接”对话框。

（4）绑定链接。若不绑定链接，链接的 Revit 模型原始文件发生变更后，再次打开主体文件或“重新载入”链接文件，链接的模型可以自动更新。若绑定链接，则链接的 Revit 模型将绑定到主体文件中，切断了其与原始文件之间的关联更新关系。操作如下。

在绘图区域，单击选择链接的“链接文件—F2.rvt”文件。

注意

可以通过触选所有模型，然后用“过滤器”只勾选“RVT 链接”过滤选择。

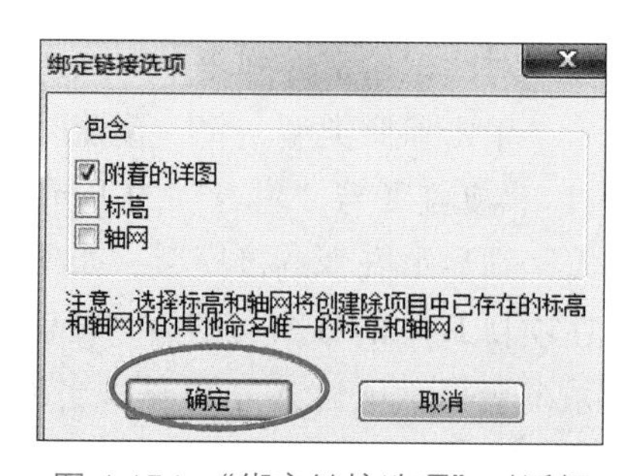

图 4.154 “绑定链接选项”对话框

再单击上下文选项卡“链接”面板中的“绑定链接”命令，打开“绑定链接选项”对话框，单击“确定”（图 4.154）。若遇到错误提示，单击“确定”。系统即可将链接模型转换为组。

完成的项目文件见“任务 4.7/ 链接文件—完成 .rvt”。

任务 4.8　不同格式的导入、导出

任务目标

（1）掌握不同格式文件导入到 Revit 中的方法；

（2）掌握 Revit 导成其他格式文件的方法。

任务内容

序号	任务分解	任务驱动
1	掌握不同格式文件导入到 Revit 中的方法	（1）单击“插入”选项卡中的“链接”或“导入”命令，选择其他格式文件进行导入； （2）明晰能够导入到 Revit 软件中的文件类型，以及该文件类型来自于何种软件
2	掌握 Revit 导成其他格式文件的方法	（1）单击左上角“文件”，单击“导出”，选择导出的类型进行文件导出； （2）明晰能够导出的文件类型，以及该文件类型来自于何种软件

任务实施

1. 导入 DXF、DGN、SAT、SKP 文件

单击“插入”选项卡“链接”面板中的“链接 CAD”命令，或者单击“导入”面板中的“导入 CAD”命令，在弹出的“链接 CAD 格式”或者“导入 CAD 格式”对话框中，将“文件类型”选择“所有受支持的文件”（图 4.155）。可以导入 DXF、DGN、SAT、SKP 等格式的文件。

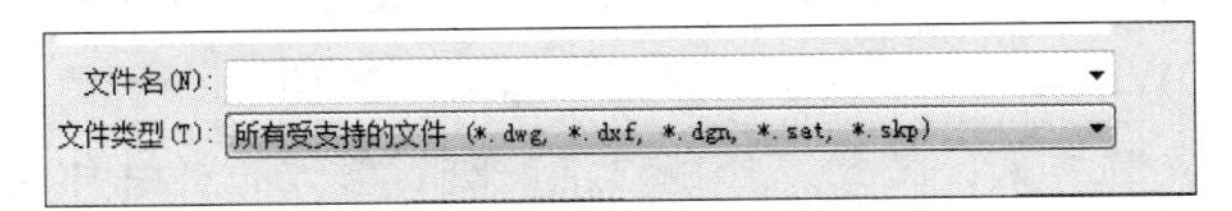

图 4.155　文件类型的选择

不同格式的导入、导出

注意

1. DXF 是 AutoCAD 绘图交换文件。

2. DGN 是奔特力（Bentley）的 MicroStation 图纸文件。

3. SAT 是由 ACIS 核心所开发出来的应用程序的共通格式档案，SAT 格式对象可能来自 Autodesk 程序（如 Revit 和 Inventor）以及类似 Rhino 和 Catia 之类的第三方软件。

4. SKP 是 SketchUp 软件文件。

SAT、SKP 格式文件一般用来导入或链接到外部体量族或内建体量族中，然后用体量面命令创建墙、幕墙和屋顶等 Revit 图元。

2. 导出 DWF/DWFx、FBX、ADSK、NWC 文件

1）导出 DWF/DWFx 交换文件

单击左上角“文件”，单击“导出”→“DWF/DWFx”(图 4.156)。

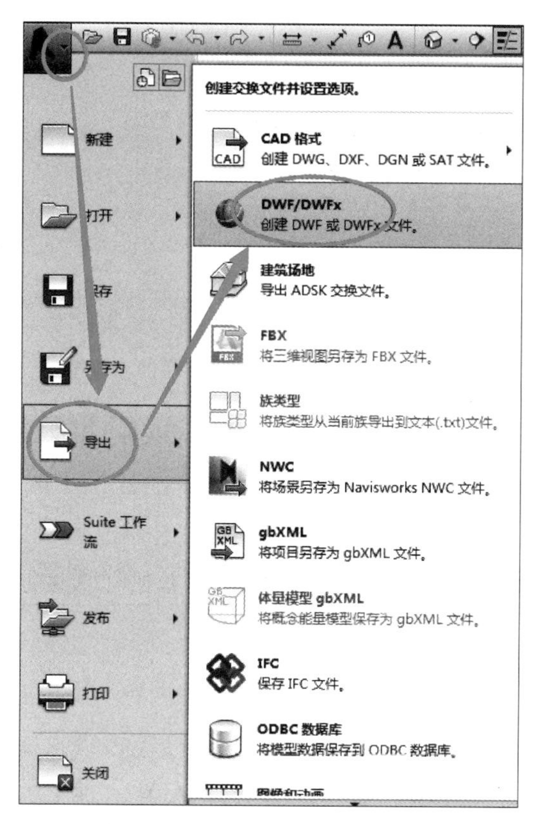

图 4.156　导出 DWF/DWFx 文件

注意

DWF/DWFx 格式是同 DWG 格式对应的浏览格式，AutoCAD、Revit 等多种软件可以导出 DWF/DWFx 格式，其中 DWFx 为 2011 版本及以后的格式，2010 及以前的格式为 DWF。DWF/DWFx 格式文件只能浏览、测量、打印，不能进行修改，文件体量比较小，方便电子邮件传递或发布到网上。

2）导出 FBX 交换文件

打开默认三维视图，单击左上角“文件”，单击“导出”→“FBX”。设置保存路径和文件名，单击“保存”。

注意

1. 导出 FBX 仅适用于三维视图。

2. FBX 格式是为了和 3ds Max 进行数据交换的一个专用格式，将 Revit 模型导入 3ds Max 中进行渲染，可以创建更复杂、逼真的渲染效果。

3）导出 ADSK 交换文件

创建要导出的三维模型，包括场地模型、总建筑面积平面和建筑红线、场地公共设施（煤气、水、电话、电缆、蒸汽接管等）、建筑模型等。建议尽可能地简化模型，只将相关图元显示出来。

单击左上角“文件”，单击“导出”→“建筑场地”。打开“建筑场地导出设置”对话框，设置相关选项。

单击“下一步”，设置保存路径和文件名，可创建 ADSK 文件。

注意

ADSK 文件是土木工程应用程序（如 AutoCAD Civil3D 软件）的文件。建筑设计师可以在 Revit 中进行建筑设计，然后将相关的建筑内容以三维模型的形式导出到 AutoCAD Civil3D 软件中进行相应操作。

4）NWC 交换文件

单击左上角“文件”，单击“导出”→“NWC”，弹出“导出场景为”对话框。

单击“导出场景为”对话框下方的“Navisworks 设置”进行导出设置，设置完成指定文件名和保存路径，单击“保存”。

注意

NWC 是一种缓存文件，应用于 Autodesk 的 Navisworks 软件。该软件是当前做碰撞检测、施工模拟的一款主流 BIM 软件，有跨平台、跨专业、多格式、轻量化信息模型整合，以及实时漫游、三维校审、碰撞检查、渲染、4D/5D 模拟、交互式动画等作用。

3. 导出图像、动画

单击左上角“文件”，单击“导出”→“图像和动画”，有三个子命令：漫游、日光研究和图像。

4. 导出明细表与报告

单击左上角“文件”，单击“导出”→“报告”，有两个子命令：明细表，房间 / 面积报告。

注意

导出“房间 / 面积报告”功能，可以创建一个详细报告，描述平面视图（楼层平面和面积平面）中定义的面积。这些报告将包含楼层在相应标高处的所有房间和面积的信息，每个报告都将生成为一个 HTML 文件。可以导出以下两种文件格式（图 4.157）。

1. Revit 房间面积三角测量报告。对于选定平面中的每个房间或面积，此报告将包含房间边界或面积边界的图像，这些边界都经过三角测量及注释。每个图像下面，都会有一个表格显示三角测量面积以及房间总面积和窗口总面积的计算。

2. Revit 房间面积数值积分报告。对于选定平面中的每个房间或面积，此报告将包含一个表格，列出线段、子面积以及它们的尺寸标注。每个表格下面都会有房间总面积和窗口总面积。

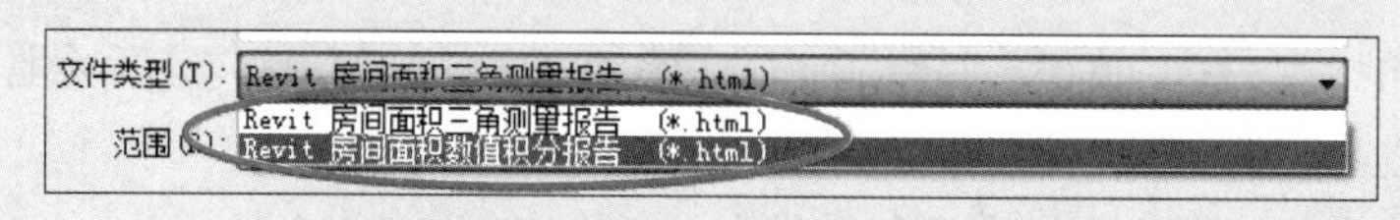

图 4.157 导出报告的文件类型

5. 导出 gbXML、IFC、ODBC 数据库

1）导出 gbXML 文件

单击左上角“文件”，单击“导出”→“gbXML”。

注意

gbXML 文件用于使用第三方负荷分析软件应用程序来执行负荷分析。在平面视图中的所有区域中放置房间构件后，可将设计结果导出为 gbXML 文件。

2）导出 IFC 文件

单击左上角“文件”，单击“导出”→“IFC”。

注意

IFC 文件是用 Industry Foundation Classes 文件格式创建的模型文件。IFC 标准是国际协同工作联盟 IAI（International Alliance of Interoperability）组织制定的建筑工程数据交换标准，为不同软件应用程序之间的协同问题提供了解决方案，IFC 标准在全球得到广泛应用和支持。

3）导出 ODBC 数据库

单击左上角“文件”，单击“导出”→“ODBC 数据库”。

注意

ODBC 是一种能够与许多软件驱动程序协同工作的通用导出工具。Revit 支持的 ODBC 数据库有 Microsoft Access、Microsoft Excel、Microsoft SQL Server 等。

习题与能力提升

1.“别墅”工程实例

打开“习题与能力提升资源库”文件夹中的“2021 年第 1 期‘1+X’BIM 初级实操实题”，完成第三题“别墅”工程实例。

2.“办公楼”工程实例

打开“习题与能力提升资源库”文件夹中“第 13 期全国 BIM 技能等级考试一级试题”，完成第 4 题“办公楼”工程实例。

3.“污水处理站”工程实例

打开“习题与能力提升资源库”文件夹中“第 9 期全国 BIM 技能等级考试一级试题”，完成第 5 题“污水处理站”工程实例。

综合习题 1 讲解

综合习题 2 讲解

综合习题 3 讲解

参考文献

[1] 中华人民共和国住房和城乡建设部．建筑工程设计信息模型制图标准（JGJ/T 448—2018）[S]. 北京：中国建筑工业出版社，2018.

[2] 中华人民共和国住房和城乡建设部．建筑信息模型设计交付标准（GB/T 51301—2018）[S]. 北京：中国建筑工业出版社，2018.

[3] 中华人民共和国住房和城乡建设部．建筑信息模型应用统一标准（GB/T 51212—2016）[S]. 北京：中国建筑工业出版社，2017.

[4] 中华人民共和国住房和城乡建设部．建筑信息模型施工应用标准（GB/T 51235—2017）[S]. 北京：中国建筑工业出版社，2017.

[5] 中国建筑装饰协会．建筑装饰装修工程 BIM 实施标准（T/CBDA 3—2016）[S]. 北京：中国建筑工业出版社，2016.

[6] 廊坊市中科建筑产业化创新研究中心．"1+X"建筑信息模型（BIM）职业技能等级证书——教师手册 [M]. 北京：高等教育出版社，2019.

[7] 廊坊市中科建筑产业化创新研究中心．"1+X"建筑信息模型（BIM）职业技能等级证书——建筑信息模型（BIM）建模技术 [M]. 北京：高等教育出版社，2020.

[8] 廊坊市中科建筑产业化创新研究中心．"1+X"建筑信息模型（BIM）职业技能等级证书——城乡规划与建筑设计 BIM 技术应用 [M]. 北京：高等教育出版社，2020.

[9] Autodesk Inc. Autodesk Revit Architecture 2019 官方标准教程 [M]. 北京：电子工业出版社，2019.

[10] 欧特克软件（中国）有限公司．Autodesk Revit 2013 族达人速成 [M]. 上海：同济大学出版社，2013.

[11] 秦军．Autodesk Revit Architecture 201x 建筑设计全攻略 [M]. 北京：中国水利水电出版社，2010.

[12] 胡煜超 .Revit 建筑建模与室内设计基础 [M]. 北京：机械工业出版社，2017.

[13] 郭志强，张倩 .BIM 装饰专业操作实务 [M]. 北京：中国建筑工业出版社，2018.

[14] 工业和信息化部教育与考试中心．装饰 BIM 应用工程师教程 [M]. 北京：机械工业出版社，2019.

[15] 宋强，赵研，王昌玉．Revit2016 建筑建模：Revit Architecture/Structure 建模应用管理及协同 [M]. 北京：机械工业出版社，2019.

[16] 宋强，黄巍林．Autodesk Navisworks 建筑虚拟仿真技术应用全攻略 [M]. 北京：高等教育出版社，2018.

[17] 宋强．Revit 建筑结构模型创建与应用协同 [M]. 北京：高等教育出版社，2021.

[18] 宋强，赵炜，郭敏．BIM 建模与实时渲染技术 [M]. 北京：北京理工大学出版社，2021.